黑龙江省尚志市耕地地力评价

尤四海 顾言 主编

中国农业出版社

图书在版编目（CIP）数据

黑龙江省尚志市耕地地力评价/尤四海，顾言主编
.—北京：中国农业出版社，2017.9
ISBN 978-7-109-22882-5

Ⅰ.①黑…　Ⅱ.①尤…②顾…　Ⅲ.①耕作土壤－土
壤肥力－土壤调查－尚志②耕作土壤－土壤评价－尚志
Ⅳ.①S159.235.4②S158

中国版本图书馆 CIP 数据核字（2017）第 090150 号

中国农业出版社出版
（北京市朝阳区麦子店街 18 号楼）
（邮政编码 100125）
责任编辑　杨桂华　廖　宁
————————————
中国农业出版社印刷厂印刷　新华书店北京发行所发行
2017 年 9 月第 1 版　2017 年 9 月北京第 1 次印刷
————————————
开本：787mm×1092mm 1/16　印张：13.5　插页：8
字数：300 千字
定价：108.00 元
（凡本版图书出现印刷、装订错误，请向出版社发行部调换）

编写人员名单

总 策 划：王国良　辛洪生

主　　编：尤四海　顾　言
副 主 编：张　剑　李晓红　夏　兵
编写人员（按姓名笔画排序）：

万太芳　尤四海　卢运良　代艳梅　刘淑香
孙宝玉　李向新　李晓红　张　剑　张丽娟
周　敏　郝振刚　夏　兵　顾　言　高根胜
高鸿波　黄海艳　童冬梅　魏　波

农业是国民经济的基础，耕地是农业生产的基础，也是社会稳定的基础。中共黑龙江省委、省政府高度重视耕地保护工作，并做了重要部署。为适应新时期农业发展的需要、促进农业结构战略性调整、促进农业增效和农民增收，针对当前耕地土壤现状确定科学的土壤评价体系，摸清耕地的基础地力并分析预测其变化趋势，从而提出耕地利用与改良的路径和措施，为政府决策和农业生产提供依据，乃当务之急。

2009年，尚志市结合测土配方施肥项目实施，及时开展了耕地地力调查与评价工作。在黑龙江省土壤肥料管理站、黑龙江省农业科学院、东北农业大学、黑龙江省科学院自然与生态研究所、黑龙江大学、哈尔滨万图信息技术开发有限公司及尚志市农业科技人员的共同努力下，2010年尚志市耕地地力调查与评价工作顺利完成，并通过了农业部组织的专家验收。通过耕地地力调查与评价的工作，摸清了尚志市耕地地力状况，查清了影响当地农业生产持续发展的主要制约因素，建立了尚志市土壤属性、空间数据库和耕地地力评价体系，提出了尚志市耕地资源合理配置及耕地适宜种植、科学施肥及中低产田改造的路径和措施，初步构建了耕地资源信息管理系统。这些成果为全面提高农业生产水平，实现耕地质量计算机动态监控管理，适时提供辖区内各个耕地基础管理单元土、水、肥、气、热状况及调节措施提供了基础数据平台和管理依据。同时，为各级政府制定农业发展规划、调整农业产业结构、保证粮食生产安全以及促进农业现代化建设提供了最基础的科学评价体系和最直接的理论、方法依据；也为今后全面开展耕地地力普查工作，实施耕地综合生产能力建设，发展旱作节水农业、测土配方施肥及其他农业新技术的普及工作提供了技术支撑。

《黑龙江省尚志市耕地地力评价》一书，集理论基础性、技术指导性和实际应用性为一体，系统介绍了耕地资源评价的方法与内容，应用大量的调查分析资料，分析研究了尚志市耕地资源的利用现状及存在问题，提出了合理利用的对策和建议。该书既是一本值得推荐的实用技术读物，又是尚志市各级农业工作者必备的一本工具书。该书的出版，将对尚志市耕地的保护与利用、分区施肥指导、耕地资源合理配置、农业结构调整及提高农业综合生产能力起到积极的推动和指导作用。

2017 年 5 月

　　中华人民共和国成立以来，我国曾进行过两次土壤普查。这两次普查的成果，在农业区划、农业综合开发、中低产田改良和科学施肥等方面都得到了广泛应用，为基本农田建设、农业综合开发、农业结构调整、农业科技研究、新型肥料的开发等各项工作提供了依据。第二次土壤普查以来，我国农村经营管理体制、耕作制度、作物品种、种植结构、产量水平、有机肥和化肥使用总量与品种结构、农药使用等诸多方面都发生了巨大变化，这些变化必然会对耕地土壤肥力及质量状况产生巨大的影响。

　　为了切实加强耕地质量保护，贯彻落实好《基本农田保护条例》，农业部在"十五"期间组织开展全国耕地地力调查与质量评价工作，并印发《2003 年耕地地力调查与质量评价工作方案》（农办发〔2003〕25 号）。2004 年，黑龙江省土壤肥料管理站根据农业部的要求，在多年测土配方施肥工作的基础上，开展了耕地地力评价工作，并对耕地土壤退化成因做了更深入的调查。

　　2007 年，尚志市被国家列为黑龙江省测土配方施肥项目县。2007—2009 年，我们在全面开展测土配方施肥的基础上，开展了耕地地力评价工作。耕地作为农业生产的最基本生产资料直接关系到农业生产发展的快慢，开展耕地地力评价意义重大。本次调查，技术手段先进，调查信息全面，分析问题切合实际，对今后开展测土配方施肥、调整作物种植结构、防治土壤污染、从源头上根治耕地退化、发展农村循环经济提供了可靠的依据，特别是为尚志市农业、农村经济又好又快发展提供强有力的科技支撑，对实现农业可持续发展具有深远的现实意义和历史意义。地力评价工作是按照

《耕地地力调查与质量评价技术规程》、农业部办公厅《关于做好耕地地力评价工作方案的通知》（农办农〔2007〕66号文件）、农业部印发的《耕地地力评价指南》，黑农委联发〔2005〕192号文件精神和《黑龙江省2007年测土配方施肥工作方案》的要求，在土壤肥料及地理信息专家的指导下，在尚志市相关部门的大力支持、配合和帮助下，建立了高效、务实的组织机构和技术队伍，调动乡（镇）专业技术人员50余人。2008年10月至2009年12月，尚志市农业技术人员用了15个月的时间，对尚志市17个乡（镇）162个行政村的耕地进行地力评价，共采集测试土壤样本1505个，对土壤的有机质、全氮、全磷、全钾、碱解氮、有效磷、速效钾、pH、土壤容重和有效铜、有效铁、有效锰、有效锌等进行了检测；完成了采样点基本情况和农业生产情况的调查，获得了较为翔实的土壤资料，丰富了尚志市耕地数据资源；并对尚志市各类土壤养分变化情况做了深入调查分析；编绘了尚志市耕地地力等级图等数字化图件，建立了尚志市耕地地力管理信息系统。经过尚志市农业技术人员的共同努力，已基本完成了农业部耕地地力评价项目所规定的各项任务，并编写了《黑龙江省尚志市耕地地力评价》一书。

本书在编写过程中得到黑龙江省土壤肥料管理站、东北农业大学、黑龙江省农业科学院等相关单位的有关专家的大力支持和协助，对此，我们表示深深的感谢。由于这项工作技术性、专业性强，特别是地理信息系统在农业上应用尚处于起步阶段，书中问题和不足在所难免，敬请读者批评指正。

本书编委会

2017年5月

目 录

序
前言

第一章 自然与农业生产概况

第一节 自然与农村经济概况

一、地理位置与行政区划

尚志市位于黑龙江省东南部、张广才岭西麓。地处北纬 44°29′～45°34′，东经 127°17′～129°12′。尚志市东部、东南部与海林市相连，南部、西南部与五常市接界，西部与阿城区为邻，东北部、北部与延寿县接壤，西北部与宾县相连。市区西距哈尔滨 124 千米、东距牡丹江 177 千米。尚志市是哈尔滨、牡丹江之间的交通要道，分别是延寿、方正、宾县通往牡丹江、海林，牡丹江通往哈尔滨，阿城、哈尔滨通往牡丹江的必经之地。

尚志市现设 10 个镇、7 个乡，共有 20 个社区居委会、162 个行政村。总土地面积 891 000 公顷。其中，耕地面积 99 737.46 公顷，占 11.2%；林地 639 405.72 公顷，占 71.78%；荒山 22 642.66 公顷，占 2.54%；荒地 37 482.27 公顷，占 4.2%；牧草地 30 036 公顷，占 3.37%；水域 6 707 公顷，占 0.75%；建筑用地 19 544.93 公顷，占 2.19%；园地 1 404.53 公顷，占 0.15%；泥泡沼泽 31 192.27 公顷，占 3.5%；其他各项用地 2 847.07 公顷，占 0.32%。总人口 615 849 人，其中，农业人口 374 039 人，非农业人口 241 810，人口密度每公顷 0.69 人。

二、土地资源概况

尚志市土地总面积 891 000 公顷，按照国土资源局最新统计数字，各类土地面积及构成见表 1-1。

表 1-1 尚志市各类土地面积及构成

土地利用类型	面积（公顷）	占比（%）
耕地	99 737.46	11.2
林地	639 405.72	71.78
荒山	22 642.6	2.54
荒地	37 482.27	4.2
牧草地	30 036	3.37
水域	6 707	0.75
建筑用地	19 544.93	2.19
园地	1 404.53	0.15
泥泡沼泽	31 192.27	3.5
其他	2 847.07	0.32
合计	891 000	100

尚志市耕地按照新土壤分类和调查结果，土壤类型及面积统计见表1-2。

表1-2 尚志市土壤类型及面积

土类名称	亚类数量（个）	土属数量（个）	土种数量（个）	耕地面积（公顷）	占比（%）
暗棕壤	2	2	2	24 997.46	25.06
白浆土	3	3	9	43 902.15	44.02
泥炭土	1	2	6	2 159.49	2.17
水稻土	2	2	6	160.1	0.16
沼泽土	1	3	3	8 846.95	8.87
草甸土	1	2	6	16 835.24	16.88
新积土	1	1	1	2 836.07	2.84
合计	11	15	33	99 737.46	100

尚志市土地自然类型齐全，利用程度较高，工业发达，居民、工业用地面积也较大，但存在宏观调控和微观管理不到位、供给与需求失衡、"四荒"面积较大、中低产田面积较大等问题。在后备土地资源开发、中低产田改造、土地整理、城镇国有存量土地、农村居民点存量土地等方面还有一定的潜力可挖。

三、自然气候与水文地质条件

（一）气候条件

尚志市属温带大陆性季风气候，具有春季少雨而低温、夏季温热而多雨、秋季霜早降温快、冬季寒冷而漫长的特点。全年有5个月在0℃以下，1月最冷，平均气温在-19℃；7月气温最高，平均气温22.3℃。日极端最低气温-44.0℃，日极端最高气温35.4℃，年均平均气温3.8℃。年均降水量652.2毫米，作物生长季节年均降水量达到577.3毫米，占全年降水量的88.5%，7月、8月两月降水集中，12月到翌年3月降水少，1月最少，仅4～5毫米。雨热同季，有利于作物生长。全年日照时数为2 450～2 600小时。≥10℃年积温2 300～2 600℃，无霜期105～125天，年总辐射量为115～120千卡/小时，光能利用率约为0.5%。主要风向春季多为西南风，冬季多为西北风。年平均风速3.1米/秒，融雪在3月下旬，结冻期为150～180天。

1. 日照和太阳辐射 年平均日照2 534.3小时，日照率55%。5～9月日照时数为1 018.5小时，日均日照时数7.7小时；6月日均日照时数8.1小时，为全年最长；12月日均日照时数4.5小时，为全年最短。

太阳辐射率总量为118.5千卡/平方厘米，全年日照时数以春、夏、秋三季最多，冬季最少。春秋日位虽低于夏季，但秋高气爽，大气透明度好，故日照时数不少于日位高、白昼长、雨水多的夏季，冬季太阳角度最低，昼短夜长，且多烟雾，大气浑浊，所以，日照时间最短（表1-3）。

表 1-3 1989—2008 年尚志市各月平均日照时数表

单位：小时

项目	1月	2月	3月	4月	5月	6月	7月	8月	9月	10月	11月	12月
平均	222.8	216.2	246.4	247.9	225.4	222.1	224.5	191.1	155.3	143.7	222.8	216.2
最大	202.1	226.3	264.3	256.5	300.2	321	261.1	266.3	261.5	229.6	186.9	172.4
最小	96.9	136.9	176.6	144.8	200.4	171.6	158.2	155.4	188.2	129.7	101.7	107.3

2. 气温 年平均气温 3.8℃，7 月平均气温最高，为 22.3℃，1 月平均气温最低，为 −19.0℃，平均气温最大年差 −44.1℃，年平均≥30℃日数 14 天，≤−30℃日数 15 天。极端最高气温为 35.4℃，极端最低气温为 −41℃。5～9 月，≥10℃活动积温 2 300～2 600℃。无霜期为 105～125 天，初霜期 9 月中下旬，终霜期 5 月上旬，解冻期 3 月末，冻结期 11 月中旬。初霜出现最早时期为 9 月 2 日（1976 年），初霜出现最晚日期为 10 月 8 日（2006 年）（表 1-4）。

表 1-4 1989—2008 年尚志市各月平均气温表

单位：℃

项目	1月	2月	3月	4月	5月	6月	7月	8月	9月	10月	11月	12月
平　均	−19.0	−13.4	−3.6	6.5	13.7	19.5	22.3	20.7	14.1	5.6	−5.8	−15.6
最大值	−12.9	−8.8	0.6	10.1	16.3	21.9	24.3	22.2	15.4	7.7	−2.9	−12.1
最小值	−24.2	−19.1	−8.6	4	11.4	17.5	20.8	19.1	12.4	3.2	−11.3	−20.9

3. 降水 1989—2008 年，常年平均降水量 637.1 毫米，最大降水量 1 081 毫米（1990 年），最少降水量 450 毫米（1986 年），年降水量变率为 21.1%。春季受季风交替影响降水量不稳定，年均 96 毫米，最多年达 164 毫米，最少 38 毫米。夏季平均降水量 415 毫米，占全年降水量的 65.1%。最多 788 毫米，最少 163 毫米。秋季平均降水量 111 毫米，最多 211 毫米，最少 42 毫米。冬季平均降水量 38 毫米。

尚志市历年平均年降水 126 天，每月平均降水冬季 8 天、春季 9 天、夏季 15 天、秋季 11 天。年平均日降水量级别日数，≥25 毫米 5 次，≥50 毫米 1 次，一日最大降水量 113.4 毫米。平均年积雪日数 124 天，降雪日数 59 天（表 1-5）。

表 1-5 1989—2008 年尚志市各月平均降水量表

单位：毫米

月　份	1月	2月	3月	4月	5月	6月	7月	8月	9月	10月	11月	12月
平　均	6.8	5.4	16.1	28.9	56.8	88.1	175.0	133.7	61.4	36.8	16.6	11.5
最大值	20.1	18.8	47.1	78.9	143	169.5	399.6	368.2	128.1	117.7	33.2	30.3
最小值	0.1	0.3	1.2	1.9	11.3	14	56.3	45.6	9.1	12.4	1.9	1.8

年均蒸发量 1 172.2 毫米，5 月蒸发量 203.9 毫米，为各月中最强。以四季分，春季蒸发量 403.1 毫米，仅次于夏季；夏季蒸发量 491.2 毫米，在四季中最大；秋季蒸发量 192.4 毫米，在四季中列第三；蒸发量最小是冬季，为 85.5 毫米。

由于季风影响，降水主要集中在6～8月，降水量为396.8毫米，占全年降水量的62.3％。4～9月降水量为543.9毫米，占全年降水量的85.4％，雨热同季，适宜作物生长。

4. 风 春季风速平均3.9米/秒，冬季风速3.3米/秒（表1-6）。

表1-6 1989—2008年尚志市各月平均风速及最大风速

单位：米/秒

项目	1月	2月	3月	4月	5月	6月	7月	8月	9月	10月	11月	12月	全年
平均	3.3	3.5	3.7	4.1	3.9	2.9	2.5	2.3	2.5	3.0	3.3	3.4	3.2
最大	18	21	20	28	20	18	14	16	14	24	18	18	28

（二）水文地质条件

尚志市地处山区，雨量充沛，境内河网密布，地表水资源丰富。以蚂蚁河、阿什河、牤牛河三大水系为主。全市水资源总量多年平均为24.63亿立方米，年平均径流量23.35亿立方米，多年平均利用量2.2亿立方米，占地表水径流量的8.2％。尚志市水域总面积6 707公顷，开发水产养殖水域面积约5 528.4公顷。地表水人均占有量达4 753立方米，是黑龙江省人均2 000立方米的2.3倍。耕地公顷均占有量为40 305立方米，是黑龙江省公顷均占有量10 050立方米的4倍。现有中小型水库49座，666.7公顷以上灌区5处。地下水补给量多年平均为7.8亿立方米。但水资源境内分布不均，河谷平原为丰水区，山区、丘陵为贫水区。地下水可开采量为2.781亿立方米。水能资源丰富，蕴藏量为3.3万千瓦，水能资源可开采量为2.8万千瓦。现已建成4座小型水电站，总装机容量3 450千瓦，全部并入国家电网运行。还有大量水能资源尚待开发。

1. 水系 有蚂蚁河、牤牛河、阿什河三大水系，河流120余条，集水面积9 232平方公里。蚂蚁河水系最大，集水面积6 832平方千米，占总集水面积的74％；牤牛河水系565平方公里，阿什河水系1 835平方公里，分别占总集水面积的6％和20％。尚志市有以下主要河流。

（1）蚂蚁河：松花江右岸一级支流，是境内最大河流，因其弯曲如肘，故满语称蚂蜒。发源于张广才岭西坡的虎峰长岭桦林沟，河源高程海拔720米。源头汇集多股山间流水，其较大的有筒子沟河、臭杉河、石门沟河等。向西至鱼池乡有金沙河、鱼池东河汇入。至石头河子镇有东、西石头河子、黄泥河汇入。流经亚布力、苇河、一面坡，转北入马延乡、尚志镇，在经河东乡、长寿乡入延寿县境。全长341千米，其中境内152.9千米。境内支流30余条。多年平均枯水期流量0.5立方米/秒，丰水期最大流量998立方米/秒。多年平均流量16.7立方米/秒。民国时期曾有帆船行驶，后因湿地开垦，降低涵养水源和蓄水能力，常年流量降低，帆船停驶。蚂蚁河水系网密度0.08千米/平方公里。

（2）东亮珠河：发源于亮河镇行政区东部大秃顶子山谷与东山九道沟之间，自东南流向西北，经亮河、庆阳两镇入延寿县境，再从延寿县境入蚂蚁河。境内流长86千米，境内流域面积2 164平方公里，多年平均流量22.79立方米/秒。

（3）阿什河：发源于帽儿山镇境内的大青山尖砬子沟。境内流长51千米，境内流域面积565平方公里，多年平均流量1.9立方米/秒。流经帽儿山行政区后入阿城区境，再北转入松花江。

（4）大泥河：牤牛河水系支流，发源于珍珠山乡，由鸡冠砬子、青沟吉岭、苇安山的多股涓流汇集而成。境内流域面积 1 198 平方公里，境内流长 62 千米，多年平均流量 3.48 立方米/秒，经老街基、三阳后入五常市境，后入牤牛河。

（5）冲河：牤牛河水系支流，发源于境内珍珠山乡南部老秃顶子山西北，全长 36 千米。境内流长 29 千米，境内流域面积 526 平方公里，多年平均流量 40 立方米/秒。流经三道冲河入五常市境，后入牤牛河。此河水流湍急（表 1-7）。

表 1-7　尚志市主要河流统计表

单位：千米

河　流	发源地	全长	境内流长
蚂蚁河水系			
蚂蚁河	老秃顶子山	341	152.9
金沙河	白石砬子山	18	18
东亮珠河	大秃顶子		86
西亮珠河	虎峰岭西坡	2.55	2.55
扶安河	大岭东坡	15	15
驿马河	龙人沟		48
细林河	二顶子山西坡	15	15
葫芦头沟河	城墙砬子	13.5	13.5
沙河子（亮）	大顶子山西坡	15	15
小黄泥河	青云山北坡	15	15
老母猪河	草帽顶子北坡	9	9
鱼池东沟河	鱼池屯东南	12	12
小西河	致福屯西	22.5	22.5
东南岔河	明山	15	15
黄玉河	青云山面坡		42
石头河子	高岭子	27	27
黄泥河子	暴马川	36	36
苇沙河	大锅盔	24	24
渠水河	三合顶子南侧	10.5	10.5
榆树川河	青云站南部	9	9
大亮子河	太平岭山东坡	52.5	52.5
忿怒河	骆驼砬子山	35	35
小金沙河	元宝镇西北	13	13
大东沟河	新光北九公里	3	3
沙河子（坡）	八辈岭	20	20
水曲柳河	太平山北侧	20	20
秋皮屯河	尖砬子山东坡	16	16
大连河	八辈岭东坡	15	15
小亮珠河	桦甸子山	21	21
乌珠河	扇面山南侧	27	27

（续）

河 流		发源地	全长	境内流长
牤牛河水系	大泥河	鸡冠砬子		67.1
	小泥河	威虎岭西坡	22	
	元宝河	威虎岭北侧	22.5	22.5
	六道河	骆驼砬子北坡	19.5	19.5
	大石头河	三阳乡北亮子山	24	24
	石道河	奎山南坡	16	16
	小金沙河	太平山	8	8
	头道冲河	石砬子山北坡	15	15
	青沟子河	二秃顶子	14	14
	石人沟	电台山北坡	20	20
	冲河	老秃顶子山西北		36
	一直流河	元宝顶子东侧	5	5
	头道响水河	西淌石砬子山	6	6
	二道响水河	响水山西坡	7	7
	三道响水河	响水山北坡	3	3
	小石人沟河	石人河山北坡	7	7
	干棒子河	三柱香山西坡	7	7
	小菜园子河	三道冲河屯北	3.5	3.5
	高丽门子河	三道冲河屯北	4	4
	西暴马川南沟河	宝山林场东南	4	4
阿什河水系	阿什河	尖砬子沟		51
	大泥黑河	笔架山南坡	34.5	34.5

径流深度：境内径流深度分布不均。南部山区的冲河一带在 400 毫米以上；亮河、庆阳一带在 300 毫米以上；老街基、苇河、亚布力一带为 250 毫米；帽儿山、长寿、黑龙宫为 200 毫米。年径流变差值在 0.35～0.55，由东南至西北变差值逐渐增大，元宝、尚志镇、黑龙宫达到 0.55 左右。尚志市年平均径流量 23.35 亿立方米。

水量水能：境内地表水径流总量 24.76 亿立方米。人均占有量 4 056 立方米，是黑龙江省平均量的 2.3 倍；耕地亩均占有量 2 556 立方米，是黑龙江省平均量的 4 倍；年均利用量 2.2 亿立方米，占径流量的 8.2%。境内水能蕴藏量 3.3 万千瓦，平均每平方公里 3.6 千瓦，水能可开采量 2.8 千瓦。已建成 4 座小型水电站，总装机容量 3 550 千瓦，占可开发量的 12.3%。境内河流多属山区性河流，天然落差大。东亮珠河支流驿马河是水能资源最大的河流，蕴藏量 7 162 千瓦，占总蕴藏量的 25.6%。

2. 地下水

（1）地下水补给量：地下水综合补给量 8.34 亿立方米/年。其中，降水渗透量 1.385 亿立方米/年，山区径流量 5.77 亿立方米/年，渠道透入量 0.524 亿立方米/年，田间地表水回归地下入水量 0.667 亿立方米/年。

（2）地下水分布：地下水主要来源于大气降水和山区基岩裂隙水。分为山区、丘陵贫水区和河谷川地富水区。贫水区地下水主要埋藏在花岗岩和变质岩的裂隙含水层中，多以泉水形式出露，富水性差，涌水量小，仅可供给人畜饮用。富水区主要分布于蚂蚁河干流河谷和其他中小河流的河谷川地。其储水结构由上而下大致可分为 3 层：第一层为黑色沙质亚黏土，一般厚度 0.5～2 米，是无水层；第二层以砾石为主的砾石、沙含水层，一般砾石直径 2～5 厘米，最大 20 厘米，砾石、沙层最大厚度 44～50 米，是主要潜水含水层；第三层是花岗岩风化带裂隙含水层，埋藏在河谷、沟谷第四系含水层之下，埋深 5～14 米，风化厚度一般为 25～35 米，万山、苇河附近厚度有 15 米左右，乌吉密、开道屯等地在 43～45 米。砾石、沙层是富水区主要含水层，呈条带状分布于河谷中部。其厚度分布规律是，由河流上游至下游逐渐增加。蚂蚁河上游开道屯附近为 4 米，中游的尚志镇附近最厚达到 50 米。境内地下水埋藏普遍较浅，属浅层地下水。含水层透水性能好，最大漏水量 3～25 升/秒，24 小时渗水量 3～540 米。

3. 水质 地下水化学成分简单，一般为 HCO_3-Ca 或 HCO_3-Ca-Na 型，仅局部出现氯化物水型。

地下水 pH 为 5.8～7.1，属弱酸性，矿化度在 0.05～0.63 克/升，小于 1 克/升。属淡型水。硬度变化较大，硬度在 1.46～15.65，以软水为主，次为极软水，极个别地方为弱硬水。

按一般综合饮用水质标准对照，在地下水各种离子含量中，铁、锰和硝酸根离子含量偏高（表 1-8）。

表 1-8 尚志市地下水饮用水质评价表

项目	主要离子含量（毫克/升）						pH	硬度	矿化度（克/升）
	铁	锰	钙	锌	硝酸根	铜			
最大值	18.0	4.0	0.05	0.2	18.6	2.4	7.1	15.56	0.63
最小值	0.1	0.04	0.001	0.005	0.1	0.06	5.8	1.46	0.05
一般	4.0	0.4	0.02	0.02	15	0.1	6～7	8	<1.0
饮水标准	<0.3	<0.1	<10	<1.0	<1.0	1.0	6.585	<25	<1.0

地下水温度为 3～12℃，多在 6～8℃，低于灌溉水温度（10～15℃）标准，矿化度小于 1 克/升。灌溉系数大于 18，为适合于灌溉的水源（表 1-9）。

表 1-9 尚志市地下灌溉水水质评价表

次月	单位	水质标准	实测数值	水质评价
水温	℃	10～15	3～12	低于标准
pH		5.5～8.5	5.8～7.1	符合标准
矿化度	克/升	<1.5	0.05～0.63	符合标准
铜及化合物	毫克/升	<1.0	0.05	符合标准
锌及化合物	毫克/升	<3.0	0.2	符合标准
氯化物	毫克/升	<3.0	0.1	符合标准
灌溉系数		>18	>18	符合标准

4. 地质条件 境内四周环山，丘陵起伏，河网密布，是一个山地、丘陵、河谷相间的"八山半水分半田"的山区。其中山地、丘陵占80%，平原、坡岗占15%，水库、河流、泡泽等占5%。

5. 土壤 尚志市土壤分为暗棕壤、白浆土、草甸土、泥炭土、新积土、沼泽土、水稻土7类11亚类。山地多为暗棕壤。主要分布在尚志市东西部中低山区，土层厚度一般为10～20厘米，表层有机质含量为5～10克/千克，植被多为森林植被。丘陵、漫岗地区多为白浆土，土层厚度一般为10～30厘米，表层有机质含量为25～61克/千克，植被多为旱作农作物。平地多为草甸土，主要分布在河谷、盆地的低洼地区，土层厚度一般为20～40厘米，表层有机质含量为33～89克/千克，植被多为水生植物，是水田主要耕作区。

6. 林业 尚志市林业用地包括用材林、经济林、薪炭林等。据2009年统计，尚志市现有林业用地面积639 405.72公顷，活立木总蓄积量4 516.2万立方米。其中，有林地面积513 462.91公顷，蓄积量4 325.6万立方米；其他林业用地面积125 942.81公顷。现有林地中，天然林面积383 901公顷，蓄积量3 666.7万立方米。人工林面积129 993公顷，蓄积量658.9万立方米。市属林业用地面积228 263公顷，活立木蓄积量1 241.2万立方米。年活立木生长量123万立方米，年活立木采伐量50万立方米。森林覆盖率为57.4%。尚志市属于温带阔叶林区，其代表性植被类型属于红松落叶混交林。主要乔木有水曲柳、胡桃楸、黄菠萝、榆树、椴树、桦树、杨树、色树、柳树等；混生林有红松、落叶松、云杉、冷杉、樟子松等；主要亚乔木有山槐、鼠李、白丁香等；主要灌木有胡榛子、杜鹃、忍冬、秀线菊、溲疏、刺五加等。

7. 植物 尚志市山多林密，蕴藏着丰富的植物资源。药材类有人参、平贝母、刺五加、五味子、黄芪、满山红、党参、茯苓等40余种；山果类有猕猴桃、榛子、山里红、山葡萄、野生红树莓等数十种；食用菌类有黑木耳、元蘑、榛蘑、猴头蘑、榆黄蘑、松蘑等；草条类有苕条、柳条、大叶樟、小叶樟、塔头草等12种；蜜源类有紫椴、糠椴木、山桃、苕条等46种。

8. 动物 尚志市山深林密，野生动物资源种类繁多。哺乳类动物有东北虎（现已难见到踪迹）、熊、马鹿、梅花鹿、狍子、狼、貂、狐、貉、獾、野兔、野猪、紫貂、水獭、水鼠、鼬鼠、刺猬等几十种。两栖动物主要有蟾蜍、青蛙、田鸡、林蛙及各种蛇、蜥蜴、龟等。鸟类主要有野鸡、花尾榛鸡、鸠、山鸽子、沙鸡、麻鹰、鸺鹠（猫头鹰）、苏雀、色鹰、乌鸦、喜鹊、鹁鸪、灰鹳等近百种。淡水鱼类资源丰富，主要以蚂蚁河水系及其支流两岸沼泽及水库中的淡水鱼为主。具有食用和经济价值的鱼类主要有黑龙江鲤、银鲫、黑鱼、狗鱼、鲢、鲇、雅罗鱼、细鳞鱼等10科26属，共30余种。产于南美洲亚马孙河一带的热带淡水鱼白鲳鱼于1997年在尚志市驯养成功。

9. 矿产 尚志市位于新华夏构造体系第二隆起带张广才岭隆起带中段，辖区面积8 910公顷，矿产资源非常丰富。初步查明矿产情报地241处，其中非金属矿产品的比重较大。

10. 能源

（1）凤山煤矿：矿床位于亮河镇凤山村西1.5千米处，北纬45°15′11″～45°16′23″，东经 127°43′34″～128°44′44″，经两次地质勘探，查明储量为 120.8 万吨。

（2）丁山煤矿：矿床位于尚志（镇）丁山村西 1 千米处，北纬 45°09′00″，东经 127°55′30″。经地质勘探查明储量为 180 万吨。

（3）泥炭资源：尚志市各乡（镇）均有出露，以老街基、鱼池两乡储量最大，质量最优。初步查明总储量为 6 000 万吨。在老街基、鱼池、新光等乡（镇）均有开采。

11. 金属

（1）红旗硫铁矿：矿床位于庆阳镇楼山村 81 屯东 22 千米处，北纬 45°33′38″，东经 129°05′40″。经黑龙江省化工地质队探明储量为 114.4 万吨。其中，铜 1 409 吨，钴 161 吨。

（2）三合银矿：矿床位于珍珠山乡三合村南山，北纬 44°03′19″，东经 128°03′15″。经黑龙江省地质一队和七〇三地质队两次勘探，测出储量为 3.5 吨。

12. 矿泉水　在长寿乡、鱼池乡等地发现矿泉水。经黑龙江省地质部门化验鉴定，各项指标已达国家标准，属于优质矿泉水，现已在开采中。

13. 非金属

（1）黏土：在尚志市 17 个乡（镇）都有储藏，以亚布力镇、尚志镇、苇河镇为多，总储量 50 亿立方米左右。

（2）建筑沙：主产于尚志镇、苇河镇、一面坡镇、庆阳镇、帽儿山镇等 10 个乡（镇），总储量为 30 亿立方米以上。

（3）大理岩：分布于黑龙宫镇、老街基镇、庆阳镇等乡（镇），经查储量为 4 000 万吨。

（4）花岗岩：分布于 17 个乡（镇），主要以长寿、一面坡质量为佳。总储量约 76 亿立方米。

四、农村经济概况

尚志市农村经济持续快速发展，粮食生产连年丰收。2008 年，粮食总产量达到 9 亿千克，农业总收入实现 49.8 亿元。其中多种经营收入达到 34.6 亿元，农民人均纯收入实现 7 500 元。主导产业不断发展壮大，围绕奶牛、食用菌、浆果、药材、林木等主导产业，不断加大领导组织力度，产业规模不断壮大。尚志市奶牛存栏数达到 3 万头，建设大型现代化万头牧场 2 个、千头以上牧场 2 个、百头养殖小区 35 个、奶站 36 个；食用菌栽培达到 7.6 亿袋；浆果面积发展到 4 667 公顷；药材面积达到 2 200 公顷；林木产业年加工木材 93 万立方米。尚志市规模以上的龙头企业发展到 68 家，年可创产值 25.2 亿元，实现利税 3.3 亿元（表 1-10）。

表 1-10　2008 年尚志市农业总产值

项目	地区生产总值	农业总产值	农业产值	林业产值	牧业产值	渔业产值	农林牧渔服务业产值
产值（万元）	1 369 778	497 569	239 705	43 532	199 424	9 120	5 788
占地区生产总值（%）	100	36.32	17.50	3.18	14.55	0.67	0.42
占农业总产值（%）		100	48.18	8.75	40.08	1.83	1.16

尚志市交通便利。滨绥铁路横贯全市 172 千米，境内有 19 个火车站，10 个货运站点，17 条铁路专用线，尚志站年铁路货运量达 100 万吨，货物一次仓库储量 20 万吨，年客运量 50 万人次，日过客车 14 对列。尚志市道路总长 2 504 千米，其中干线公路 107 千米。其中绥满高速公路 301 国道过境里程 166 千米，方通公路过境里程 190.1 千米，尚宾公路过境里程 44 千米。加之纵横交错的地方道路，构成了尚志市四通八达的交通网络。

第二节　农业生产概况

一、农业发展历史

尚志市清乾隆至咸丰年间无官治理，有流民到此私垦，不纳租赋，地数无考。同治后，清政府对东北实行封禁政策，禁止流民私垦。

清光绪五年（1879），吉林将军铭安委令宋士信助理蚂蚁河垦务，广招垦户，组设东西两会房（东会房即延寿县城，西会房即今长寿乡长河村）。每坰荒价制钱一吊，已垦熟地当年升科纳租；初垦荒地期至光绪十三年（1887）前后，缴纳地租面积 18 700 公顷。

民国五年（1916），吉林省在一面坡成立同宾、五常两县荒务局，在中东铁路沿线勘放 27 处官荒，招户开垦，总面积约 6 500 平方千米。时有大批垦民领荒，促进耕地开发。民国十八年（1929），珠河、苇河两县实有耕地面积 79 500 公顷。

东北沦陷时期，乡民不堪祸扰，大多迁徙，开发未久的耕地再度荒芜。

1945 年，珠河、苇河两县成立人民政权，局势稳定，农户逐年增多。尤其经过土地改革和 1948 年大生产运动，激发农民发展生产热情，耕地面积迅速增加。至 1949 年，共开荒 6 600 公顷，尚志市耕地面积达 66 000 公顷。

1952—1956 年，农业合作化期间，尚志市共开荒 11 100 公顷，耕地面积发展到 77 000 公顷，为历史最高水平。1958 年，尚志市实行"大跃进"。提倡少种高产多收，加之大兴水利工程，耕地面积下降到 57 000 公顷，比 1956 年减少 20 000 公顷。1962 年，实行"三级所有、队为基础"的管理体制，至 1968 年，耕地面积超过百万亩。1969—1977 年的 9 年中，受"文化大革命"影响，毁林开荒成风，水土流失严重，大量耕地废弃。此时耕地面积低于 67 000 公顷，呈递减趋势。

1978 年，尚志市市委、市政府根据山区特点，从实际出发，因地制宜提出"林上山，田下川，开荒地，种稻田，修水利，造良田"的发展农业方针，合理调整耕地结构和布局。至 1984 年，尚志市开荒除退耕还林、国家占地、乡（镇）占地外，纯增 9 000 公顷，年均增加耕地 1 300 公顷，实有耕地 67 500 公顷。

1984 年，农村全面实行家庭承包经营后，农民利用地头、地荒格、零散荒地开荒。截至 2000 年，累计 1 200 公顷。这些"小开荒"面积，在第二轮土地承包和"五荒"拍卖时，均纳入承包、拍卖之内，"小开荒"不复存在。2003 年统计，尚志市实有耕地面积 70 400 公顷。尚志水田开发始于民国七年（1918）。民国十一年（1922），安俊燮等 35 户朝鲜族农民在乌吉密、小九站、大石头河租地开发水田 26.99 公顷。苇河县 51 户朝鲜族农民种植水稻 72.99 公顷。同时，一些富豪、官吏亦组织公司开发水田，苇河县成立启农稻田股份有限公司,利用荒草塘和沟甸开发水田 500 多公顷。

东北沦陷后,1934—1939 年,河东乡 735 户朝鲜族农民,开发水田 2 363 公顷。期间珠河、苇河两县境进驻日本开拓团 30 多个,入植日本农民 1 983 户 8 803 人,经营水田 1 179.6 公顷。满鲜拓植会社(简称满拓)在今鱼池乡开发水田 203.4 公顷。至 1939 年,珠河县水田已发展到 6 857 公顷,占耕地面积 14%。1940 年,满拓先后在今鱼池乡锦河、昌城、昌平、楚山、新兴屯等地拦河筑坝,招集间岛省(今吉林延边地区)朝鲜族农民开发水田。至 1945 年,鱼池乡水田面积达 400 公顷。同时,亚布力镇北大村、马延乡沙沟子村、元宝镇杨家店村,亦有朝鲜族农民修渠筑坝,开垦水田。

1945 年,人民政府在土改中没收敌伪开拓地、满拓地,分给农民耕种。至 1949 年,境内实有水田面积 4 900 公顷,占耕地面积 7.3%。

1950 年以后,政府积极鼓励农民开发水田。初级社、高级社时期,人力、物力、财力集中调配。至 1957 年,尚志市有水田面积 9 000 公顷。1958 年达 12 400 公顷。但由于新建水利工程"土法上马",灌溉达不到设计能力,水田面积逐年下降。1966 年下降到 5 700 公顷,比 1958 年下降 54%。

1972 年,加大水田开发力度。1975 年,尚志市水田面积发展到 77 000 公顷,此后逐年呈上升趋势。

1984 年,农村全面实行家庭承包经营后,农民重新获得土地经营自主权。1985 年,水田面积达到 14 400 公顷。1986 年,尚志市市委、市政府提出"林、牛、稻、果、矿、药"六大带头产业和"十大支柱产业"发展战略,水田面积年均增 1 300 公顷。至 2000 年,水田发展到 20 200 公顷,比 1949 年增长近 3.2 倍;占耕地面积 31.29%,比 1949 年提高近 24 个百分点。

截至 2009 年,尚志市实有耕地面积 99 737.46 公顷。其中,水田 34 032 公顷,旱田 65 705.46 公顷。

尚志市境内粮食作物主要有水稻、玉米、大豆、谷子、小麦、高粱、杂粮、薯类等。中华人民共和国成立后,高产、稳产作物呈增长趋势,低产作物比例下调。1949 年,玉米种植面积占粮食作物总面积的 47.1%,大豆占 27.9%。1965 年,玉米种植面积占粮食作物总面积的 50.4%,居农作物之首,大豆占 17.4%。

1978 年,粮食作物结构大幅度调整。1985 年,玉米种植面积占粮食作物总面积的 36.6%,水稻占 27%,大豆占 26.8%(图 1-1)。

农村经济体制改革后,粮食作物结构根据新的发展战略又重新调整。至 2000 年,水稻种植面积占粮食作物总面积的 39.3%,大豆占 30.2%,玉米占 25.2%,分别比 1949 增长 31.7%、2.3%,下调 21.9%。小麦、谷子、高粱基本淘汰,杂粮稳中有降;薯类稳中有升(图 1-2)。

2001 年,境内粮豆薯播种面积 5.1 万公顷,占农作物总播种面积的 78.8%。其中,水稻播种面积与上年持平;玉米播种面积占粮豆薯播种面积的 24.5%,比上年同期减少 502 公顷;大豆播种面积占 29.9%,比上年减少 800 公顷;薯类总面积 1 800 公顷,亦有增长。

2003 年,尚志市推广农业实用技术 18 项,累计推广面积 245 000 公顷。粮、经、饲比例调整为 6∶3∶1,其中,粮食作物 43 000 公顷,比上年增长 5%。

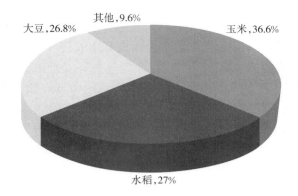

图 1-1　尚志市 1985 年三大作物种植比例

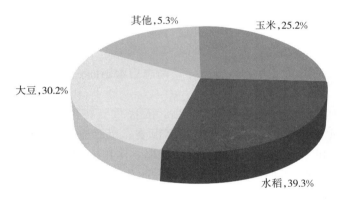

图 1-2　尚志市 2000 年三大作物种植比例

2005 年，尚志市粮豆薯播种面积 113 000 公顷。其中，三大作物水稻 32 000 公顷，占 28.3%；玉米 29 000 公顷，占 25.7%；大豆 32 400 公顷，占 28.7%。

尚志市是黑龙江省重要的商品粮基地，中华人民共和国成立后在国家及省、市的支持下，粮豆生产迅速发展，产量大幅度提高。1949 年，粮豆薯平均产量达 1 707 千克/公顷。

1958 年，尚志市成立人民公社，搞"大跃进"，强调"一大二公"，搞"一平二调"，刮"共产风"，挫伤了农民生产积极性，使农业生产出现大滑坡。

20 世纪 60～70 年代，广大农民依靠集体经济力量改善生产条件，兴修农田水利，使用农业机械，推广科学技术和优良品种，改革耕作制度，调整农作物布局，增强了抗御自然灾害能力，发展了农业生产。

中共十一届三中全会后，在正确方针指引下，呈现出农业、林业、养殖业、渔业、多种经营全面发展的新格局。1980 年，尚志市粮食总产达 15.5 万吨，比 1949 年的 10.8 万吨增长 43.5%。农业总产值为 7 004.4 万元，比 1949 年的 1945 万元增长 2.6 倍。

1984 年，落实党在农村各项经济政策，冲破了长达 20 年的"一大二公"单一经营模式，彻底摆脱"大波轰"的劳动形式和平均主义分配方法。农村经济体制改革，促进了农业生产迅速发展；农村产业结构由单一的粮食生产转向全面发展新阶段，调动了广大农民劳动致富的积极性，粮食产量成倍增长。1984 年，尚志市粮食总产量达 21.7 万吨，比

1982 年的 15.47 万吨，增长 40%。

进入 20 世纪 90 年代，农业基础地位进一步加强，国家对农业的投入逐年增多。同时适应市场经济需要，适度调整农业产业结构和种植业结构，粮食产量得到增加。1995 年，全市粮食总产 31.8 万吨，平均产量 6 076 千克/公顷，分别比 1949 年提高 2 倍和 2.6 倍。

2000 年，尚志市粮豆薯作物播种面积 64 600 公顷，平均产量 7 335 千克/公顷，总产量达 38.3 万吨，分别比 1949 年增长 3.3 倍、2.5 倍。农业总产值达 103 773 万元，农民人均收入 2 855 元，分别比 1956 年增长 79.2 倍、54.9 倍。

2005 年，尚志市粮食喜获丰收，总产量达 63.56 万吨。农业总收入实现 33 亿元，农民人均纯收入达 4 100 元，比 2000 年增长 48%（图 1 - 3、图 1 - 4）。

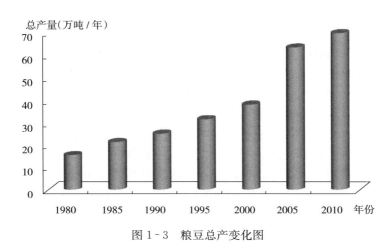

图 1 - 3 粮豆总产变化图

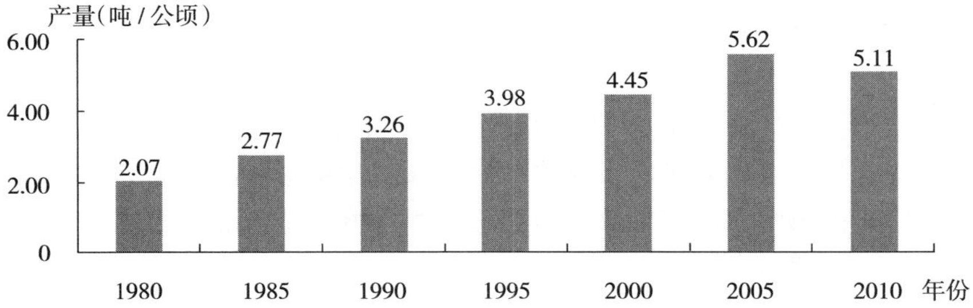

图 1 - 4 粮豆单产变化图

二、作物布局

尚志市是种植业布局合理、作物种类多、品种齐全的农业大市。

（一）粮食作物

尚志市粮食作物主要有水稻、玉米、大豆、谷子、小麦、高粱、杂粮、薯类等。

（二）经济作物

尚志市主要经济作物有纤维植物、油料、糖料、药材、烟草、"三莓"、酒花等几大类。其中以纤维植物、油料、甜菜、烟草、"三莓"为主。

（三）蔬菜作物

尚志市蔬菜生产历史悠久，尤其近十几年，发展速度、生产水平、经济效益均有大幅提升。21 世纪以后，随着市场经济发展、农村产业结构调整，蔬菜种植出现南菜北种、洋菜中种、反季节栽培的多样性；品种由过去 30 多个发展到 200 多个；生产方式由原来简单的露地、地膜、大棚生产，发展到露地、地膜、大棚、日光节能温室、加温温室等多种生产形式，实现了生产周年性；蔬菜上市时间实现全年化，避免过去集中上市、供应期短的弊端；蔬菜生产朝着无公害绿色食品生产方向发展。尚志市蔬菜种植面积发展到 5 500 公顷，其中棚室蔬菜面积 867 万平方米，蔬菜总产量 35 万吨，年收入 2.6 亿元。

（四）饲料作物

近些年，尚志市饲料作物种植面积一直维持在 1 300 公顷，约占耕地面积的 1%。

（五）园艺作物

1. 花卉 分园（池）栽和盆栽两种。园栽花卉主要有：鸡冠花、扫帚梅、芰芰草、佛顶珠、九月菊、牵牛花、步步高、夜来香、芍药、丁香、百合等。

盆栽花卉主要有：君子兰、腊梅、剑兰、仙人掌、仙人球、仙人剑、仙人鞭、仙人山、月季、倒挂金钟、月月菊、秋海棠、柳叶桃、石榴、三变梅、大叶兰、蝴蝶梅、吊兰、龙爪、牡丹、紫根兰、文竹、朱顶红、蔷薇、刺梅、山茶花、茉莉花、马蹄莲、木菊、葡萄等 50 多个品种。

2. 瓜类 主要有西瓜、香瓜，被称为"两瓜"。2005 年，尚志市两瓜种植面积为 1 700 公顷，总产量 4.5 万吨，平均产量 25 980 千克/公顷。

（六）特色作物

尚志市山间林地多，在种植业中，有很多适应当地生长环境的特色作物。

1. 粮食类

（1）富士光水稻：1982 年，由日本引进品种，在境内河东乡提纯繁育，属尚志市名牌产品。其米质优异，获国家优质米银奖，通过绿色食品认证，大量销往国内外，深受消费者欢迎。适宜境内第一积温带中等肥力地块旱育稀植。尚志市共种植富士光水稻 10 000 公顷，总产量 8.25 万吨，平均产量 8 250 千克/公顷。

（2）大白眉大豆：别名新光大豆黄，为尚志市特产。粒特大，蛋白质含量高，外观优良，是出口日本的特殊大豆产品。该豆可作原料出口，也可加工软包装毛豆、水煮大豆，为日本市场的紧俏商品，每年出口 600 万～1 000 万袋，是创汇产品。

2. 油料类 白瓜子是角瓜和倭瓜种子，营养丰富，富含蛋白质、脂肪和维生素，可加工成风味多样的小食品，为老幼皆宜的干果类。角瓜和倭瓜的瓜瓤、瓜肉、瓜叶，均含有丰富的营养物质，是良好的多汁饲料。适宜在山区、半山区土地瘠薄的坡岗地种植。每年种植面积 1 500 公顷，总产量 4 000 吨，平均产量 2 667 千克/公顷。

3. 菜豆、种子类 自来油，别名早油豆。一年生草本植物，质厚肉多，品质好，为尚志市特产。栽培方式为大垄直播，可单种亦可和玉米套种。春季 5 月上旬播种为早豆角，秋季为晚豆角。平均产量 31 500 千克/公顷，每年秋季省内外客商都来尚志市收购，供不应求。

表 1-11　尚志市 2009 年农作物播种面积及产量（包括全民国有林场面积在内）

种　类	播种面积（公顷）	占比（%）	总产量（吨）	占比（%）	产量（千克/公顷）
玉　米	39 000	25.23	367 258	40.15	9 360
水　稻	38 000	24.69	361 152	39.47	9 405
薯　类	1 900	1.27	14 249	1.55	7 200
大　豆	59 000	38.05	170 301	18.62	2 878

三、农业发展现状

（一）尚志市农业发展较快，与农业科技成果推广应用密不可分

（1）化肥的应用，大大提高了单产：目前尚志市的磷酸二铵、尿素、硫酸钾及各种复混肥每年使用 3.43 万吨，平均每公顷 0.254 吨。与 20 世纪 70 年代比，施用化肥平均可增产粮食 35% 以上。

（2）作物新品种的应用，大大提高了单产：尤其是玉米杂交种、水稻、大豆新品种。与 20 世纪 70 年代比，新品种的更换平均可提高粮食产量 25%～40%。

（3）农机具的应用提高了劳动效率和质量：尚志市 90% 以上的旱田实现了机灭茬、机播种，部分旱田实现了机翻地，水田全部实现机整地。

（4）植保措施的应用，保证了农作物稳产、高产：20 世纪 80 年代末至今，尚志市农作物没有遭受严重的病、虫、草、鼠为害。

（5）栽培措施的改进，提高了单产：水田全部实现旱育苗、合理密植、配方施肥，70% 的地块还应用了大棚钵盘育苗、抛摆秧技术。旱田基本实现因地选种、施肥、科学间作，有些地方还应用了地膜覆盖、宽窄行种植、生长调节剂等技术。

（6）农田基础设施得到改善：20 世纪 80 年代末至今，尚志市没有发生大的洪涝灾害和风灾。

（二）尚志市目前农业生产存在的主要问题

（1）低产田面积大、单位产出低：尚志市地处山区丘陵地带，有比较丰富的农业生产资源，但中低产田占 79.2%，粮豆产量不足 7 000 千克/公顷（2008），还有相当大的潜力可挖。

（2）农业生态有失衡趋势：据调查，尚志市耕地有机质含量每年正以 0.12 克/千克的速度下降。20 世纪 60～80 年代，有机肥施入多，化肥用量少，增产作用不明显。20 世纪 80 年代后，化肥用量不断增加，单产、总产大幅度提高，同时，农作物品种单一，未合理轮作，也是导致土壤养分失衡的另一重要因素。另外，农药、化肥的大量应用，不同程度地造成了农业生产环境的污染。

（3）良种、良法不配套：目前，粮豆没有革新性品种，配套的综合栽培技术相对落后，农产品的产量、质量在市场上都没有足够的竞争力。

（4）农田基础设施薄弱：抵御自然灾害的能力低，排涝抗旱能力差，水土流失也比较严重。

（5）机械化水平低：尚志市 70 马力* 以上大型农机具只有 890 台套，高质量农田作业和土地整理面积小，秸秆还田能力还较弱。农业机械化率不足 50%。

（6）农业整体应对市场能力差：农产品数量、质量、信息以及市场组织能力等方面都很落后。

（7）农业科技服务体系整体功能较低：农业科技力量、服务手段以及管理水平都满足不了现代农业生产的需要。

（8）农民科技文化素质、法律意识和市场意识普遍较低，有待提高和加强。

第三节　耕地利用与保养的简要回顾

一、自然开发与原始粗放耕作阶段

原始粗放经营阶段即 1949—1978 年，耕作方式以牛、马、木犁为主，拖拉机为辅，多数品种以农家品种为主，肥料投入以农家肥为主导；20 世纪 70 年代以后才少量投入化肥，且是以低含量的磷肥（过磷酸钙）为主，配合少量尿素。土壤耕作层及理化性状在 30 年的时间里并没有大的变化。其主要原因是作物单产低、土壤自然生产能力相对较高，而且作物布局自然合理、轮作倒茬的耕作制度维持了土壤的自然土壤肥力。

二、过渡利用与可持续发展结合阶段

1979—2009 年，尚志市耕地面积从 70 000 公顷增加至 99 737.46 公顷。耕作方式从牛马犁过渡至以中小型拖拉机为主，作物品种从农家品种更新为杂交种和优质高产品种；肥料投入以农家肥为主过渡到以化肥为主导，并且化肥用量连年大幅度增加，农家肥用量大幅度减少，粮食产量也连年大幅度提高。

尚志市全面贯彻《基本农田保护条例》和《耕地保养条例》，遏制了耕地质量的下降，并开始逐渐重视耕地质量建设，从 1998 年开始开展测土配方施肥工作，到 2006 年在国家测土配方施肥项目的推动下覆盖全市。针对耕地土壤和作物生长需求开展的测土配方施肥工作，为尚志市的耕地土壤科学合理施肥带来了深刻的变化，农民改变原来的盲目施肥为现在的因土、因作物需求定量施肥，保证了土壤养分的供需平衡。一是随着机耕技术不断进步，尚志市逐渐推广应用机械深翻技术，耕深达 35～40 厘米，打破犁底层，促进耕层土壤的利用；二是秸秆、根茬还田技术的推广，增加了农田土壤有机成分的投入；三是随着无公害、绿色食品技术的推广应用，有机肥厂悄然兴起，商品有机肥料投入量逐年增加。先进农业生产技术的推广应用，提高了尚志市广大农民科学施肥意识、用地与养地结合意识，同时也标志着尚志市耕地生产从掠夺式经营逐渐向用养结合和可持续发展方向转变。

---

* 马力为非法定计量单位，1 马力＝2.685×10⁶ 焦。

第二章　耕地地力调查

第一节　调查方法与内容

一、调查方法

本次调查工作采取的方法是内业调查与外业调查相结合的方法。内业调查主要包括图件资料、文字资料的收集；外业调查包括耕地的土壤调查、环境调查和农业生产情况的调查。

（一）内业调查

1. 基础资料准备　包括图件资料、数字资料和文件资料3种。

（1）图件资料：主要包括1982年第二次土壤普查编绘的1∶100 000的《尚志市土壤图》、国土资源局土地详查时编绘的1∶100 000的《尚志市土地利用现状图》、1∶100 000的《基本农田保护区划图》和1∶25 000的《尚志市各乡（镇）土壤分布图》。

（2）数字资料：主要采用尚志市统计局最新的统计数据资料。尚志市耕地总面积采用国土资源局确认的面积为99 737.46公顷，其中，旱田65 705.46公顷、水田34 032公顷，基本农田总面积为99 737.46公顷。

（3）文件资料：包括第二次土壤普查编写的《尚志市土壤志》《黑龙江土壤》《黑龙江土种志》《尚志市土地利用现状调查统计资料》《尚志市气候区划报告》《尚志市水土保持区划报告》等。

2. 参考资料准备　包括尚志市农田水利建设资料、尚志市农机具统计资料、尚志市城乡建设总体规划、尚志市交通图、尚志市乡（镇）、村屯建设规划图等10余篇。

3. 补充调查资料准备　对上述资料记载不够详尽，或因时间推移利用现状发生变化的资料等，进行了专项的补充调查。主要包括：近年来农业技术推广概况，如良种推广、科技施肥技术的推广、病虫鼠害防治等；农业机械，特别是耕作机械的种类、数量、应用效果等；水田种植面积、生产状况、产量等方面的改变与调整进行了补充调查。

（二）外业调查

外业调查包括土壤调查、环境调查和农户生产情况调查。主要方法如下。

1. 布点　布点是调查工作的重要一环，正确的布点能保证获取信息的典型性和代表性；能提高耕地地力调查与质量评价成果的准确性和可靠性；能提高工作效率，节省人力和资金。

（1）布点原则：

①代表性、兼顾均匀性。布点首先考虑到全市耕地的典型土壤类型和土地利用类型；其次耕地地力调查布点要与土壤环境调查布点相结合。

②典型性。样本的采集必须能够正确反应样点的土壤肥力变化和土地利用方式的变

化。采样点布设在利用方式相对稳定，避免各种非正常因素干扰的地块。

③比较性。尽可能在第二次土壤普查的采样点上布点，以反映第二次土壤普查以来的耕地地力和土壤质量的变化。

④均匀性。同一土类、同一土壤利用类型在不同区域内应保证点位的均匀性。

（2）布点方法：采用专家经验法，聘请了熟悉尚志市情况、参加过第二次土壤普查的有关技术人员和东北农业大学等有关部门的专家，依据以上布点原则，确定调查的采样点。具体方法如下。

①修订土壤分类系统。为了便于以后黑龙江省耕地地力调查工作的汇总和本次评价工作的实际需要，把尚志市第二次土壤普查确定土壤分类系统归并到省级分类系统。尚志市原有的分类系统为 7 个土类、12 个亚类、16 个土属、33 个土种，归并到省级分类系统为 7 个土类、11 个亚类、15 个土属、22 个土种。

②编绘土种图。在修订土种名称的基础上，对尚志市原有的土壤图进行了重新编绘。确定调查点数和布点：

大田调查点数的确定和布点。按照旱田、水田平均每个点代表 50～70 公顷的要求，尚志市耕地总面积为 99 737.46 公顷，其中，旱田 65 705.46 公顷、水田 34 032 公顷。在确定布点数量时，以这个原则为控制基数，在布点过程中，充分考虑了各土壤类型所占耕地总面积的比例、耕地类型以及点位的均匀性等。然后将《土地利用现状图》和重新编绘的《尚志市土壤图》及《基本农田区划图》三图叠加，确定调查点位。在土壤类型和耕地利用类型相同的不同区域内，在保证点位均匀的前提下，尽量将采样点布在与第二次土壤普查相同的位置上（本次调查与第二次土壤普查重合的点数为 49 个，占总调查点数的 3.3%），这样，尚志市初步确定点位 1 505 个，其中旱田 1 000 个，水田 505 个。各类土壤所布点数分别为：暗棕壤 350 个、白浆土 700 个、新积土 100 个、草甸土 205 个、水稻土 40 个、沼泽土 60 个、泥炭土 50 个。

③容重调查点数的确定和布点。容重布点是根据土壤（种）的分布和所占比例，确定其调查点的位置和数量，大田容重样本占样本总数的 10%～20%。共设容重样本 200 个，其中，旱田 160 个，占旱田样本总数的 16%；水田 40 个，占水田样本总数的 7.9%。

④绘制调查点位图：在 1：50 000 的重新编绘的土壤图上标注所确定的点位，采用目测转绘法勾绘到 1：50 000 土地利用现状图上，量出每一采样点大致的经纬度，并逐一记录造册。同样用目测转绘法勾绘到 1：25 000 的各乡（镇）土壤图上，为外业时准确找到目标采样点做好准备工作。

2. 采样

（1）大田土样采样方法：大田土样在作物收获后取样。

（2）野外采样田块确定：根据点位图，到点位所在的村屯，首先向农民了解本村的农业生产情况，确定具有代表性的田块，田块面积要求在 0.07 公顷以上。依据田块的准确方位，修正点位图上的点位位置，并用 GPS 定位仪进行定位。

（3）调查、取样：向已确定采样田块的户主，按调查表格的内容逐项进行调查填写。在该田块中按旱田 0～20 厘米土层采样；采用 X 法、S 法、棋盘法其中任何一种方法，均匀随机采取 15 个采样点，充分混合后，四分法留取 1 千克。

二、调查内容及步骤

（一）调查内容

按照《耕地地力调查与质量评价技术规程》（以下简称《规程》）附表3～附表8的要求，对所列项目，如：立地条件、土壤属性、农田基础设施条件、栽培管理和污染等情况进行了详细调查。为更透彻地分析和评价，附表中所列的项目要无一遗漏，并按说明所规定的技术范围来描述。对附表未涉及、但对当地耕地地力评价又起着重要作用的一些因素，在表中附加，并将相应的填写标准在表后注明。

调查内容分为：基本情况、化肥使用情况、农药使用情况、产品销售调查等。

（二）调查步骤

尚志市耕地地力调查与质量评价工作大体分为4个阶段。

1. 第一阶段：准备阶段　2007年9月黑龙江省地力评价工作会议结束后，自9月8～26日，此阶段主要工作是收集、整理、分析资料。具体内容如下。

（1）统一野外编号：尚志市共17个乡（镇），编号从01～17顺序排列。旱田用字母H表示、水田用S表示。在一个乡（镇）内，采样点编号从01开始顺序排列至 n（01～n）。

（2）确定调查点数和布点：尚志市确定调查点位1 505个，其中，旱田1 000个、水田505个。依据这些点位所在的乡（镇）、村为单位，填写了调查点登记表。主要说明调查点的地理位置、野外编号和土壤名称，为外业做好准备工作。

（3）外业准备：尚志市大田作物的种植是一年一熟制，作物的生育期较长，收获期最晚的在10月1日左右，到10月10日前后才能基本结束，而土壤的封冻期为11月5日前后。如果秋收结束后才进行外业调查和取样，只有20余天，若遇降雨等气候因素的影响，则仅有半个月的时间可以利用，这样就有可能不能顺利完成外业。所以把外业的全部工作分为两个部分，分步进行。第一次外业于9月18～29日进行，主要任务是：对被确定调查的地块（采样点）进行实地确认，同时对地块所属农户的基本情况等进行调查。按照《规程》中所规定的调查项目，设计制订了野外调查表格，统一项目，统一标准进行调查记载。第二次外业计划于秋收后（10月5日）开始，10月底结束。主要任务是采集土样，填写土样登记表，并用GPS卫星定位系统进行准确定位，同时补充第一次外业时遗漏的项目。

2. 第二阶段：第一次外业　分4步进行。

（1）第一步，组建外业调查组：本次耕地地力调查工作得到了尚志市市委、市政府的高度重视及各乡（镇）等有关部门的大力支持。为保证外业质量，尚志市土壤肥料工作站由站长挂帅，抽出包括乡（镇）在内的51名技术骨干，组成17个工作小组，每组负责1个乡（镇）的调查任务。

（2）第二步，培训和试点：人员和任务确定后，为使工作人员熟练掌握调查方法，明确调查内容、程序及标准，尚志市农业技术推广中心组织有关技术人员于9月17日在举办了专题技术培训班，并于9月18日在尚志镇进行了第一次外业的试点工作。所有人员统一分成3个组，对尚志镇的3个村进行试点调查。

（3）第三步，全面调查：各方面准备工作基本就续，9月20日第一次外业调查工作全面开展。调查组以1∶25 000乡（镇）土壤图为工作底图，确定了被调查的具体地块及所属农户的基本情况，完成了《采样点基本情况》《肥料使用情况》《农药、种子使用情况》《机械投入及产出情况》4个基础表格的填写，同时填写了以乡（镇）、村、屯、户为单位的调查点登记表。

第一次外业调查工作于9月底至10月初陆续结束。

（4）第四步，审核调查：在第一次外业至入户调查任务完成后，对各组填报的各种表格及调查登记表进行了统一汇总，并逐一做了审核。

3. 第三阶段：第二次外业调查阶段　分3步进行。

（1）第一步，制订方案和培训：在第一次外业的基础上，进一步完善了第二次外业的工作方案，并制订采集土样登记表。准备工作安排就绪后，于10月12日举办了第二次培训班，对第二次外业的工作任务和采样要求进行了系统的培训，并在土肥站技术人员的带领下，进行了实地讲解和演练。

（2）第二步，调查和采样：

①调查。第二次外业从10月14日开始，至10月底全部结束。第二次外业的主要任务是：补充调查所增加的点位，对所有确定为调查点位的地块采集耕层样本，按《规程》的要求，兼顾点位的均匀性及各土壤类型，采集了容重样本。

②采样。对所有被确定为调查点位的地块，依据田块的具体位置，用GPS卫星定位系统进行定位，记录准确的经纬度。面积较大地块采用X法或棋盘法，面积较小地块采用S法，均匀并随机采集15个采样点，充分混合用"四分法"留取1.0千克。每袋土样填写2张标签、内外各具1张。标签主要内容：该样本野外编号、土壤类型、采样深度、采样地点、采样时间和采样人等。

（3）第三步，汇总整理：第二次外业截至10月28日全部结束，对采集的样本逐一进行检查和对照，并对调查表格进行认真核对，无差错后统一汇总总结。

4. 第四阶段：化验分析阶段　本次耕地地力调查共化验了1 505个土壤样本，测定了pH、有机质、全氮、全磷、全钾、碱解氮、有效磷、速效钾以及铜、锌、铁、锰12个项目。对外业调查资料和化验结果进行了系统统计和分析。

第二节　样品分析及质量控制

一、物理性状

土壤容重：采用环刀法。

二、化学性状

分析项目：pH、有机质、全磷、全氮、全钾、碱解氮、有效磷、速效钾、有效铜、有效锌、有效铁、有效锰。分析方法见表2-1。

表 2-1　土壤样本化验项目及方法

分析项目	分析方法
pH	玻璃电极法
有机质	浓硫酸-重铬酸钾法
全氮	凯氏蒸馏法
全磷	氢氧化钠-钼锑抗比色法
全钾	氢氧化钠-火焰光度法
碱解氮	碱解扩散法
有效磷	碳酸氢钠-钼锑抗比色法
速效钾	乙酸铵-火焰光度法
有效铜、有效锌、有效铁、有效锰	DTPA 提取原子吸收光谱法

第三节　数据库的建立

一、属性数据库的建立

（一）属性数据表

属性数据库的建立与录入独立于空间数据库，全国统一的调查表录入系统（表 2-2）。

表 2-2　主要属性数据表及其包括的数据内容

编号	名　称	内　容
1	采样点基本情况调查表	采样点基本情况，立地条件，剖面形状，土地整理，污染情况
2	采样点农业生产情况调查表	土壤管理，肥料、农药、种子等投入产出情况

（二）数据的审核、录入及处理

包括基本统计量、计算方法、频数分布类型检验、异常值的判断与剔除以及所有调查数据的计算机处理等。

在数据录入前经过仔细审核，数据审核中包括对数值型数据资料量纲的统一等；基本统计量的计算；最后进行异常值的判断与剔除、频数分布类型检验等工作。经过两次审核后进行录入。在录入过程中两人一组，采用边录入边对照的方法分组进行录入。

二、空间数据库的建立

采用图件扫描后屏幕数字化的方法建立空间数据库。图件扫描的分辨率为 300dpi，彩色图用 24 位真彩，单色图用黑白格式。数字化图件包括：土地利用现状图、土壤图、行政区划图等（表 2-3）。

表 2 - 3　矢量化方法及主要图层配置表

序号	图层名称	图层属性	连接属性表
1	面状水系	多边形	面状河流属性表
2	线状水系	线层	面状河流属性表
3	土地利用现状图	多边形	土地利用现状属性数据
4	行政区划图	线层	
5	土壤图	多边形	土种属性数据表
6	土壤采样点位图	点层	土壤样品分析化验结果数据表
7	公路	线层	
8	铁路	线层	

数字化软件统一采用 ArcView GIS，坐标系为 1954 北京坐标系，比例尺为 1∶100 000。评价单元图件的叠加、调查点点位图的生成、评价单元插值使用 ArcInfo 及 ArcView GIS 软件，文件保存格式为 . shp、. arc。

第四节　资料汇总与图件编制

一、资料汇总

完成大田采样点基本情况调查表、大田采样点农户调查表、蔬菜地采样点基本情况调查表、蔬菜地采样点农户调查表等野外调查表的整理与录入后，对数据资料进行分类汇总与编码。大田采样点与土壤化验样点采用相同的统一编码作为关键字段。

二、图件编制

（一）耕地地力评价单元图斑的生成

耕地地力评价单元图斑是在矢量化土壤图、土地利用现状图、基本农田保护区图的基础上，在 ArcView GIS 中利用矢量图的叠加分析功能，将以上 3 个图件叠加，对叠加后生成的图斑当面积小于最小上图面积 0.04 平方厘米时，按照土地利用方式相同、土壤类型相近的原则将破碎图斑与相临图斑进行合并，生成评价单元图斑。

（二）采样点位图的生成

采样点位的坐标用 GPS 进行野外采集，在 ArcInfo 中将采集的点位坐标转换成与矢量图一致的 1954 北京坐标系。将转换后的点位图转换成可以与 ArcView GIS 进行交换的 . shp 格式。

（三）专题图的编制

利用 ArcInfo 将采样点位图在 ArcMap 中利用地理统计分析子模块中采用克立格插值法进行采样点数据的插值。生成土壤专题图件，包括全氮、有效磷、速效钾、有机质、有效锌等专题图。

（四）耕地地力等级图的编制

首先利用 ArcMap 的空间分析模块的区域统计方法，将生成的专题图件与评价单元图挂接。在耕地资源管理信息系统中根据专家打分、层次分析模型与隶属函数模型进行耕地生产潜力评价，生成耕地地力等级图。

第三章　耕地立地条件、农田基础设施及土壤分类

耕地的立地条件是指与耕地地力直接相关的地形、地貌及成土母质等特征。它是构成耕地基础地力的主要因素，是耕地自然地力的重要指标。农田基础设施是人们为了改变耕地立地条件等所采取的人为措施活动。它是耕地的非自然地力因素，与当地的社会、经济状况等有关，主要包括农田的排水条件和水土保持工程等，这次耕地地力调查与评价工作把耕地立地条件和农田基础设施作为两项重要指标。

第一节　耕地立地条件

一、地形地貌

尚志市土壤在地质结构上属于东北新华夏构造体系，张广才岭隆起带。在这个范围内，有较大的地堑谷地——"依舒地堑"区内断裂构造发育，大部分形成多字构造。由一组北东向挤压带和一组为北西向扭性断裂带组成，同时也有和它们相伴生的近南北和近东西的断层组成。

尚志市境内海拔高度多在200～1 000米。由于受地质构造运动和蚂蚁河由东向西转北从中间流过的侵蚀切割作用的影响，所以尚志市地势自东北至西南部及西北部高峻，形成环形高的地形，东北地形较低，为丘陵过渡到台地，形成明显的阶梯状成层地形，东北至西南部为张广才岭主脊西坡，属中低山，海拔1 000～1 600米。中部亚布力-一面坡及乌吉密-长寿为丘陵地形，海拔300～500米，在其中间一面坡-尚志镇为宽阔的平缓波状台地（岗地），海拔200～240米，其上散布着少数的弧丘（如大高丽山、二高丽山），海拔422～434米，河谷中有较广阔的河漫滩。西部帽儿山-黑龙宫以西为低山，海拔600～900米。境内较大的山间河谷盆地主要分布在尚志镇及老街基一带。此外，从鱼池、苇河、亮河、庆阳一带为山间河谷平原。除了东北至西南及西北部边界地带较高外，境内属于低山丘陵区。山峰虽不高，但山势陡峻，峰谷相间，河谷宽展，阶地发育，地形变化剧烈。根据地貌特征，可以划分为中山丘陵、低山丘陵、丘陵漫岗、河谷盆地及河流阶地等地貌单元。尚志市按地貌分布基本是东部侵蚀中山较多，西部侵蚀剥蚀低山丘陵多，中部剥蚀丘陵和堆积漫滩较多。这种山谷相间、坡甸结合，组成了独特而多样的地貌结构。

地形对土壤的形成具有重大的影响。地形影响到水分和热量的再分配，影响到物质元素的转移。比如山坡地单位面积上接受太阳辐射热能较多。由于地面倾斜，降水后发生逆流强度大、渗透小，地下水位低，土体湿度小，空气相对较多，升温速度快，养分转化

快，腐殖质积累少，土体中铁锰氧化物也不易转化为低价而淋失，因此发育成黑土层较薄的山地土壤。而平地或低洼地获得的太阳辐射能比山坡地少，地下水位高，土壤湿度大，生物以繁茂的喜湿性植物、沼泽植物为主，腐殖质大量积累，形成比较肥沃的土壤。在一般的情况下，地形越低，土壤水分越大，土温越低，养分元素越丰富。随着地形的变化，土壤分布呈明显的规律性。尚志市的各种土壤根据地形的高低分布情况为：暗棕壤-白浆土-草甸土-沼泽土和泥炭土-泛滥土（水稻土主要根据其前身土壤而确定其分布位置）。

（一）东部流水侵蚀中低山丘陵区

该区位于境内东、中部，为张广才岭西坡。东北部狭窄，中部宽阔。地势高度为海拔300～1 139.6米，由中部向东南地势逐步升高，东部最高地带为张广才岭主脊，构成蚂蚁河与牡丹江的分水岭。由东向西形成3级夷平面，即海拔1 000米以上、700～800米、350～500米。地貌形态由中山过渡到低山、丘陵。境内分以下3个亚区。

1. 张广才岭岭脊西坡中低山区 位于境内最东部，为东北-西南走向，是境内地势最高的地区，海拔高度650～1 639.6米，大部分地带在700～800米，相对高度在300～700米。自东北至西南高峰分别有大锅盔山（海拔1 301.3米）、沙河大顶子（海拔1 255.2米）、高岭子（海拔1 009.9米）、老秃顶（海拔1 421.8米）、三秃顶子（海拔1 639.6米）等。山高坡陡，山脊狭窄陡峭，并多岩壁裸露及倒石堆分布，河谷深切，多呈V形。

2. 张广才岭西坡苇河-亮河丘陵区 位于境内石头河子至苇河以北，主要包括亚布力以北、苇河镇辖区大部分，为起伏和缓的丘陵。山坡较缓，山顶浑圆，河谷宽广。谷宽500～3 000米，谷底较平。河谷中有蚂蚁河、黄玉河、东亮珠河等，沿河流域分布一些台地。全区海拔300～350米，相对高度50～100米。

3. 张广才岭西坡东段青川低山丘陵区 该区海拔350～800米，相对高度为50～100米和200～400米，由低山、丘陵组成。切割破碎，河谷发育。地势为北部、南部高，中部较低。区内低山、丘陵、宽谷相间，地貌变化较大。

（二）西北部流水侵蚀低山丘陵地区

该区位于境内联合-长寿-胜利以西，山系走向为北东-南西，西北高，东南低。由低山过渡为丘陵，切割破碎，水系发育。海拔高度在300～800米，低山、丘陵显示出明显的两个阶梯特征。该区分为两个亚区。

1. 张广才岭西北帽儿山-黑龙宫低山区 位于境内西北、黑龙宫镇至帽儿山镇以西，山系走向为北东-南西，海拔高度600～800米，相对高度400～500米。地形切割强烈，水系发育，多V形谷，山坡陡峭（多在20°以上，部分山坡超过30°），难以攀登。山脊狭窄，多呈齿状，多悬崖峭壁，并有倒石堆分布。主要山峰有大猪圈山（海拔832.1米）、扇面山（海拔819.6米）、帽儿山（海拔805米）。

2. 张广才岭西北三阳-长寿-亮珠丘陵区 该区地势高度在海拔300～400米，相对高度50～200米。地形起伏和缓，山顶多呈馒头状。有些山坡度大，山峰呈金字形。区内水系发育，河谷较宽，河底较平，多山间河谷、冲积平原，形成了较多兴修水库的有利地形。

（三）中部河谷盆地冲积洪积台地区

该区位于尚志市中部，因受依舒断裂地控制，构造上自北东向南西方向延展。地形开阔，地势高度在海拔 200～300 米。为波状起伏的台地，其中有分布宽阔的冲积平原。台地表层为第四系更新统冲积、洪积亚黏土覆盖，多坳谷及冲沟发育，水土流失明显。该区分两个亚区。

1. 蚂蚁河谷冲积平原及冲积、洪积台区 分布在一面坡镇以北、尚志镇以东的蚂蚁河沿岸。地势为波状起伏的台地，地形开阔，起伏和缓，海拔高度 180～240 米，相对高度 10～20 米。境内坳谷发育，多近代流水形成的冲沟，水土流失严重。地块分割破碎，形成树枝状沟谷。在台地中，河流沿岸多形成由河漫滩组成的冲积平原。

2. 大泥河河谷冲积平原和洪积台区 在三阳-金山-联合林场（二保）以南的大泥河两岸，形成以老街基乡所在地为中心的宽阔山间盆地。由宽阔起伏的坡状台地与低平的河漫滩组成，河流弯曲，多牛轭湖及沼泽。海拔高度 240～280 米，相对高度 10～20 米。台面沟谷较多，起伏明显，多河谷冲积平原。尚志市境内山脉属长白山系分支小白山系，受新华夏第二隆起带（张广才岭隆起带）影响，地势复杂，山岭连绵，山脉多为东北-西南走向。境内有大小山岭 162 座，东部山岭较密，西部较疏。

3. 东部山区

（1）大高丽山：位于尚志市区东 10 千米，海拔 422.1 米，长宽各 3 千米，面积 9 平方千米。

（2）三秃顶子：位于珍珠山乡青沟子源头，张广才岭主峰之一，海拔 1 639.6 米，是境内最高峰，面积 36 平方千米。山深林密，古木参天，人迹罕至，野生动植物资源丰富。

（3）大青顶子：位于元宝镇东南 20 千米，海拔 625 米，面积 22 平方千米，山峰险峻。因山顶树木青翠而得名。

（4）大锅盔山：位于亚布力镇行政区城南端，青云林场西侧，海拔 1 374.6 米，面积 30 平方千米，周围连接二锅盔、三锅盔、四锅盔。北坡建有全国最大的滑雪场——亚布力滑雪场。

（5）电台山：位于珍珠山乡冲河村南石人沟南头，海拔 1 326 米，面积 8 平方千米，山峰奇陡，森林茂密。因东北沦陷时期在此山设有电台而得名。

（6）三柱香：位于珍珠山乡冲河村附近，海拔 910 米，面积 9 平方千米，因山形如三柱燃烧的香而得名。

（7）蚂秃顶：位于鱼池乡虎锋村北，海拔 1 078.6 米，是蚂蚁河发源地。森林茂密，生物资源丰富。

（8）沙河大顶子：位于亮河镇沙河子东，海拔 1 255.2 米，面积 40 平方千米，山深林密，曾列为黑龙江省东北虎自然保护区。

（9）冷山：位于石头河子镇宝山村东，海拔 697.5 米，面积 11 平方千米。

（10）亮山：位于亮河镇东，海拔 1 193.2 米，面积约 25 平方千米，山峰陡峭，古树参天。

（11）华山：位于亚布力林业局华山林场北，海拔 803 米，面积 15 平方千米，山深林密，物产丰富。

4. 西部山区

（1）兴隆山：位于市域西北 2 千米处，海拔 322 米，山势平缓，大部被人工松林覆盖。

（2）帽儿山：位于帽儿山镇北 5 千米处，海拔 805 米，面积 10 平方千米，山势雄伟壮观，山顶有平台约 200 平方米，因远观形状如帽而得名，是尚志市境内五大旅游景点之一。

（3）牛心山：位于长寿乡北 4 千米，海拔 411 米，面积 3 平方千米。山岭东坡陡峭，西坡平缓，树木稀疏，山形险峻，因状似牛心而得名。

（4）笔架山：位于帽儿山镇蜜蜂村北 1 千米处，海拔 584 米，面积 4 平方千米，扼滨绥铁路之北，与南侧山岭对应成一隘口，因状似笔架而得名。

（5）扇面山：位于帽儿山镇东 13 千米，海拔 819.6 米，面积 20 平方千米，人工林茂密。

（6）大青山：位于黑龙宫镇王家馆子东 5 千米，海拔 952 米，面积 40 平方千米，是宾县、延寿县与尚志市境的交界点。山体多悬崖峭壁，景观别致优美。

（7）大猪圈山：位于长寿乡兴垦屯西，海拔 832.1 米，面积 13 平方千米。

（8）大荒顶子：位于帽儿山镇南十三保屯，海拔 479.2 米，面积 11 平方千米，是尚志、五常两市辖区交界点，山上次生林繁茂。

（9）四方顶子：位于乌吉密乡西南 2 千米，海拔 475.6 米，面积 12 平方千米。山顶平坦，清初曾建有寺庙。北坡有高山滑雪场，全国滑雪比赛多次在此举行（表 3-1）。

表 3-1 尚志市几种地貌面积统计

单位：公顷

地 貌	面 积
中山丘陵	83 089.93
低山丘陵	205 863.29
丘陵漫岗	423 510.32
河谷盆地	14 322.74
河流阶地	164 213.72
合计	891 000

二、成土母质

在漫长的地质年代和频繁的地质构造活动中，使岩石的分解与沉积经过反复循环变化，所形成的成土母质类型复杂多样。尚志市山地多为火山侵入岩与喷出岩，其中以花岗岩分布最广。较古老地层由于火山岩侵入，全部变质。故其风化物沙性强，通透性好。山间盆地及山前凹地堆积了泥岩、砂岩、砾岩。在砂岩上发育的土壤质地较轻，在泥岩上发育的土壤质地较重。广大丘陵区以花岗岩为主，杂有陆相碎屑岩及玄武岩。河流阶地土壤成土母质多为河湖相沉积物的黏土和亚黏土。河漫滩为黏土和沙砾石。

母质的性质直接影响着土壤的质地和理化性质，使土壤类型出现差异。在山地丘陵区的火成岩风化物母质上，多为以暗棕壤为代表的山地土壤；在第四纪坡积、洪积黄土状沉积物母质上，由于质地黏重，多为白浆化土壤；而在河湖沉积的黏土上，由于母质透水性差，加之地势低洼，容易形成沼泽化、草甸化和白浆化土壤；而在河流沿岸的低河漫滩冲积、沉积物母质上则属于泛滥土类型（表3-2）。

表3-2　各土类母质情况表

土　类	母　质
暗棕壤	残积物，坡积物
白浆土	第四纪黄土状沉积物
草甸土	河湖沉积物
沼泽土、泥炭土	受水分选的河湖沉积物和沼泽沉积物
新积土	冲积沉积物
水稻土	随其前身土壤的母质

1. 残积物和坡积物母质　残积物：因未经搬运分选，所以风化层呈杂乱的堆积，没有层理，同时大小颗粒混杂，颗粒成分极不均匀。

坡积物：由于受重力作用及暂时的雨水冲刷而使母质移动沉积在山坡或坡麓处，因此分选性不好，层理不明显或无层理。

残积物和坡积物形成的土壤，一般质地较粗，地形坡度大，排水良好，土体经常处于氧化状态，三氧化铁在剖面中相对积累，使其呈现棕色。

2. 第四纪黄土状沉积物母质　黄土状沉积物是第四纪一种特殊沉积物，颜色为黄色和灰黄色，质地多属于粉沙质、黏壤质或黏土，质地一般很黏重。上部黏土层的厚度在1～3米，有的达十几米深。

3. 冲积沉积物母质　是风化碎屑被经常性流水（如河流）搬运，在流速减缓处沉积而形成的。冲积沉积物具有优良的分选性，沉积层理也很明显，多为不同质地相间的水平淤积层。冲积颗粒的磨圆度很好。冲积物分布的面积很广，是尚志市成土母质中重要的一种。主要分布在以蚂蚁河为主的大小河流沿岸的河漫滩、阶地、冲积平原等。

4. 受水分选的河湖相沉积物和沼泽沉积物母质　河湖沉积物是河湖水长期静水沉积形成，沉积物中含有湖泥、腐殖质淤泥并且层次较薄。沼泽沉积物是沼泽化过程形成的，沉积物中含有泥炭、沼泽泥。质地比较黏重，沙黏比例多在4：6、3：7、2：8，甚至1：9，因而持水性能很强，而渗透系数极低（0.1～0.000 1米/天）。

三、土壤侵蚀

据卫星遥感数据显示，尚志市年平均土壤侵蚀模数1 500吨/平方公里。2000年，尚志市水土流失面积为2 693公顷，占尚志市国土面积的30.5%。主要分布为耕地937.85平方千米、林地1 576.63平方千米、草地176.3平方千米、城镇交通1.24平方千米。其中：轻度流失面积819.09平方千米，占水土流失面积30.4%；中度流失面积1 596.88平方千米，占水土流失总面积的 59.3％；强度流失面积 276.05 平方千米，占水土流失总面积 10.3％。在尚志市水土流失总面积中人为水土流失面积约占 10％左右。按建设项目工程类别和特点划分主要有农林生态、公路、矿山、城镇开发和旅游开发五大工程类别。人为不合理的生产建设活动，是造成水土流失的根本原因，也是加剧水土流失的主导因素。尚志市水土流失的主要成因是：①农业耕作粗放，重用轻养、常年使用化肥、农药、不施有机肥、使土壤有机质不断下降，造成土壤保水、保土、抗冲、抗蚀等理化性质变劣，加速了水土流失。②乱砍滥伐、毁林开荒、陡坡开荒、毁林搞副业、过度放牧、破坏了自然植被，尤其毁林开荒、陡坡开荒严重破坏植被，致使生态失衡，是造成山区水土流失的重要因素。③公路、矿山、城镇开发及旅游开发等生产建设活动破坏了原有地形地貌和地表植被，在建设过程中又缺乏合理的规划及水土保持预防措施，造成人为水土流失不断发生。④预防监督力度不够，由于水土保持工作还没有引起人们的足够重视，加之预防监督工作力度不大，阻力较大，边治理边破坏的局面还未得到有效遏制，致使人为水土流失现象时有发生。⑤缺乏各级政府的重视，水土保持监督机构还很不健全，水土保持监督经费还没有得到落实，致使监督执法不到位。⑥水土保持法规还很不完善，没有跟上社会发展的步伐，致使执法可操作性不强。

1990 年以来，尚志市在治理人为水土流失方面主要是在"三区"划分的基础上，以小流域治理、坡耕地治理和封禁治理为重点，以工矿"关停治"为突出标志，采取生物、工程、耕地措施相结合，各种治理措施科学配置，发挥综合治理效益，保护水土资源及生态环境。据遥感监测数据显示，1990 年，尚志市水土流失面积为 3 620 000 公顷，占尚志市国土面积 41％。2000 年，尚志市水土流失面积为 269 300 公顷，占尚志市国土面积 30.5％，10 年共治理水土流失面积 92 700 公顷，水土流失面积由 1990 年的 41％下降到 2000 年的 30.5％，10 年间水土流失面积下降 10.5 个百分点。其中，人为水土流失面积由 15％下降到 10％左右。1990 年以来，尚志市又加大了对矿山、公路等基本建设项目的执法检查，关停了 28 处矿山，采取复垦种草，植树等措施进行综合治理，共投入防治资金 1 550 万元，取得了显著成效。

第二节　农田基础设施

尚志市境内，水资源较为丰富。因地势东高西低，常出现"牤牛水"，易涝易旱。东清铁路修建后，沙俄和日军入侵，掠夺林木资源，民众毁林开荒，植被一度被破坏，造成水土流失和洪泛。加之降水的时间、空间分布不均，经常酿成旱涝灾害。民国时期，境内虽有少量水利工程，但不能抵御旱涝灾害。

中华人民共和国成立后，国家对水利建设加大投资。尚志市市委、市政府集中人力、物力和财力，领导全市人民开展大规模水利工程建设，多次疏挖河道，截弯取直，培修堤防，岁修险工险段。经过治理，防洪设计标准已达 20 年一遇、50 年一遇校核。1961—1985 年，尚志全市建万亩*以上灌区 5 处，千亩以上 2 处，千亩以下 104 处，中型水库 2

---

* 亩为非法定计量单位，1 亩＝1/15 公顷，考虑到读者的阅读习惯，本书"亩"予以保留。——编者注

座，小型水库 28 座，塘坝 1 118 个，总蓄水能力 1.4 亿立方米；抽水站 461 处，总装机 486 台，容量 9 351 马力；机电灌溉井 226 眼，实灌面积 780 公顷；小水电站 6 处，总装机 15 台，容量 2 850 千瓦。防洪治涝修筑各类堤防总长 157.17 千米，保护农田 5 833.33 公顷、村屯 34 个，治理受涝耕地 5 766.67 公顷。水土保持，修梯田 1 073.33 公顷，横山截水沟 21.2 万米，治冲刷沟 688 条，封山育林 2 653.33 公顷。防病改水，打深井 155 眼、大口井 3 处，引河工程 1 处，引泉水 2 处，建农村自来水 81 处。

1986—2003 年，共新建、续建水利工程 11 项，修建渠道枢纽工程 10 项，维修千亩以上灌区拦河坝 39 处；新建塘坝 2 832 座，小抽水站 1 971 处，打井 2 600 眼。治理水土流失植树造林 11 000 公顷，治沟 1 456 条，挖鱼鳞坑 60 万个，修竹节沟 37.2 万米，改垄 2 600 公顷，修地埂 2 900 公顷，共治理水土流失面积 22 000 公顷。随着灌区综合治理规划逐步实施，水利工程综合效益得到发挥，水利事业由单纯为农业服务发展到综合服务新阶段。

2005 年，继续加强水源工程、防洪工程和水保工程三大体系建设。抗旱保灌、防汛、维修拦河坝 90 余座，干渠清淤 42 条，加固小水库 2 座。抗旱打井 300 眼。多方筹措资金，购进各类抗旱设备 200 台套。汛前，尚志市共完成中小型水库维修和中小河流险工弱段加固 22 处，总计土方量 15.9 万立方米，石方 1.2 万立方米。新建蓄水池 40 个，建临时抽水站 50 座。完成国家、省、市重点小流域治理项目 4 个，治理面积 2 800 公顷，治沟 300 条，截流沟 10 万米。与此同时，大力发展农业机械，1953 年开始推广新式马拉农具。1956 年，尚志市政府在农业局设农机站。1958 年，尚志市拥有机引农具 35 台。

1962 年，乡镇拖拉机站收归国有国营。大中型拖拉机增加 24 台，机耕面积 5 800 公顷。1964 年，开展"犁后喘"大会战，尚志市引进推广垅作机械配套农具近 100 台。1965 年，增至 157 台，农用机械总动力 45 台 622 千瓦，为 1958 年的 4.5 倍。1968 年，农用动力机械增至 370 台 3 440 千瓦，为 1965 年的 5.5 倍。

1979 年，农业机械实行队有队营、社有社营。1982 年，农村大队拥有拖拉机 104 台，农用机械总动力 7 022 千瓦。

1983 年，农村经济体制改革后，农用机械开始转让给农民经营，农业机械发展速度日益加快。1987 年，尚志市农机局将农机推广站改为农机推广服务站。1983—1989 年的 7 年间，农用机械投资总额达 6 700 万元，农村总机械动力 13 万千瓦，比 1982 年增长 1.63 倍；拖拉机 5 625 台，比 1982 年增加 4.21 倍。1990 年，尚志市建起 13 个农机服务站，为农民包修、代耕、加油服务。

截至 2000 年，尚志全市农业机械总动力拥有量 14.8 万千瓦。其中，拖拉机 7 137 台，8.85 万千瓦；农用大中型配套农机具 669 台（套）；小型农机具 2 522 台；半机械化农具 5 773 台。农用机械总资产 6 620 万元。农业播种面积 65 600 公顷，其中，机播 14 100 公顷，占 21.5%；水稻机播率 100%，机械插秧占 7%。机械春翻地 14 700 公顷；机械中耕 33 400 公顷，占 52%；机械收获 1 400 公顷，占 2.2%。农机总产值 140 万元，总收入 13 046 万元，费用支出 11 121 万元，纯收入 2 525 万元。农业机械化制造的经济收入，已成为农村经济的重要组成部分。

2005 年，农业机械以强化装备大型机械为主，大中小相结合。同年，共装备大中小型拖拉机 356 台（套），投入装备资金 537.6 万元，新增农机总动力 5 064 千瓦。各种整地机具 890 台，半化机械 102 台（套），机动插秧机 7 台，联合收获机 16 台（套）。装备的农机具可新增农机作业面积 2 700 公顷。新机具大量注入，促进农机化全面发展。2005 年，尚志市完成机整地面积 35 300 公顷，占任务的 106％；机械播种面积 12 300 公顷，占任务的 102.7％；机械插秧完成 7 000 公顷，机械深施肥 11 300 公顷，占任务的 113％；机械根茬粉碎还田面积 18 300 公顷，占任务的 120％。农机综合机械化程度达 42％。对一些瘠薄地采取机械客土改良、深耕和施肥相结合的配套措施，使这些瘠薄地在一定程度上得到了有效治理。这些农田基础设施建设对于提高尚志市耕地的综合生产能力，起到了积极的作用，促进了尚志市耕地资源的合理开发、粮食产量的大幅度提高和农业生产的全面发展。

尚志市的农田基础设施建设虽然取得了显著的成绩，但同农业生产发展相比，农田基础设施还比较薄弱，抵御各种自然灾害的能力还不强，特别是 2000 年来，农田基础建设相对滞后，尚志市的大多数旱田仍然处于靠天降水的状态。春旱发生年份，仅有少部分地块可以做到水灌，大多数旱田要常受旱灾的危害，影响了农作物产量的继续提高。水田、菜田和经济作物虽能解决排灌问题，但灌溉方式落后。水田基本上仍采用土渠的输入方式，采用管道输水的基本上没有，防渗渠道极少，所以在输水过程中，渗漏严重，水分利用率不高；菜田基本上是靠机井灌溉，方式多数是沟灌，滴灌、微灌等设备和技术尚未引进。水田、菜田发展节水灌溉，引进先进设施，推广先进节水技术；旱田实行水浇，特别是逐步引进大型的农田机械，推行深松节水技术，是今后尚志市农业必须解决的重大问题。

第三节　土壤的形成、分类和分布

一、土壤的形成

尚志市的土壤是较为复杂的，是在多种因素作用下形成的，随着地形、地貌的变化，土壤类型也不一样，通过本次土壤普查发现有如下几种发生层次。

A_{00}：枯枝落叶层

A_0：半分解的枯枝落叶层

A_1：腐殖层

A_P：犁底层

A_W：白浆层

AB：过渡层

A_t：泥炭层

AC：过渡层

A_b：埋藏层

B：淀积层

BC：过渡层

C：母质层

G（g）：潜育层（G：极强、g：较弱）

D：基岩层

S：沙层

原始的成土母质上下是一致的，剖面层次没有分化，以后是如何形成复杂的层次？这是在长期的成土过程中，各种矛盾运动的结果。这些矛盾运动包括淋溶和淀积、氧化和还原、冲刷和沉积、有机质的合成分解。

土壤中的水溶解各种物质，称为土壤溶解。当土壤中的水饱和时，受重力的影响要向下渗漏，这样就把土壤中的部分物质从上层带到下层，上边土层发生了淋溶，下边土层发生了淀积，各种物质的溶解和活性不同，因此淋溶和淀积有先后之分，最先淋溶的是可溶盐类，最后淋溶的是胶体，先淋溶的淀积的深，后淋溶的淀积的浅，从而开始层次分化。

由于某些土壤经常处于干湿交替状态，因而土壤在水的影响下出现氧化还原交替。土壤有机质的分解及分解的中间产物也可以使土壤某些物质发生还原。一些变价元素如铁、锰等在氧化还原影响下，发生淋溶和淀积，在土体中形成铁锰结核、锈斑锈纹等新生体。根据这些新生的形状、颜色、硬度、出现部位等可以判断土壤的水分状况。它的形成促使土壤呈现层次性。

冲刷和沉积的现象在尚志市是普遍存在的。如坡岗地上径流带着溶解的物质和土粒，向下流动并在低处淀积或流入沟河。另外，河水泛滥时，使上游冲刷来的泥沙在平原地区淤积，这个过程使土壤剖面发生地质层次。

土壤有机质的合成和分解对土壤形成起着主导地位，它使土壤上层发生深刻变化，形成 A 层的各个亚层，并对土体下部发生一定的影响。

总之，土壤的多样性可以从成土因素找根据，层次的不同可以从上述矛盾运动中找原因。

尚志市的各类土壤形成主要有以下几个过程。

（一）暗棕壤化过程

本过程发生在丘陵山地坡度较大、排水较好的地方。由于尚志市夏季温热多雨，使土壤产生淋溶过程，这一过程反映在游离的钙、镁元素和一部分铁铝的转移上。加之地形和母质条件的限制，水分不能在土壤中长期停留，二、三价氧化物在剖面中相对积累，使剖面成为棕色。此外，地表植被是阔叶林，灰分含量较高，达 8.17%，以钙、镁为主。这种植被每年落叶多，林下草本植物繁茂。因此，表层积累了较多的腐殖质，高者达 10%以上。在黑土层之下形成明显的棕色土层，这个过程就称为暗棕壤化过程。棕壤化过程的结果是黑土层增厚，有利于森林的生长发育。

（二）白浆化过程

白浆化过程是指在黑土层下边有一个灰白的白浆层，这个白浆层的形成过程就叫白浆化过程。白浆层形成的原因主要是由于底土黏重不透水，形成表层滞水，土壤中的铁、锰处于还原状态，变成低价铁锰，并从土体中游离出来随水移动。当表层水分蒸发处于氧化状态时，它又从低价变为高价，以铁锰结核的形态固定下来，也有少量活性铁、锰不能形成结核，随侧流水流出土层外，或沿裂隙下渗的水流淀积在 B 层上层的结构面上。由于上述过程的长期变化结果。使白浆层中原来均匀分布的铁锰结核中，一部分流出土层以外，因而使这个土层脱色成白浆层。在白浆层下则形成富含黏粒，有大量铁、锰胶膜的淀积层，即所谓蒜瓣土层，白浆化过程引起养分的淋失，对农业生产不利。

（三）草甸化过程

平地土壤在受地下水的季节性浸润下，由于干湿交替经常变化，同时，在繁茂的草甸植被影响下，使土体呈现明显的潜育过程和有机质的累积过程。在有机质的参与下，湿润时，三价氧化物还原成二价氧化物，干旱时二价氧化物又氧化成三价氧化物，这样则发生铁、锰化合物的移动和局部淀积，在土壤剖面中出现锈色胶膜和铁锰结核，这是草甸化过程的重要特征。由于草甸植物生长繁茂，根系密集，有大量的腐殖质积累，土体上部形成良好的团粒结构。草甸化过程有利于有机质的积累。

（四）泥炭化过程

茂密的沼泽植被生成的有机体，在长期积水条件下经常处于嫌气状态，在土壤中得不到充分分解，逐年累积形成深厚的不同分解程度的泥炭层，这个过程就是泥炭化过程，是沼泽土和泥炭土的土体上部特征。

（五）潜育化过程

在长期积水的条件下，由于缺乏氧气，有机质分解要依靠三价的铁、锰还原取得氧气，这样就形成了还原现象。此外，嫌气性微生物活动时产生的氢、甲烷、硫化氢、二氧化碳等成分作用于土壤中铁被还原形成亚铁盐类。这些被还原的铁、锰变为灰蓝色或浅蓝色，群众称之为"狼屎泥"。这个过程就是潜育化过程，也是沼泽土、泥炭土的底土特征。

（六）生草过程

是幼年土壤的形成过程，在新淤积的母质或岩石风化物之上、开始生长植物，形成薄的生草层，剖面层次分化不明显，这个过程叫生草过程。尚志市主要在河流沿岸的洪泛区出现这种生草过程。

（七）人为熟化过程

人类通过合理开垦、合理耕作、合理排灌，克服和改造了土壤中的不利因素，比如白浆化引起的冷浆、沼泽化引起冷湿等。从而调整了土壤中的肥力，导致作物达到正常产量。在这个基础上人类精耕细作、合理施肥、科学改土，不断地提高土壤中的肥力水平，使其水、肥、气、热逐渐协调，成为高产稳产土壤。

二、土壤的分类

土壤是在一定成土因素综合影响下形成的历史自然体和劳动产物。土壤分类是反映土壤形成和发展规律的。因此，土壤分类是以发生学观点出发，以土壤形成的环境条件为前提，把成土过程和土壤属性有机地结合起来，作为土壤分类的综合依据。

根据《全国第二次土壤普查工作分类草案》和《黑龙江省土壤分类暂行草案》以及《松花江地区土壤分类草案》规定的要求，结合尚志市的实际情况，采用了土类、亚类、土属、土种四级分类制。通过本次普查，尚志全市土壤分类为 7 个土类、11 个亚类、15 个土属、33 个土种。各级分类单元划分的原则和依据如下。

（一）土类

是土壤分类的基本单元。它是在一定的生物、气候、水文、耕种条件的综合作用下，经过 1 个主导或几个相结合的成土过程，具有一定相似的发生层次。据此，尚志市土壤分为暗棕壤土、白浆土、草甸土、沼泽土、新积土、泥炭土、水稻土 7 个土类。

1. 暗棕壤 主要分布在中低山、丘陵坡岗和缓坡坡脚等地。成土过程以棕壤化作用为主导。

2. 白浆土 分布在漫岗及部分平地上，成土过程以白浆化作用为主。

3. 草甸土 多分布在河流沿岸的河谷冲积平原上。成土过程以草甸化作用为主导。

4. 沼泽土 地势低洼、地下水位高，土壤受地表水和地下水的作用而发育成的土壤。成土过程主要是沼泽化和泥炭化作用为主导。

5. 泥炭土 分布的地形部位同沼泽土类，成土过程以泥炭化作用为主。

6. 新积土 分布在河流沿岸的低河漫滩上，成土过程以冲积性生草作用为主。

7. 水稻土 是受人为作用的强烈影响改变了原土壤的成土过程，通过种稻水耕熟化改变了原土壤的理化性状，逐渐发育成水稻土。

（二）亚类

亚类是在土类范围内进一步划分的第二级分类，是土类中的不同发育阶段，又是土类之间的过渡阶段。除主导的成土过程之外，还有附加次要的成土过程，使土壤属性发生变化。同属于一个土类的亚类土壤，其成土过程的总趋势应是一致的。尚志市是从 7 个土类中进一步划分出 11 个亚类。如从白浆土类中又划分出白浆土、草甸白浆土和潜育白浆土 3 个亚类。以白浆化为主导的成土过程，又附加了草甸化、潜育化的次要成土过程。

（三）土属

在土壤发生学分类上，土属有承上启下的特点，即使亚类的续分又是土种的归纳。是在区域性因素的具体影响下，使综合的总的成土因素产生了区域性的变异。尚志市主要根据地形部位和母质特点及土壤形成过程强度划分的，各土属之间具有量的差异，同一土属的肥力状况和改良措施基本一致，如沼泽土、砾石底草甸沼泽土、沙底草甸沼泽土 3 个土属。在尚志市的土壤中分出 15 个土属。

（四）土种

土种是土壤分类的基本单元。它是发育在相同母质上，具有相同类似的发育程度和剖面层次排列的一种比较稳定的土壤。同一土种，主要层次的排列顺序、厚度、质地、结构、颜色、有机质含量和 pH 等基本相似，只在量上有些变异。尚志市主要根据黑土层厚度划分出 33 个土种，根据黑龙江省土壤分类系统，尚志市的土种归并后，分出 22 个土种（表 3-3～表 3-9）。

表 3-3　尚志市土壤分类系统

土类名称	亚类名称	土 属		土 种	
		名称	代号	名称	代号
暗棕壤	暗棕壤 白浆化暗棕壤	山地暗棕壤 山地白浆化暗棕壤	I 1-1 I 2-2	山地暗棕壤 山地白浆化暗棕壤	I 1-101 I 2-201
白浆土	白浆土	岗地白浆土	II 1-1	薄层岗地白浆土 中层岗地白浆土 厚层岗地白浆土	II 1-101 II 1-102 II 1-103
	草甸白浆土	平地草甸白浆土	II 2-2	薄层平地草甸白浆土 中层平地草甸白浆土 厚层平地草甸白浆土	II 2-101 II 2-102 II 2-103
	潜育白浆土	低地潜育白浆土	II 3-1	薄层低地潜育白浆土 中层低地潜育白浆土 厚层低地潜育白浆土	II 3-101 II 3-102 II 3-103
新积土	冲积土	沙质冲积土	III 1-1	薄层沙质冲积土	III 1-101
泥炭土	草类泥炭土	淤积草类泥炭土	IV 1-1	薄层淤积草类泥炭土 中层淤积草类泥炭土 厚层淤积草类泥炭土	IV 1-101 IV 1-102 IV 1-103
		埋藏草类泥炭土	IV 1-2	薄层埋藏草类泥炭土 中层埋藏草类泥炭土 厚层埋藏草类泥炭土	IV 1-201 IV 1-202 IV 1-203
沼泽土	草甸沼泽土	泥炭腐殖质草甸沼泽土 沙底草甸沼泽土 砾石底草甸沼泽土	V 1-1 V 1-2 V 1-3	泥炭腐殖质草甸沼泽土 沙底泥炭腐殖质草甸沼泽土 砾石底泥炭腐殖质草甸沼泽土	V 1-101 V 1-201 V 1-301
水稻土	泛滥土型水稻土	漏水泛滥土型水稻土	VI 1-1	薄层漏水泛滥土型水稻土 中层漏水泛滥土型水稻土 厚层漏水泛滥土型水稻土	VI 1-101 VI 1-102 VI 1-103
	白浆土型水稻土	平地白浆土型水稻土	VI 2-1	薄层平地白浆土型水稻土 中层平地白浆土型水稻土 厚层平地白浆土型水稻土	VI 2-101 VI 2-102 VI 2-103
草甸土	泛滥地草甸土	砾石底泛滥地草甸土	VII 1-1	薄层砾石泛滥地草甸土 中层砾石泛滥地草甸土 厚层砾石泛滥地草甸土	VII 1-101 VII 1-102 VII 1-103
		沙底泛滥地草甸土	VII 1-2	薄层沙底泛滥地草甸土 中层沙底泛滥地草甸土 厚层沙底泛滥地草甸土	VII 1-201 VII 1-202 VII 1-203

表 3-4　新旧土种对照

旧土种	新土种
山地白浆化暗棕壤	砾沙质白浆化暗棕壤
山地原始暗棕壤	砾沙质暗棕壤
薄层岗地白浆土	薄层黄土质白浆土

（续）

旧土种	新土种
中层岗地白浆土	中层黄土质白浆土
厚层岗地白浆土	厚层黄土质白浆土
薄层平地草甸白浆土	薄层黏质草甸白浆土
中层平地草甸白浆土	中层黏质草甸白浆土
厚层平地草甸白浆土	厚层黏质草甸白浆土
薄层低地潜育白浆土	薄层黏质潜育白浆土
中层低地潜育白浆土	中层黏质潜育白浆土
厚层低地潜育白浆土	厚层黏质潜育白浆土
沙底草甸泛滥土	薄层沙质冲积土
薄层淤积草类泥炭土	薄层芦苇薹草低位泥炭土
中层淤积草类泥炭土	中层芦苇薹草低位泥炭土
厚层淤积草类泥炭土	厚层芦苇薹草低位泥炭土
薄层埋藏草类泥炭土 中层埋藏草类泥炭土 厚层埋藏草类泥炭土	浅埋藏型低位泥炭土
泥炭腐殖质草甸沼泽土 沙底腐殖质草甸沼泽土 砾石底腐殖质草甸沼泽土	薄层泥炭腐殖质沼泽土
薄层漏水泛滥土型水稻土 中层漏水泛滥土型水稻土 厚层漏水泛滥土型水稻土	中层冲积土型淹育水稻土
薄层平地白浆土型水稻土 中层平地白浆土型水稻土 厚层平地白浆土型水稻土	白浆土型淹育水稻土
薄层砾石泛滥地草甸土 薄层沙底泛滥地草甸土	薄层沙砾底潜育草甸土
中层砾石泛滥地草甸土 中层沙底泛滥地草甸土	中层沙砾底潜育草甸土
厚层沙石泛滥地草甸土 厚层沙底泛滥地草甸土	厚层沙砾底潜育草甸土

表 3-5 新旧土属对照

旧土属	新土属
山地白浆化暗棕壤	砾沙质白浆化暗棕壤
山地原始暗棕壤	砾沙质暗棕壤
岗地白浆土	黄土质白浆土
平地草甸白浆土	黏质草甸白浆土

（续）

旧土属	新土属
低地潜育白浆土	黏质潜育白浆土
沙底草甸泛滥土	沙质冲积土
淤积草类泥炭土	芦苇薹草低位泥炭土
埋藏草类泥炭土	埋藏型低位泥炭土
泥炭腐殖质草甸沼泽土	
沙底腐殖质草甸沼泽土	泥炭腐殖质沼泽土
砾石底腐殖质草甸沼泽土	
漏水泛滥土型水稻土	冲积土型淹育水稻土
平地白浆土型水稻土	白浆土型淹育水稻土
砾石泛滥地草甸土	砾石底潜育草甸土
沙底泛滥地草甸土	沙底潜育草甸土

表 3-6　新旧亚类对照

旧亚类	新亚类
白浆化暗棕壤	白浆化暗棕壤
暗棕壤	暗棕壤
白浆土	白浆土
草甸白浆土	草甸白浆土
潜育白浆土	潜育白浆土
草甸泛滥土	冲积土
草类泥炭土	低位泥炭土
草甸沼泽土	泥炭沼泽土
泛滥土型水稻土	淹育水稻土
白浆土型水稻土	
泛滥地草甸土	潜育草甸土

表 3-7　新旧土类对照

旧土类	新土类
暗棕壤	暗棕壤
白浆土	白浆土
泛滥土	新积土
泥炭土	泥炭土
沼泽土	沼泽土
水稻土	水稻土
草甸土	草甸土

表 3 - 8　尚志市土类面积统计

土壤名称	总面积 （公顷）	占总土壤 面积（%）	耕地面积 （公顷）	占总耕地面积 （%）
暗棕壤	592 137.5	66.45	24 997.46	25.06
白浆土	193 125.98	21.68	43 902.15	44.02
泥炭土	4 851.64	0.54	2 159.49	2.17
水稻土	318.95	0.04	160.1	0.16
沼泽土	32 126.24	3.61	8 846.95	8.87
草甸土	58 348.33	6.55	16 835.24	16.88
新积土	10 091.38	1.13	2 836.07	2.84
合　计	891 000	100	99 737.46	100

表 3 - 9　尚志市土种面积统计

土　种	面积（公顷）
砾沙质白浆化暗棕壤	590 859.00
砾沙质暗棕壤	1 278.49
薄层黄土质白浆土	47 908.36
中层黄土质白浆土	78 079.86
厚层黄土质白浆土	712.82
薄层黏质草甸白浆土	330.16
中层黏质草甸白浆土	45 313.42
厚层黏质草甸白浆土	8 573.86
薄层黏质潜育白浆土	1 346.25
中层黏质潜育白浆土	7 248.82
厚层黏质潜育白浆土	3 612.44
薄层沙质冲积土	10 091.38
薄层芦苇薹草低位泥炭土	2 124.91
中层芦苇薹草低位泥炭土	1 391.55
厚层芦苇薹草低位泥炭土	1 166.43
浅埋藏型低位泥炭土	168.75
薄层泥炭腐殖质沼泽土	32 126.24
中层冲积土型淹育水稻土	212.51
白浆土型淹育水稻土	106.44
薄层沙砾底潜育草甸土	14 364.34
中层沙砾底潜育草甸土	43 073.19
厚层沙砾底潜育草甸土	910.80

三、土壤的分布

尚志市的土壤分布是受复杂的地貌、地形和水文地质条件影响的，各地的土壤分布差异很大。

暗棕壤：尚志市各地均有分布，是尚志市的主要土壤类型。面积为 592 137.5 公顷，占土壤总面积的 66.45％。主要分布在东部的庆阳镇、亮河镇、鱼池乡、石头河子镇、苇河镇、珍珠山乡、老街基乡及西北的帽儿山镇、黑龙宫镇等乡（镇）的中低山和丘陵地带，少部分在平原中的弧山和残丘上，占据着尚志市最高的地形部位。

白浆土：面积为 193 125.98 公顷，占土壤总面积的 21.68％。主要分布在起伏漫岗地、开阔的平地和低平地。尚志市主要分布在老街基镇、元宝镇、帽儿山镇、马延乡、庆阳镇、乌吉密乡、长寿乡、尚志镇、苇河镇、亮河镇等乡（镇）。

草甸土：尚志市主要是泛滥地草甸土。面积为 58 348.33 公顷，占总土壤面积的 6.55％。主要分布在长寿乡、河东乡、珍珠山乡、一面坡镇、苇河镇、亚布力镇、鱼池乡、黑龙宫镇、亮河镇等乡（镇）河流沿岸的高漫滩活低阶地上。

沼泽土和泥炭土：沼泽土面积为 32 126.24 公顷，占总土壤面积的 3.61％。泥炭层大于 50 厘米的即为泥炭土，其面积为 4 851.64 公顷，占总土壤面积的 0.54％。沼泽土和泥炭土主要分布在易于汇集地上径流和地下径流的低洼地。尚志市各地均有不同数量的分布。主要分布在老街基乡、黑龙宫镇、乌吉密乡、苇河镇、元宝镇、一面坡镇、帽儿山镇、鱼池乡、亮河镇、马延乡、亚布力镇等乡（镇）。

新积土：面积为 10 091.38 公顷，占总土壤面积的 1.13％。主要分布在马延乡、一面坡镇、苇河镇、亚布力镇、石头河子镇、亮河镇、庆阳镇等乡（镇）的河流沿岸泛滥地上。

水稻土：面积为 318.95 公顷，占总土壤面积的 0.04％。由于尚志市水田开发时间短，故水稻土发育尚不典型。尚志市水稻土主要分布在平地或低平地的白浆土和新积土地带。目前主要分布在鱼池乡、河东乡、黑龙宫镇、长寿乡等多年连续种植水稻的老稻田（表 3 - 10、表 3 - 11）。

表 3 - 10　各乡（镇）耕地七大土类面积统计

单位：公顷

乡（镇）	暗棕壤	白浆土	泥炭土	水稻土	沼泽土	草甸土	新积土
长寿乡	2 145.39	3 522.16	605.55	9.41	331.05	1 380.41	43.11
尚志镇	384.89	2 771.44	107.31	0	31.26	437.09	103.48
黑龙宫镇	1 361.58	1 817.72	300.25	22.7	328.98	1 504.56	43.41
珍珠山乡	252.03	1 500.24	14.13	0	0	2 060.6	81.93
石头河子镇	1 647.66	927.34	7.5	6.59	28.45	673.01	400.78
庆阳镇	788.54	2 876.44	30.58	0	73.48	1 178.45	1 073.76
马延乡	2 256.88	4 664.24	79.82	0	100.95	583.11	94.98
苇河镇	2 393.83	3 403.67	113.82	0	434.08	1 136.18	274.41
一面坡镇	1 280.49	2 149.65	184.51	0	381.29	1 224.32	108.59

（续）

乡（镇）	暗棕壤	白浆土	泥炭土	水稻土	沼泽土	草甸土	新积土
元宝镇	771.46	4 244.04	4.78	0	1 072.94	236.94	0
河东乡	125.13	2 884.87	27.91	118.61	535.36	2 863.92	64.36
鱼池乡	943.63	1 078.67	89.26	2.79	437.74	1 164.6	42.86
亮河镇	661.32	883.92	51.75	0	168	566.31	355.73
亚布力镇	4 345.94	1 381.92	42.43	0	298.31	686.25	76.08
乌吉密乡	3 384.82	4 041.76	12.97	0	2 920.58	82.33	72.59
老街基乡	1 797.26	3 447.85	358.39	0	687.8	416.23	0
帽儿山镇	456.61	2 306.22	128.53	0	1 016.68	640.93	0
合计	24 997.46	43 902.15	2 159.49	160.1	8 846.95	16 835.24	2 836.07

表 3-11 各乡（镇）耕地七大土类面积占各类面积的比例

单位：%

乡（镇）	暗棕壤	白浆土	泥炭土	水稻土	沼泽土	草甸土	新积土
长寿乡	8.58	8.02	28.04	5.88	3.74	8.2	1.52
尚志镇	1.54	6.31	4.97	0	0.35	2.6	3.65
黑龙宫镇	5.45	4.14	13.9	14.18	3.72	8.94	1.53
珍珠山乡	1.01	3.42	0.65	0	0	12.24	2.89
石头河子镇	6.59	2.11	0.36	4.12	0.33	4	14.13
庆阳镇	3.15	6.55	1.42	0	0.83	7	37.86
马延乡	9.03	10.62	3.7	0	1.14	3.46	3.35
苇河镇	9.58	7.75	5.27	0	4.91	6.75	9.68
一面坡镇	5.12	4.9	8.54	0	4.31	7.27	3.83
元宝镇	3.09	9.67	0.22	0	12.13	1.41	0
河东乡	0.5	6.57	1.29	74.08	6.05	17	2.27
鱼池乡	3.77	2.46	4.13	1.74	4.95	6.92	1.51
亮河镇	2.65	2.02	2.4	0	1.9	3.36	12.54
亚布力镇	17.38	3.15	1.96	0	3.37	4.08	2.68
乌吉密乡	13.54	9.21	0.6	0	33.01	0.49	2.56
老街基乡	7.19	7.85	16.6	0	7.77	2.47	0
帽儿山镇	1.83	5.25	5.95	0	11.49	3.81	0

第四节　土壤的特征特性

尚志市境内地形复杂，土壤类型繁多，主要有暗棕壤、白浆土、草甸土、沼泽土、泥炭土、新积土、水稻土 7 个土类，以下续分 11 个亚类，现将各亚类土壤的特征特性叙述如下。

一、暗棕壤土类

尚志市的暗棕壤是在寒冷湿润的季节性气候条件下发育形成的，植被主要为针阔混交林、阔叶林、灌木林和杂木林。表层由于有枯枝落叶归还和林木根系的作用，是一个物质交换和积累作用非常活跃的层次。经过漫长的成土过程，表层的有机质逐年增加，自然肥力很高。母质多为岩石风化残积物或坡积物，一般质地较粗，地形坡度大，排水良好，土体经常处于氧化状态，三氧化铁在剖面中相对积累，使之呈现棕色。由于形成条件的某些差异，次要土壤形成过程参与暗棕壤的形成过程之中，从而使暗棕壤分为多种亚类，尚志市主要分暗棕壤、白浆化暗棕壤 2 个亚类。

（一）暗棕壤

尚志市的原始型暗棕壤面积不大，只有 1 278.49 公顷，占土壤总面积的 0.14％左右，主要分布在坡度较大的山地或山脊顶部。黑土层薄，通透性良好，表层 0～20 厘米土壤有机质多在 61.0～88.5 克/千克，全氮含量在 2.50～3.93 克/千克，土壤有效磷含量多在 15.2～18.8 毫克/千克，土壤速效钾含量多在 81.3～113.0 毫克/千克。剖面层次只有 A、C 层或 A、D 层，是发育层次不明显的幼年土壤。因其所处的地势高，坡度大，水土流失严重，土壤中含有粗沙和石砾较多，全剖面一般只有 20～30 厘米，其下部是坚硬的岩石，是宜林地。现以 0164 号剖面为代表。该剖面位于珍珠山乡冲河村屯北山坡上。

地表为枯枝落叶层覆盖。

0～13 厘米：A 层，黑色，团粒结构，中壤土，土壤质地疏松，根系主要集中在此层，层次过渡明显。

13～24 厘米：C 层，棕黄色，结构较大的岩石风化物。

24 厘米以下：D 层，坚硬的岩石。

（二）白浆化暗棕壤

主要分布在山地较平缓处。尚志市白浆化暗棕壤分布广、面积大，全市有 590 859.01 公顷，占土壤总面积的 66.31％，其中耕地面积 24 773.04 公顷，占总耕地面积 24.83％。母质多为残积物和坡积物。是以棕壤化和白浆化过程共同作用形成的一个亚类。表层 0～20 厘米土壤有机质多在 22.6～85.6 克/千克，全氮含量在 1.49～4.0 克/千克，土壤有效磷含量多在 4.0～26.0 毫克/千克，土壤速效钾含量 16～257 毫克/千克。这类土壤特点是地表上层滞水，渗透困难。所以，黑土层下部有侧流发生漂淋土壤中有色矿物，沉积二氧化硅粉末形成白浆层。白浆层一般 10～20 厘米厚，灰棕色或灰色，有不明显片状结构，质地较黏重，湿时颜色发暗灰色，干时硬，灰白色，肥力贫瘠。再往下是红棕、褐棕色的淀积层，夹有粗沙及小石块，土体下部砾石逐渐增加，直至岩石层。现以 0266 号剖面为例，该剖面位于庆阳镇香磨村屯东南 150 米山坡上（天然林地）。

表面有枯枝落叶覆盖。

0～14 厘米：A 层，灰黑色，团粒结构，中壤土，大量根系，层次过渡明显。

14～48厘米：A$_w$层，灰白色，无结构，较紧实，向下过渡明显。

48～62厘米：B层，棕色，粒状结构，有小石砾，紧实，向下过渡不明显。

62～136厘米：C层，棕色，结构较大的岩石风化物。

136厘米以下：D层（基岩层）。

二、白浆土类

白浆土在尚志市各乡（镇）均有分布，面积较大，是尚志市主要的农业土壤之一。植被以喜湿植物为主，包括多种乔木和草本植物。成土母质在低平地区为河湖相第四纪沉积物，丘陵温岗区为火成岩风化物的残积或坡积物，质地黏重，透水性差。

白浆土的形成是白浆化作用的结果。由于土壤水分有季节性变化，产生干湿交替，导致三氧化物、二氧化物不断被漂洗并最终使土层脱色，形成一个具有明显特征性的白浆层。白浆土剖面主要有3个基本层次。①黑土层：即腐殖质层，一般10～20厘米，有机质和养分积累较丰富、物理性状好，80％～90％的植物根系集中此层。②白浆层：在黑土层之下有一个灰白色的亚表层，一般20厘米左右，是白浆土的特征层次，养分贫瘠，片状结构。③淀积层：一般厚度40厘米左右，暗棕色或棕褐色，黏紧，核块状或棱块状结构，结构表面有暗棕色胶膜及二氧化硅白色粉末，并少量铁锰结构或锈斑。群众称"蒜瓣土"，共分3个亚类。

（一）白浆土

又称岗地白浆土，面积为126 701.03公顷，占总土壤面积的14.22％，其中耕地25 403.78公顷，占总耕地面积的25.47％。在地形部位上与暗棕壤土类相接，主要分布在网地和山坡地，垦前生长有桦、柞、杨等杂木林。黑土层一般8～15厘米，0～20厘米土壤有机质多在22.2～58克/千克，全氮含量在1.23～3.77克/千克，土壤有效磷含量3～56毫克/千克，土壤速效钾含量多在25～216毫克/千克，白浆层一般20～40厘米，白色或灰白色。淀积层以棕色为主，质地黏重，结构体外有胶膜，剖面下部有少量锈斑。白浆土亚类只有1个岗地白浆土土属，该土属又分为薄层岗地白浆土、中层岗地白浆土和厚层岗地白浆土。

1. 薄层岗地白浆土

0～9厘米：A层，黄灰色，团粒状结构，中壤土，根系多，层次过渡明显。

9～40厘米：A$_w$层，灰白色，有不明显的片状结构，根系少，有动物穴，层次过渡明显。

40～128厘米：B层，棕色，棱块状结构，土体紧实，结构体表面有暗棕色胶膜和二氧化硅粉末。向下过渡较明显。

128～150厘米：C层，浅黄色，棱柱块结构，紧实，有少量胶膜、二氧化硅粉末。有锈斑和潜育斑。

2. 中层岗地白浆土 现以0213号为代表。该剖面位于苇河镇靠山村北兴屯西150米的漫岗坡耕地上。

0～15厘米：A层，黄灰色，团粒状结构，中壤土，根系多，层次过渡明显。

15~50 厘米：Aw 层，灰白色，有不明显的片状结构，根系少，有动物穴，层次过渡明显。

50~138 厘米：B 层，棕色，棱块状结构，土体紧实，结构体表面有暗棕色胶膜和二氧化硅粉末。向下过渡较明显。

138~150 厘米：C 层，浅黄色，棱柱块结构，紧实，有少量胶膜、二氧化硅粉末。有锈斑和潜育斑。

3. 厚层岗地白浆土

0~25 厘米：A 层，黄灰色，团粒状结构，中壤土，根系多，层次过渡明显。

25~53 厘米：Aw 层，灰白色，有不明显的片状结构，根系少，有动物穴，层次过渡明显。

53~132 厘米：B 层，棕色，棱块状结构，土体紧实，结构体表面有暗棕色胶膜和二氧化硅粉末。向下过渡较明显。

132~150 厘米：C 层，浅黄色，棱柱块结构，紧实，有少量胶膜、二氧化硅粉末。有锈斑和潜育斑。

(二) 草甸白浆土

草甸白浆土又称平地白浆土，面积为 54 217.44 公顷，占总土壤面积的 6.08%，其中耕地 14 242.4 公顷，占总耕地面积的 14.27%。主要分布在岗地白浆土的下缘，地势较平缓的高平地及平地上。垦前多生长有喜湿性灌木及草本植物，地下水 3~5 米。由于草甸化作用，有机质积累较丰富，腐殖质层一般在 15~20 厘米，表层 0~20 厘米土壤有机质多在 35.7~70.6 克/千克，全氮含量在 1.89~5.12 克/千克，土壤有效磷含量多在 8.0~84.0 毫克/千克，土壤速效钾含量多在 30.0~249.0 毫克/千克，白浆层发育不如岗地白浆土明显，颜色发暗一些，白浆层厚度在 15~20 厘米，层次过渡明显。淀积层颜色较深，核状结构较岗地白浆土小，土体中常出现大量的铁锰锈斑。

草甸白浆土亚类分为 1 个平地白浆土土属，薄层平地白浆土、中层平地白浆土和厚层平地白浆土 3 个土种。

1. 薄层平地白浆土

0~8 厘米：A 层，团粒结构，质地中壤，松散，大量根系，层次过渡明显。

8~27 厘米：Aw 层，灰白色，片状结构不明显，根系较多，层次过渡明显。

27~112 厘米：B 层，棕色，棱块状结构，土体紧实，结构体表面有暗色的胶膜和二氧化硅粉末。有少量锈斑和青蓝色潜育斑。

112~150 厘米：C 层，黄棕色，小块状结构，较紧实，有较多的锈斑和青蓝色的潜育斑。

2. 中层平地白浆土　现以 0140 号剖面为代表。该剖面位于长寿乡永安村屯南 150 米平坦的耕地上。

0~19 厘米：A 层，团粒结构，质地中壤，松散，大量根系，层次过渡明显。

19~38 厘米：Aw 层，灰白色，片状结构不明显，根系少，层次过渡明显。

38~120 厘米：B 层，棕色，棱块状结构，土体紧实，结构体表面有暗色的胶膜和二氧化硅粉末。有少量锈斑和青蓝色潜育斑。

120～150 厘米：C 层，黄棕色，小块状结构，较紧实，有较多的锈斑和青蓝色的潜育斑（表 3 - 12）。

表 3 - 12　草甸白浆土机械组成

层次	取土深度（厘米）	土壤不同粒径的粒级含量（%）							质地名称
		1.0～0.25毫米	0.25～0.05毫米	0.05～0.01毫米	0.01～0.005毫米	0.005～0.001毫米	<0.001毫米	物理黏粒	
A_p	0～15	2.15	8.84	39.6	18.77	21.58	8.76	49.11	重壤土
A_w	20～30	1.23	1.46	33.34	14.58	20.84	28.55	63.97	轻黏土
B_1	50～60	0.29	2.09	28.22	18.81	15.65	34.91	69.4	中黏土
B_2	85～95	0.11	0.17	18.35	15.11	21.58	44.66	81.35	重黏土
BC	130～140	0.26	1.92	21.36	17.08	21.36	38.02	76.46	中黏土

3. 厚层平地白浆土

0～26 厘米：A 层，团粒结构，质地中壤，松散，大量根系，层次过渡明显。

26～45 厘米：A_w 层，灰白色，片状结构不明显，根系少，层次过渡明显。

45～110 厘米：B 层，棕色，棱块状结构，土体紧实，结构体表面有暗色的胶膜和二氧化硅粉末。少量锈斑和青蓝色潜育斑。

110～150 厘米：C 层，黄棕色，小块状结构，较紧实，有较多的锈斑和青蓝色的潜育斑。

（三）潜育白浆土

又称低地白浆土，面积为 12 207.50 公顷，占总土壤面积 1.37%，其中耕地面积为 4 255.97公顷，占总耕地面积的 4.27%。自然状况下生长喜湿性草本植物如小叶樟、薹草和乔灌木本植物。分布于地形低平处，地表经常过湿，季节性积水，地下水较高，一般 2～3 米。黑土层在 15～25 厘米，有机质含量高，一般为 40.4～210.4 克/千克，全氮含量 2.34～9.22 克/千克，土壤有效磷含量 15.0～42.0 毫克/千克，土壤速效钾含量 45.0～258 毫克/千克。白浆层呈灰白色，片状结构明显，有大量锈斑及铁子。淀积层颜色发暗，小核粒状或棱块状结构，底土黏重，透性不良，土体内部常形成滞水，产生还原条件，形成潜育作用。所以，土体下部可见到灰蓝色潜育斑。

潜育白浆土亚类分为 1 个低地白浆土土属，薄层低地白浆土、中层低地白浆土和厚层低地白浆土 3 个土种。

（1）薄层低地白浆土：

0～8 厘米：A 层，灰黑色，团粒结构，质地较疏散，根系多有锈斑，层次过渡明显。

8～23 厘米：A_w 层，灰白色，结构片状，较紧实，有锈斑，层次过渡明显。

23～48 厘米：B 层，黄棕色，块状结构，土体紧实，有锈斑和潜育斑，结构表面有胶膜和二氧化硅粉末，层次过渡不明显。

48～101 厘米：BC 层，棕色，棱块状结构，黏重坚实，少量胶膜，层次过渡不明显。

101～150 厘米：C 层，灰棕色，结构不明显，黏紧，有大量的青蓝色潜育斑和锈斑。

（2）中层低地白浆土：现以 0226 号剖面为代表。该剖面位于帽儿山镇技丰村屯南

600 米低平地。

0～16 厘米：A 层，灰黑色，团粒结构，质地较疏散，根系多有锈斑，层次过渡明显。

16～32 厘米：Aw 层，灰白色，结构片状，较紧实，有锈斑和潜育斑，层次过渡明显。

32～58 厘米：B 层，黄棕色，块状结构，土体紧实，有锈斑和潜育斑，结构表面有胶膜和二氧化硅粉末，层次过渡不明显。

58～131 厘米：BC 层，棕色，棱块状结构，黏重坚实，少量胶膜，层次过渡不明显。

131～150 厘米：C 层，灰棕色，结构不明显，黏紧，有大量的青蓝色潜育斑和锈斑（表 3 - 13）。

表 3 - 13　中层低地白浆土机械组成

层次	取土深度（厘米）	土壤不同粒径的粒级含量（%）							质地名称
		1.0～0.25 毫米	0.25～0.05 毫米	0.05～0.01 毫米	0.01～0.005 毫米	0.005～0.001 毫米	<0.001 毫米	物理黏粒	
A_p	0～15	1.88	6.5	33.47	15.69	28.24	14.22	58.15	轻黏土
A_w	27～37	1.57	1.63	28.66	14.47	28.96	24.41	67.84	中黏土
A_wB	45～55	0.56	4.12	18.73	17.69	23.94	34.96	76.59	中黏土
B	105～115	0.13	1.89	12.84	12.83	33.16	39.15	85.14	重黏土

表层容重 1.1～1.21 克/立方厘米，白浆层 1.33～1.57 克/立方厘米。总孔隙度表层 54%～58.7%，其中通气孔隙度 11.9%～15.2%，白浆层总孔隙度 43%～49.7%，其中通气孔隙度 3.2%～8.0%。

（3）厚层低地白浆土：

0～24 厘米：A 层，灰黑色，团粒结构，质地较疏散，根系多有锈斑，层次过渡明显。

24～42 厘米：Aw 层，灰白色，结构片状，较紧实，有锈斑和潜育斑，层次过渡明显。

42～68 厘米：B 层，黄棕色，块状结构，土体紧实，有锈斑和潜育斑，结构表面有胶膜和二氧化硅粉末，层次过渡不明显。

68～121 厘米：BC 层，棕色，棱块状结构，黏重坚实，少量胶膜，层次过渡不明显。

121～150 厘米：C 层，灰棕色，结构不明显，黏紧，有大量的青蓝色潜育斑和锈斑。

<h2 align="center">三、草甸土类</h2>

尚志市的草甸土属于泛滥地草甸土，分布在以蚂蚁河和其他河流沿岸的高河漫滩和低阶地上，面积为 58 348.33 公顷，占土壤面积的 6.55%。其中，草甸土耕地 16 835.24 公顷，占耕地总面积 16.88%，是尚志市农业用地中较好的土壤。因受河水泛滥影响，土壤

的草甸过程与河流冲积物的沉积过程交替进行，形成多层次的剖面；另一种是在河流沉积物（泛滥土）上发育形成的草甸土，一般 60～100 厘米以下为沙质母质。垦前生长小叶樟、黄瓜香、柳毛子等草甸植物，具有的草甸化特征。黑土层较厚，腐殖质含量多，一般在 30.1～88.2 克/千克，全氮含量多在 1.89～5.12 克/千克，有效磷含量多在 8.0～84.0 毫克/千克，速效钾含量多在 40～267 毫克/千克。质地较轻，排水较好，土体中多锈斑，自然肥力高，热潮，耕性好。

草甸土类只分为 1 个泛滥地草甸土亚类，继续分为砾石泛滥地草甸土和沙底泛滥地草甸土 2 个土属，每个土属又分为薄层、中层、厚层 3 个土种。

（一）砾石泛滥地草甸土土属

1. 薄层砾石泛滥地草甸土

0～23 厘米：A 层，灰黑色，团粒结构，质地疏松，根系多，有少量锈斑，层次过渡较明显。

23～47 厘米：AB 层，浅灰色，结构不明显，疏松，向下过渡明显。

47 厘米以下 C 层，疏松，为砾石，无结构，无根系。

2. 中层砾石泛滥地草甸土 现以 0159 号剖面为代表。该剖面位于珍珠山乡三合村北 120 米平坦耕地上。

0～38 厘米：A 层，灰黑色，团粒结构，质地疏松，根系多，有少量锈斑，层次过渡较明显。

38～67 厘米：AB 层，浅灰色，结构不明显，疏松，向下过渡明显。

67 厘米以下为砾石。

3. 厚层砾石泛滥地草甸土

0～45 厘米：A 层，灰黑色，团粒结构，质地疏松，根系多，有少量锈斑，层次过渡较明显。

45～76 厘米：AB 层，浅灰色，结构不明显，疏松，向下过渡明显。

76 厘米以下为砾石。

（二）沙底泛滥地草甸土土属

1. 薄层沙底泛滥地草甸土

A_p 层：0～18 厘米，灰色，团块状结构，紧，润，根系多，过渡明显。

AB 层：18～70 厘米，暗灰色，团粒结构，紧，润，根系少，过渡明显。

B 层：70～107 厘米棕灰色，粒状结构，紧，湿润，过渡不明显。

C 层：107～130 厘米，浅棕色，无结构，为细沙，实，湿。

2. 中层沙底泛滥地草甸土

A_p 层：0～29 厘米，灰色，团块状结构，紧，润，根系多，过渡明显。

AB 层：29～72 厘米，暗灰色，团粒结构，紧，润，根系少，过渡明显。

B 层：72～110 厘米棕灰色，粒状结构，紧，湿润，过渡不明显。

C 层：110～130 厘米，浅棕色，无结构，为细沙，实，湿。

3. 厚层沙底泛滥地草甸土

A_p 层：0～47 厘米，灰色，团块状结构，紧，润，根系多，过渡明显。

AB 层：47~80 厘米，暗灰色，团粒结构，紧，润，根系少，过渡明显。

B 层：80~105 厘米棕灰色，粒状结构，紧，湿润，过渡不明显。

C 层：105~140 厘米，浅棕色，无结构，为细沙，实，湿。

四、沼泽土类、泥炭土类

沼泽土和泥炭土主要分布在沿河的局部封闭低洼地，泡沼周围及山间沟谷。地表由于长期处于积水或半积水状态，形成了沼泽化为主导的成土过程。植被以莎草、薹草等草本沼泽植物为主，混有喜湿性小灌木。土体上部有深厚的草根层或泥炭层。

（一）沼泽土类

尚志市沼泽土多属于泥炭腐殖质沼泽土，面积为 32 126.24 公顷，占总土壤面积 3.6%。其中，沼泽土耕地面积为 8 846.95 公顷，占总耕地面积的 8.87%。表层 0~20 厘米土壤有机质多在 65.2~345 克/千克，全氮含量多在 3.17~14.17 克/千克，土壤有效磷多在 29~60 毫克/千克，土壤速效钾含量多在 47~249 毫克/千克。剖面形成上，主要由 3 个基本发生层次构成，A_t、A_1、G_0、A_t（泥炭层）：厚度小于 50 厘米，一般在 10~35 厘米，生草根多，分解差，有锈斑。A_1（腐殖质层）：20~40 厘米，黑色或暗灰色，腐殖质含量高。G（潜育层）：灰色中夹杂着褐色或红棕色锈斑，质地黏重（表 3-14）。

表 3-14 草甸沼泽土机械组成

取土深度（厘米）	土壤不同粒径的粒级含量（%）						黏粒、砂粒占比（%）		质地名称
	1.0~0.25 毫米	0.25~0.05 毫米	0.05~0.01 毫米	0.01~0.005 毫米	0.005~0.001 毫米	<0.001 毫米	物理黏粒	物理沙粒	
0~27	5.08	8.28	23.15	8.82	22.04	32.63	63.49	36.51	轻黏土
36~46	1.26	11.24	23.02	8.38	18.84	37.26	64.48	35.52	轻黏土
62~72	2.96	0.82	24.75	14.8	25.37	31.30	71.47	28.53	中黏土

草甸沼泽土亚类，分为泥炭腐殖质沼泽土，又分为薄层、中层、厚层 3 个土种。

1. 薄层泥炭腐殖质沼泽土土种

0~18 厘米：A_t 层，棕黑色，无结构，松散，有大量的根系和半分解的泥炭层，层次过渡明显。

18~29 厘米：A 层，暗灰色，团粒结构。

29~150 厘米：G 层，青灰色，结构不明显，质地黏重，有锈斑和大量的青灰色潜育斑。

2. 中层泥炭腐殖质沼泽土土种 现以 0154 号为代表，该剖面位于老街基乡新立村胜利屯西 300 米沼泽地。

0~18 厘米：A_t 层，棕黑色，无结构，松散，有大量的根系和半分解的泥炭层，层次过渡明显。

18~49 厘米：A 层，暗灰色，团粒结构。

49~150 厘米：G 层，青灰色，结构不明显，质地黏重，有锈斑和大量的青灰色潜育斑。

3. 厚层泥炭腐殖质沼泽土土种

0～26 厘米：A_t层，棕黑色，无结构，松散，有大量的根系和半分解的泥炭层，层次过渡明显。

26～64 厘米：A 层，暗灰色，团粒结构。

64～150 厘米：G 层，青灰色，结构不明显，质地黏重，有锈斑和大量的青灰色潜育斑。

（二）泥炭土类

泥炭层大于 50 厘米划为泥炭土。尚志市泥炭土均属草类泥炭土。面积为 4 851.64 公顷，占总土壤面积的 0.54％，其中，耕地面积为 2 159.49 公顷，占耕地总面积的 2.17％。各地有零星分布。表层 0～20 厘米土壤有机质多在 188.4～320.7 克/千克，土壤全氮含量多在 7.5～15.17 克/千克，土壤有效磷含量 30.0～120.0 毫克/千克，土壤有速效钾含量多在 129～501 毫克/千克。剖面主要由泥炭、潜育 2 个层次组成。A_t（泥炭层）：由于地势低洼冷凉，水分过多，空气隔绝，植物整体的分解是以嫌气过程式为主，繁茂的一年生沼泽植物残体逐年堆积起来，形成了深厚的泥炭层。泥炭是一种疏松、多孔、体轻有弹性的有机体。G（潜育层）：在泥炭层之下，微绿或浅蓝色亚黏土层，结构很紧密，有机质含量少，质地黏重。现以 0269 号剖面为代表，该剖面位于庆阳镇中兴大队屯西北 1 300 米大甸子。

泥炭土类分为 1 个泥炭土亚类，淤积草类泥炭土、埋藏型草类泥炭土 2 个土属，每个土属下面又分为薄层、中层、厚层 3 个土种。

1. 淤积草类泥炭土土属

（1）薄层淤积草类泥炭土：现以 0269 号剖面为代表。该剖面位于庆阳镇中兴村西北 1 300 米大甸子。

0～16 厘米：A_{t1}层，草根和未分解的泥炭层，过渡不明显。

16～77 厘米：A_{t2}层，棕黑色，半分解的泥炭层，向下过渡明显。

77～150 厘米：G 层，淡灰色，结构不明显，质地黏重，潜育作用强。

（2）中层淤积草类泥炭土：

A_s：0～5 厘米，棕黄色，草根层，未分解。

A_{t1}：5～40 厘米，棕褐色，草炭层，分解较差，残体形态基本可辨。

A_{t2}：40～110 厘米，棕褐色较上层深，草炭层，半分解状态。

A_g：110～150 厘米，黑褐色，腐泥层，质地较轻，分解好，呈泥质泥炭。

B_g：150 厘米以下，灰色，无结构，黏土质地，有少量芦根（表 3-15）。

表 3-15　泥炭土理化性质

土层	取土深度 （厘米）	代换量 （me/百克土）	物理沙粒	物理黏粒	质地名称
A_{t1}	0～30	62.563	—	—	草炭
A_{t2}	50～60	71.737	—	—	草炭
A_g	110～120	—	59.62	40.38	重壤土

（3）厚层淤积草类泥炭土：

A_s：0～9 厘米，棕黄色，草根层，未分解。

A_{t1}：9～50 厘米，棕褐色，草炭层，分解较差，残体形态基本可辨。

A_{t2}：50～140 厘米，棕褐色较上层深，草炭层，半分解状态。

A_g：140～210 厘米，黑褐色，腐泥层，质地较轻，分解好，呈泥质泥炭。

B_g：210 厘米以下，灰色，无结构，黏土质地，有少量芦根。

2. 埋藏草类泥炭土土属 埋藏草类泥炭土土属分为薄层、中层、厚层 3 个土种，3 个土种的剖面特征如下。

（1）薄层埋藏草类泥炭土：

A_s：0～9 厘米，棕黄色，草根层，未分解。

A_1：9～20 厘米，棕褐色，腐殖质层，分解较好。

A_{t2}：20～50 厘米，棕褐色较上层深，草炭层，半分解状态。

A_g：50～110 厘米，黑褐色，腐泥层，质地较轻，分解好，呈泥质泥炭。

B_g：110 厘米以下，灰色，无结构，黏土质地，有少量芦根。

（2）中层埋藏草类泥炭土：

A_s：0～12 厘米，棕黄色，草根层，未分解。

A：12～26 厘米，棕褐色，腐殖质层，分解较好。

A_{t2}：26～130 厘米，棕褐色较上层深，草炭层，半分解状态。

A_g：130～210 厘米，黑褐色，腐泥层，质地较轻，分解好，呈泥质泥炭。

B_g：210 厘米以下，灰色，无结构，黏土质地，有少量芦根。

（3）厚层埋藏草类泥炭土：

A_s：0～8 厘米，棕黄色，草根层，未分解。

A：8～20 厘米，棕褐色，腐殖质层，分解较好。

A_t：20～130 厘米，棕褐色较上层深，草炭层，半分解状态。

A_g：130～240 厘米，黑褐色，腐泥层，质地较轻，分解好，呈泥质泥炭。

B_g：240 厘米以下，灰色，无结构，黏土质地，有少量芦根。

五、新积土类

新积土又称为河淤土或冲积土，尚志市主要分布在靠近河流沿岸的泛滥地上。由于河水泛滥挟带泥沙的沉积而成，属于幼年土壤，无地带性。开垦前生长喜湿性植物，如红白柳、大小叶樟、薹草、芦苇等。土壤剖面有明显的沉积层次，质地是上细下粗，底层可见到粗沙与卵石层。尚志市草甸泛滥土面积为 10 091.38 公顷，占土壤总面积的 1.13%，其中耕地面积为 2 836.07 公顷，占耕地总面积的 2.84%。草甸泛滥土是地质沉积和草甸过程共同形成的。由于生草和草甸过程时间不长，所以，腐殖质层薄，一般在 10～20 厘米，沙黏相间冲积母质，土体中有锈纹锈斑。土质疏松，通气透水好，地温高，易受洪水影响。表层 0～20 厘米有机质含量多在 12.9～44.2 克/千克，土壤全氮含量多在 1.01～2.75 克/千克，土壤有效磷含量多在 25.0～41.0 毫克/千克，土壤速效钾含量多在 98～

231毫克/千克。现以0165号剖面为代表，该剖面位于石头河子镇河西村屯北2 000米河旁低河漫滩上。

新积土类只有1个草甸冲积土亚类，1个沙质冲积土土属，1个薄层沙质冲积土土种。现以0165号剖面为代表，该剖面位于石头河子镇河西村北2 000米河旁低河漫滩上。

0～15厘米：A层，黑色，粒状结构，质地疏松，大量根系，层次过渡明显。

15厘米以下：C层，沙黏相间，有少量砾石（表3-16）。

表3-16　薄层沙质冲积土机械组成

取土深度（厘米）	土壤不同粒径的粒级含量（%）						物理黏粒	物理沙粒	质地名称
	1.0～0.25毫米	0.25～0.05毫米	0.05～0.01毫米	0.01～0.005毫米	0.005～0.001毫米	<0.001毫米			
0～22	2.52	7.71	33.56	10.49	16.78	28.94	56.21	43.79	重壤土
22～23	6.43	23.46	24.89	8.30	10.37	26.55	45.22	54.78	重壤土
0～7	2.73	10.30	34.03	14.70	13.03	25.21	52.94	47.06	重壤土
16～26	3.57	15.76	33.61	16.81	13.44	16.81	47.06	42.94	重壤土
0～20	0.85	2.96	33.90	10.17	18.22	33.90	62.29	37.71	轻黏土
25～35	1.28	1.50	36.41	8.13	28.70	23.98	39.19	60.81	中壤土
70～80	0.65	8.19	46.22	17.86	1.87	25.21	44.96	55.04	中壤土

六、水稻土类

水稻土是由于种水稻人为因素的影响，改变了原土壤的成土方向，逐渐发育形成的一种独特土壤类型。耕层土壤中铁锰物质活动强烈，结构被破坏，呈微团聚体或单粒，淹水时分散呈泥糊状，干时结成硬块，有大量锈斑，逐渐发育成特征明显的淹育层。尚志市水田种植年限短，加之每年淹水灌溉只有3～4个月，一年内2/3的时间处于排水不淹浸状态。所以，尚志市水稻土发育不明显、不典型，除耕层已发育成淹育层外，犁底层以下基本还保留着前土壤的土体特征。

尚志市水稻土可分为白浆土型和泛滥土型2个亚类。

（一）白浆土型水稻田

面积为106.44公顷，占土壤总面积的0.01%，其中，耕地面积为48.54公顷，占耕地总面积的0.05%。表层0～20厘米土壤有机质含量多在37.0～75.0克/千克，全氮含量多在1.64～3.53克/千克，有效磷含量多在33.0～40.0毫克/千克，速效钾含量多在83～247毫克/千克。其特征是A层比较薄，一般在10～25厘米，灰色夹锈斑，一般质地为重壤土；Aw层灰白色带锈斑，黏而紧实，不透水；B层（底土层）灰棕色，夹锈斑呈杂色，坚实不透水。特别是黏性大，结构差，冷浆（表3-17）。

表 3-17 白浆土型水稻土亚类机械组成

取土深度（厘米）	土壤不同粒径的粒级含量（%）						物理黏粒	物理沙粒	质地名称
	1.0~0.25毫米	0.25~0.05毫米	0.05~0.01毫米	0.01~0.005毫米	0.005~0.001毫米	<0.001毫米			
0~21	2.93	22.73	26.15	10.46	15.68	33.05	59.19	40.81	轻黏土
21~31	1.91	12.73	28.59	8.48	14.82	33.47	56.77	43.23	轻黏土
45~55	2.53	14.72	26.32	9.47	15.80	31.16	56.43	43.57	轻黏土
78~88	1.27	15.41	28.62	8.48	16.96	29.26	54.7	45.3	轻黏土

白浆土型水稻土亚类分为平地白浆土型水稻土 1 个土属，该土属又分为薄层、中层、厚层 3 个土种。

1. 薄层平地白浆土型水稻土

A 层：0~9 厘米，灰色夹锈斑，一般质地为重壤土。

Aw 层：9~23 厘米，灰白色带锈斑，黏而紧实，不透水。

B 层：（底土层）灰棕色，夹锈斑呈杂色，坚实不透水。特别是黏性大，结构差，冷浆。

2. 中层平地白浆土型水稻土

A 层：0~16 厘米，灰色夹锈斑，一般质地为重壤土。

Aw 层：16~30 厘米，灰白色带锈斑，黏而紧实，不透水。

B 层：30~90 厘米，灰棕色，夹锈斑呈杂色，坚实不透水。特别是黏性大，结构差，冷浆。

3. 厚层平地白浆土型水稻土

A 层：0~25 厘米，灰色夹锈斑，一般质地为重壤土。

Aw 层：25~42 厘米，灰白色带锈斑，青蓝色潜育斑，黏而紧实，不透水。

B 层：45~87 厘米，灰棕色，夹锈斑呈杂色，坚实不透水。特别是黏性大，结构差，冷浆。

（二）泛滥土型水稻土

面积为 212.51 公顷，占土壤总面积的 0.02%，其中，耕地 111.56 公顷，占耕地总面积的 0.11%。表层 0~20 厘米土壤有机质含量多在 48.6~59.1 克/千克，全氮含量多在 2.01~3.10 克/千克，有效磷含量多在 17.2~22.5 毫克/千克，速效钾含量多在 89~132 毫克/千克。特点是沙黏适中，疏松热潮，物理性质好，不脱肥，不疯长，养分含量均衡，部分地块明显漏水，保水保肥性差。

泛滥土型水稻土亚类分为漏水泛滥土型水稻土 1 个土属，又分为薄层、中层、厚层 3 个土种。

1. 薄层漏水泛滥土型水稻土

0~9 厘米：A 层，黑色，粒状结构，质地疏松，大量根系，层次过渡明显。

9 厘米以下：C 层，沙黏相间，有少量砾石。

2. 中层漏水泛滥土型水稻土

0~15 厘米：A 层，黑色，粒状结构，质地疏松，大量根系，层次过渡明显。

15 厘米以下：C 层，沙黏相间，有少量砾石。

3. 厚层漏水泛滥土型水稻土

0～29 厘米：A 层，黑色，粒状结构，质地疏松，大量根系，层次过渡明显。

29 厘米以下：C 层，沙黏相间，有少量砾石。

第五节　土壤理化性质及养分状况

根据《规程》和《黑龙江省土壤普查技术要求几点补充说明》的要求，对尚志市农业土壤、自然土壤的主要物理和化学性质进行了测定。

一、土壤的物理性质

在这次土壤普查中，以耕作土壤为主进行了物理测定。主要用比重计法测土壤机械组成，用环刀法测土壤容重。

（一）土壤质地变化与分布

土壤质地即土壤的沙黏程度，尚志市这次土壤普查是按苏制土壤质地分类标准进行分级的。土壤质地受地形、地貌、气候条件以及农业耕作措施的影响之外，主要是由成土母质决定的。发育在山地残积母质上的土壤质地多为沙土和沙壤土；发育在坡岗地及平地黄土母质上的土占多为重壤土和黏土；河流沿岸的高平地带以壤质土为主；河流附近的低漫滩和河床附近有少量沙土；地势低洼地分布着黏质土。

土壤质地在土壤剖面中的垂直分布情况是：沙质土越向下沙性越大；黏质土越向下越黏重；只有壤质土，向下或黏或偏沙，但一般上下变化不大。

通过这次土壤的野外实地调查，尚志市主要耕作土壤质地分布有以下 4 种成土母质类型。

1. 山地发育在残积物与坡积物母质上的土壤主要是暗棕壤土类　各层次的质地如下：耕层质地一般为中壤土，耕层之下为重壤土，土体下部沙和砾石含量逐渐增加，直到母岩。此种土壤通透性强，每昼夜渗透速度为 0.46～0.72 米，雨后即可作业，保水供水能力低。耕地面积为 24 997.46 公顷，占耕地总面积 25.04%。

2. 丘陵漫岗及其下缘高平地、平地上的坡积与河湖相沉积黄土母质发育的白浆土类除黑土层之外，土体各层次质地都很黏重。耕作层一般为中壤土，土体的中、下部为重壤土或轻壤土。由于底土黏重，质地很细，容重大，通气孔隙小，因此透水通气差，保水保肥能力强，不抗涝又不抗旱，耕性不良，群众总结这种土为："干时硬邦邦，涝时不渗汤"。其耕地面积为 43 902.15 公顷，占耕地总面积的 44.2%。

3. 河流泛滥地上发育成的土类　尚志市主要是泛滥地草甸土和草甸泛滥土。这种发育在沙质母质上的土壤，耕层比较肥沃，特别是草甸化过程表现强烈，腐殖质积累较多的泛滥地草甸土，黑土层中的有机质尤其为多。一般表层质地为中壤土，土体中下部为中壤土和松沙土。由于在河流泛滥地上发育的土壤，母质是沙砾，土壤的沙性表现显著，土松干爽、热潮、有机质分解快，速效养分含量多。其耕地面积 19 671.31 公顷，占耕地总面积的 19.72%。

4. 河谷或河岸低洼地上发育的沼泽土和泥炭土　这类土壤主要由泥炭层和潜育层 2 个层次组成。泥炭层是分解不全是植物残体堆积起来的层次。潜育层土质黏朽、冷浆，属于轻黏土，层次过渡明显。泥炭具有巨大的吸水、保肥能力，所以，此种土壤吸水性能极强，是其他土壤不可比的。耕地面积为 11 006.44 公顷，占耕地总面积的 11.04%。

土壤质地直接关系到土壤肥力和农作物产量。土壤质地为沙土和沙壤土的土壤，质地偏沙，土壤保水保肥差，土壤瘠薄。黏土的土壤质地黏重，通透性不良，耕性差，有碍作物生长。土壤为中壤土，质地沙黏适中肥力高，是理想的农业耕作土壤。土壤偏沙或黏重都需要进行改良。尚志市需要改良质地黏重的土壤有 48 711.2 公顷，占耕地总面积 48.84%；质地为沙土和沙壤土的偏沙土壤有 3 359.6 公顷，占耕地总面积的 3.37%（表 3-18、表 3-19）。

表 3-18　几种主要农业土壤的剖面质地情况

代号	采集地点	土壤名称	取土深度（厘米）	<0.01 毫米物理性黏粒比例（%）	>0.01 毫米物理性黏粒比例（%）	质地
0041	石头河子镇景甫村四马架	白浆化暗棕壤	0～10	33.5	66.5	中壤土
			15～20	35.5	64.5	中壤土
			25～40	43.9	56.1	重壤土
			100～130	2.1	97.9	松沙土
0013	尚志镇笃信村南丁山岔路口	中层岗地白浆土	0～15	34.17	65.83	中壤土
			25～40	26.3	73.7	轻壤土
			70～90	42.9	57.1	重壤土
			148～150	40.6	59.4	重壤土
0031	老街基乡西南 500 米	厚层平地白浆土	5～15	34.8	65.2	中壤土
			30～40	46.8	53.2	重壤土
			110～125	51.9	48.1	轻黏土
			140～150	49.6	50.4	轻黏土
0008	黑龙宫镇水库南300 米大排地	中层沙底泛滥地草甸土	0～20	27.1	68.9	轻壤土
			22～36	35.6	64.4	中壤土
			46～62	29.2	77.6	轻壤土
			70～84	20.3	79.7	轻壤土
			150	3.9	96.1	松沙土
0011	黑龙宫镇先锋村东400 米	中层砾石底泛滥地草甸土	6～20	34.6	65.4	中壤土
			30～36	24.0	76.0	轻壤土
			56～64	32.07	67.93	中壤土
			80～86	4.56	95.44	松沙土
			104～120			石头层
0051	亚布力镇胜利村西 400 米	泥炭腐殖质沼泽土	5～15	37.9	62.1	中壤土
			20～30	53.5	46.5	重壤土
			50～60	32.3	37.7	中壤土
			60～70	10.4	89.6	沙壤土

表 3-19　几种土壤的机械组成

代号	采集地点	土壤名称	取土深度（厘米）	<0.01毫米物理性黏粒比例（%）	>0.01毫米物理性黏粒比例（%）	质地
0025	乌吉密乡太平沟屯南平地	中层埋藏型泥炭土	0～20	30.22	69.78	中壤土
			30～130	29.13	70.87	轻壤土
			140～150	14.4	85.6	沙壤土
0060	亮河镇森林村西大片	沙底草甸新积土	0～20	30.7	69.3	中壤土
			40～60	32.7	67.3	中壤土
0012	黑龙宫镇力明屯北600米	厚层白浆土型水稻土	0～21	46.2	53.8	重壤土
			25～32	37.2	62.8	中壤土
			32～38	46.2	53.8	重壤土
			40～45	46.4	53.6	重壤土
			62～72	50.6	49.4	轻黏土

（二）土壤容重

土壤水分和土壤通气状况，决定了土壤物理性质。土壤容重系指单位体积自然干燥土壤的重量，单位为克/立方厘米。容重是土壤物理性质的主要指标，也是衡量土壤肥力的重要指标。

尚志市的土壤容重是在1981年10月测定的。主要测定了耕作土壤的耕层容重。尚志市耕层土壤容重多在0.83～1.17克/立方厘米。由于尚志市地形复杂，成土母质多样，耕地的开垦年限长短不一和农业生产措施的不同，使土壤质地、结构、有机质含量有很大差异，因此，土壤的容重变化较大。一般质地黏重的土壤容重大，质地疏松的土壤容重小。耕层中土壤有机质含量高低不同，其容重差异很大。比如泥炭土耕层有机质平均含量为242克/千克，土壤容重为0.83克/立方厘米，草甸土耕层有机质平均含量为50.9克/千克，土壤容重为1.08克/立方厘米。所以，土壤中的有机质含量越大，其容重就越小。从极值来看，尚志市容重大的3种土壤其容重最小值都是比较大的。薄层岗地白浆土容重为0.88～1.07克/立方厘米，中层泛滥地草甸土容重为0.91～1.31克/立方厘米，中层平地白浆土型水稻土容重为0.95～1.20克/立方厘米。说明这些土壤开垦较早，有机质消耗大，结构受到不同程度的破坏，耕层土壤比较板结，所以容重大，这类土壤必须进行改良，才能获得高产。

土壤容重的大小也表示土壤孔隙的多少。容重小，土壤疏松孔隙多。土壤孔隙度配合比例，在生产中有重要意义。它直接关系到土壤中水、肥、气、热状况，影响着土壤中微生物的活动，是鉴别土壤肥力的重要指标之一（表 3-20）。

表 3-20　尚志市土壤耕层容重统计

土壤名称	采样深度（厘米）	采样时间（年/月）	耕层土壤容重（克/立方厘米）			测定点数
			平均	最大	最小	
白浆化暗棕壤	0～20	1981/10	0.90	1.21	0.71	3
薄层岗地白浆土	0～20	1981/10	0.98	1.07	0.88	3
中层岗地白浆土	0～20	1981/10	0.97	1.08	0.81	6

（续）

土壤名称	采样深度（厘米）	采样时间（年/月）	耕层土壤容重（克/立方厘米）			测定点数
			平均	最大	最小	
中层平地白浆土	0～20	1981/10	0.97	1.06	0.82	5
厚层平地白浆土	0～20	1981/10	0.95	1.24	0.65	6
中层泛滥地草甸土	0～20	1981/10	1.08	1.31	0.91	5
厚层泛滥地草甸土	0～20	1981/10	0.95	1.12	0.79	2
泥炭土	0～20	1981/10	0.83	0.84	0.82	2
新积土	0～20	1981/10	0.96	1.05	0.76	5
中层平地白浆土型水稻土	0～20	1981/10	1.05	1.20	0.95	3

二、土壤的化学性质

土壤的化学性质是土壤肥力的重要因素之一，也是土壤养分高低的重要标志。这次土壤普查在土壤化学性质方面测定了土壤的 pH 和有机质、全氮、碱解氮、全磷、有效磷、全钾、速效钾 8 个项目。

（一）土壤的酸碱度

土壤酸碱度是用 pH 表示，是土壤溶液中氢离子浓度的负对数，是由土壤溶液中的碳酸及其盐类、可溶性有机酸和可水解的有机无机酸的盐类所引起的。pH 7.0 为中性，小于 7.0 为酸性，大于 7.0 为碱性。土壤的酸碱性是土壤肥力的一个重要因素，它一方面影响土壤的物理和化学性质，另一方面又直接影响到植物的生长发育，它直接关系到土壤中养分的转化、供应以及土壤微生物的活动和养分的有效性。

用酸度计对采集的土样进行测定（水浸），结果尚志市土壤多偏酸性反应。表层 pH 多为 6.5 以下，为弱酸性，少数土壤呈酸性反应。心土、底土多为 5.5 左右，甚至达到 5.0，为酸性土壤。尚志市各种土壤之间的 pH 一般变化不大。全市 7 个土类的表土（0～20 厘米），pH 变动范围为 5.43～6.83。棕壤土类 pH 在 5.96～6.72，平均 6.24；白浆土类 pH 在 5.72～6.60，平均 6.15；草甸土类 pH 在 5.86～6.83，平均 6.13；沼泽土类 pH 在 5.43～6.47，平均 5.96；泥炭土类 pH 在 5.0～5.82，平均 5.75；水稻土类 pH 在 5.66～5.91，平均在 5.84；泛滥土 pH 在 5.53～6.29，平均 5.88。

土壤剖面中 pH 垂直变化一般不十分明显，部分土壤有一定的规律。如马延乡红房子村东南部厚层平地白浆土，表土层 pH 5.78，心土层 pH 5.92，底土层 pH 6.21。这是因为土壤表层的盐基被淋洗到下层的缘故。暗棕壤土类却相反，如珍珠山乡老秃顶子东北山坡地白浆化暗棕壤表土 pH 7.1，心土 pH 6.2，底土 pH 5.7。

土壤酸度不仅直接影响农作物产量，而且也影响土壤中有效磷的含量。丰产的土壤 pH 一般在 6.8～7.8。据反映，曾经在庆阳镇 60 亩耕地上做过施用石灰和石灰、厩肥混合施用的试验，作物表现茎秆强壮，不倒伏，早熟 7～8 天，增产效果显著。这说明石灰即能调节土壤酸度、提高 pH，又能使土壤中磷素活化，减少磷的固定，提高土壤中有效磷的含量，增加钙素营养作用。石灰特别适用于酸性较大的泥炭沼泽土。根据尚志市土壤偏酸的特点，应在大量施用农家肥的同时施用适量的石灰，是目前改良酸性土壤的有效措施（表3-21、表3-22）。

表3-21 各土类剖面垂直pH统计

pH	土壤名称	表土（A或AB）			心土（B）			底土（BC或C）			样品数
		平均	最大	最小	平均	最大	最小	平均	最大	最小	
水浸	暗棕壤	6.40	6.80	5.90	5.98	6.50	5.50	6.02	6.60	5.70	8
	白浆土	5.90	6.80	5.33	5.73	6.80	5.36	6.13	6.60	5.03	10
	草甸土	6.67	6.83	6.51	5.56	5.66	5.47	6.52	6.62	6.41	3
	沼泽土	5.58	5.90	5.08	5.01	5.30	4.84	5.24	6.00	4.72	3
	泥炭土	5.53	6.10	5.13	5.41	6.55	4.69	5.11	5.60	4.72	5
	泛滥土	5.87	5.87	0	5.01	5.01	0	0	0	0	0
	水稻土	5.78	5.82	5.74	5.73	5.75	5.72	5.99	5.99	0	2

表3-22 各土类耕层pH统计

pH	土壤名称	样品数	0～20厘米		
			平　均	最　小	最　大
水浸	暗棕壤	22	6.24	5.96	6.72
	白浆土	81	6.15	5.72	6.60
	草甸土	19	6.13	5.86	6.83
	沼泽土	11	5.96	5.43	6.47
	泥炭土	10	5.75	5.50	5.82
	泛滥土	6	5.88	5.53	6.29
	水稻土	7	5.84	5.66	5.91

（二）土壤中的养分状况

1. 土壤有机质 土壤有机质是土壤的重要组成部分，多呈胶态存在，能胶结土粒形成团粒结构。团粒结构具有调节土壤水、肥、气、热的功能，改善土壤耕性，加强土壤通透性和保水、保肥能力。同时，土壤有机质不仅是作物所需的各种营养元素的重要来源，而且还是土壤微生物生命的能源。土壤有机质含量多少是土壤肥力的一个重要指标，有机质状况与农业生产关系密切。

尚志市土壤有机质含量是比较丰富的，从耕层土壤有机质的平均水平来看一般多在50.6克/千克左右。从地形部位来看，低地好于平地，平地好于丘陵地，丘陵地又好于山地。坡耕地水土流失严重，表层有机质含量较低，一般多在22.6～39.5克/千克。从土壤类型上来看，泛滥土有机质含量低，耕层平均含量只有31.2克/千克左右；暗棕壤土类高于泛滥土类，耕层有机质平均含量是49.6克/千克左右；白浆土类高于暗棕壤土类，耕层有机质平均含量是49.8克/千克；草甸土类又高于白浆土类，耕层有机质平均含量是50.9克/千克；沼泽土和泥炭土有机质含量最高，分别是148.6克/千克和242克/千克。

尚志市土壤耕层有机质含量多数为一级和二级的，只有少量的为三级和四级。表层有机质平均含量大于 60 克/千克（一级）面积为 706 626 公顷，占土壤总面积的 79.3%，其中耕地面积为 12 334.87 公顷，占耕地总面积的 12.37%。含量在 40～60 克/千克（二级）面积为 144 466.67 公顷，占土壤总面积的 16.2%，其中耕地面积为 72 621.07 公顷，占耕地总面积的 72.81%。含量 30～40 克/千克（三级）面积为 38 477 公顷，占土壤总面积的 4.3%。其中耕地面积为 14 781.52 公顷，占耕地总面积的 14.82%。

由于尚志市土壤类型多，有机质含量在土壤剖面中的垂直分布变化也很大。从表层向下一般随深度变化有机质含量明显下降，如亚布力镇永胜屯南山的白浆化暗棕壤，0～15 厘米有机质为 96 克/千克，20～30 厘米只有 9.3 克/千克，以下为砾石层。但是也有部分土壤有机质在剖面的垂直分布上另有变化，如乌吉密乡太平沟屯南的埋藏型泥炭土，0～20 厘米的有机质含量为 82.1 克/千克，30～130 厘米土壤的有机质为 250.8 克/千克。又如老街基乡南 500 米的中层平地白浆土，0～15 厘米有机质含量为 51.1 克/千克，20～40 厘米的白浆层有机质只有 6.2 克/千克，下部的沉积层有机质 36.9 克/千克。另外，新积土由冲积形成的每个层次中的有机质含量各不相同。

土壤有机质含量的高低，不仅是衡量土壤肥力的重要指标，也是粮食产量的重要物质基础与粮食产量密切相关。据尚志市多年的高产田调查，亩产 500 千克以上的地块，耕层中的有机质含量在 65 克/千克以上，如一面坡镇五七村第一小队屯东北地为中层沙底泛滥地草甸土，耕层有机质含量为 75.2 克/千克，亩产玉米 500 多千克；耕层中的有机质含量在 50 克/千克，亩产 400 千克以上。如黑龙宫镇红旗村东南大排地为中层砾石底泛滥地草甸土，耕层有机质含量为 54.3 克/千克，一般亩产玉米 400 千克以上。又如一面坡镇朱宝村西大河沿地耕层有机质含量只有 17.9%，亩产粮食在 100 多千克。因此，只有提高土壤中有机质含量，才能获得粮食高产（表 3-23）。

表 3-23　尚志市主要土壤耕层有机质统计

土壤名称	土壤代号	样品数量（个）	耕层土壤有机质（克/千克）	
			含量	范围
暗棕壤	I_1	4	43.7	39.5～62.3
白浆化暗棕壤	I_2	68	19.8	22.6～85.6
原始型暗棕壤	I_3	10	75.0	61.0～88.5
白浆土（岗地）	II_1	127	49.0	22.2～58.0
草甸白浆土	II_2	103	50.6	35.7～70.6
潜育白浆土	II_3	11	102.0	40.4～210.4
泛滥地草甸土	VII_1	89	50.9	30.1～88.2
泥炭腐殖质沼泽土	V_1	41	148.6	65.2～345.1
草类泥炭土	IV_1	24	242.0	188.4～320.7
草甸泛滥土	III_1	29	31.2	12.9～44.2
泛滥土型水稻土	VI_1	7	51.4	48.6～59.1
白浆土型水稻土	VI_2	9	56.1	37.0～75.0

表 3 - 24　尚志市土壤耕层有机质分级面积

乡（镇）	合计	一级		二级		三级		四级	
		面积（公顷）	占比（%）	面积（公顷）	占比（%）	面积（公顷）	占比（%）	面积（公顷）	占比（%）
尚志镇	14 988.40	7 748.40	51.7	3 710.00	24.7	2 750.00	18.4	780.00	5.2
亚布力镇	42 583.4	36 283.36	70.3	6 055	28.5	245	1.2	0	—
帽儿山镇	63 742.33	45 382.53	71.2	18 063.80	28.3	295.00	0.5	0	—
苇河镇	60 962.13	48 720.43	79.9	9 391.67	15.4	2 850.00	4.7	0	—
一面坡镇	32 724.27	24 363.07	74.4	5 735.00	17.5	2 625.00	8.1	0	—
黑龙宫镇	43 833.40	37 953.40	86.6	5 880.00	13.4	0	—	0	—
长寿乡	35 190.8	21 250.8	60.4	13 940	39.6	0	—	0	—
乌吉密乡	51 719.87	40 304.87	56.7	9 480	33.1	1 935	10.2	0	—
马延乡	29 715.40	21 578.40	72.6	7 235.00	24.3	902.00	3.1	0	—
石头河子镇	51 214.73	47 674.73	93.1	2 891.67	5.5	175.00	0.4	540.00	1.0
庆阳镇	80 675.67	66 535.67	82.5	7 215.00	8.9	6 925.00	8.6	0	—
亮河镇	93 240.53	81 835.53	87.8	8 150.00	8.7	3 255.00	3.5	0	—
鱼池乡	45 002.20	43 077.20	95.7	1 635.00	3.6	180.00	0.4	110.00	0.3
珍珠山乡	127 030.13	116 510.10	91.7	9 745.00	7.7	775.00	0.6	0	—
老街基乡	61 387.20	37 722.20	61.5	19 615.00	31.9	4 005.00	6.6	0	—
元宝镇	44 022.73	24 792.67	56.3	13 220.00	30.0	6 010.00	13.7	0	—
河东镇	12 967.67	4 892.67	37.7	2 570.00	19.8	5 505.00	42.5	0	—
合计	890 999.67	706 626.00	79.3	144 466.67	16.2	38 477.00	4.3	1 430.00	0.2

2. 土壤全氮和速效氮　土壤中有机质与全氮含量有明显的相关性。据试验证明，有机质含量高的土壤，全氮含量也高。一般土壤全氮含量为有机质的 1/20～1/10，尚志市平均全氮为有机质的 1/19，变幅为 1/15～1/24。因此，土壤全氮的规律和土壤有机质是基本一致的，从平均水平看最低的是草甸泛滥土，只有 1.92 克/千克，多数土壤在 2.6～6 克/千克，个别的土壤达到 10 克/千克以上，如草类泥炭土全氮含量达 10.94 克/千克，是极为丰富的。尚志市土壤全氮含量大于 4 克/千克（一级）的面积为 669 785.8 公顷，占土壤总面积的 75%，其中，耕地面积为 12 334.87 公顷，占耕地总面积的 12.37%。土壤全氮含量在 2～4 克/千克（二级）的面积为 180 435.87 公顷，占土壤总面积的 20%，其中，耕地面积为 72 621.07 公顷，占耕地总面积的 72.81%。土壤全氮含量在 1.5～2 克/千克（三级）面积为 39 918 公顷，占土壤总面积的 4%，其中耕地面积为 14 781.52 公顷，占耕地总面积的 14.82%。土壤全氮含量在 1～1.5 克/千克（四级）面积为 860 公

顷，占土壤总面积的 1%。

从尚志市平均碱解氮含量来看，只有岗地白浆土和水稻土在 150～200 毫克/千克（二级），其他多数在 220～380 毫克/千克，草类泥炭土高达 557～1 038 毫克/千克。尚志市各种土壤碱解氮含量超过 200 毫克/千克（一级）面积为 810 986 公顷，占总土壤面积的 90.87%。含量在 40～100 毫克/千克（二级）面积为 76 153.67 公顷，占总土壤面积的 8.5%。含量在 40 毫克/千克以下的面积很小，只有 3 860 公顷，占总土壤面积的 0.63%。所以尚志市土壤中碱解氮是比较丰富的，详见表 3-25～表 3-27。

表 3-25 尚志市主要土壤耕层氮素含量统计

土壤名称	土壤代号	样品数量	耕层氮素含量			
			全氮含量（克/千克）		碱解氮含量（毫克/千克）	
			平均	范围	平均	范围
暗棕壤	I₁	4	2.87	2.50～3.60	220	211～251（非耕地）
白浆化暗棕壤	I₂	68	2.70	1.49～4.00	232	118～338
原始型暗棕壤	I₃	10	3.57	2.50～3.93	280	252～297（非耕地）
白浆土（岗地）	II₁	127	2.50	1.23～3.77	199	119～290
草甸白浆土	II₂	103	2.74	2.15～4.01	221	164～310
潜育白浆土	II₃	11	5.11	2.34～9.22	387	194～595
泛滥地草甸土	VII₁	89	3.04	1.89～5.12	258	180～329
泥炭腐殖质沼泽土	V₁	41	6.18	3.17～14.17	399	270～491
草类泥炭土	IV₁	24	10.94	7.50～15.17	735	557～1 038
草甸泛滥土	III₁	29	1.92	1.01～2.75	220	127～456
泛滥土型水稻土	VI₁	7	2.17	2.01～3.10	163	147～280
白浆土型水稻土	VI₂	9	2.67	1.64～3.53	207	172～247

表 3-26 尚志市土壤耕层碱解氮分级面积

乡（镇）	合计	一级		二级		三级		四级		五级	
		面积（公顷）	占比（%）	面积（公顷）	占比（%）	面积（公顷）	占比（%）	面积（公顷）	占比（%）	面积（公顷）	占比（%）
尚志镇	14 988	8 713	58	6 275	42	0	0	0	0	0	0
亚布力镇	42 584	41 594	96	500	2	490	2	0	0	0	0
帽儿山镇	63 742	56 967	89.4	6 530	10.2	245	0.4	0	0	0	0
苇河镇	60 962	56 648	93	1 734	3	2 580	0	0	0	0	0
一面坡镇	32 723	30 863	94	1 860	6	0	0	0	0	0	0

（续）

乡（镇）	合计	一级		二级		三级		四级		五级	
		面积（公顷）	占比（%）	面积（公顷）	占比（%）	面积（公顷）	占比（%）	面积（公顷）	占比（%）	面积（公顷）	占比（%）
黑龙宫镇	43 833	43 223	99	610	1	0	0	0	0	0	0
长寿乡	35 191	30 616	87	4 575	13	0	0	0	0	0	0
乌吉密乡	51 720	45 514	88	5 896	11.4	0	0	103	0.2	207	0.4
马延乡	29 715	18 425	62	11 290	38	0	0	0	0	0	0
石头河子镇	51 215	51 215	100	0	0	0	0	0	0	0	0
庆阳镇	80 676	79 526	99	1 150	1	0	0	0	0	0	0
亮河镇	93 241	93 241	100	0	0	0	0	0	0	0	0
鱼池乡	45 002	37 565	83.7	7 297	16	140	0.3	0	0	0	0
珍珠山乡	127 030	122 110	96	4 920	4	0	0	0	0	0	0
老街基乡	61 387	50 107	82	11 280	18	0	0	0	0	0	0
元宝镇	44 023	36 063	82	7 960	18	0	0	0	0	0	0
河东乡	12 968	6 068	47	6 540	50	240	2	120	1	0	0
合计	891 000	808 458	90.87	78 417	8.5	3 695	0.4	223	0.03	207	0.02

表 3-27　尚志市土壤耕层全氮分级面积表

乡（镇）	合计	一级		二级		三级		四级		五级	
		面积（公顷）	占比（%）	面积（公顷）	占比（%）	面积（公顷）	占比（%）	面积（公顷）	占比（%）	面积（公顷）	占比（%）
尚志镇	14 988	3 760	25	10 205	68	1 023	7	0	0	0	0
亚布力镇	42 584	35 274	167	6 820	31	490	2	0	0	0	0
帽儿山镇	63 742	45 894	72	16 573	26	1 275	2	0	0	0	0
苇河镇	60 962	46 752	77	13 670	22	540	1	0	0	0	0
一面坡镇	32 723	22 503	69	7 320	22	2 040	6	860	3	0	0
黑龙宫镇	43 833	33 538	77	9 045	21	1 250	2	0	0	0	0
长寿乡	35 191	19 165	108	15 926	91	100	1	0	0	0	0
乌吉密乡	51 720	28 239	55	20 171	39	3 103	6	0	0	207	0.4
马延乡	29 715	13 290	45	14 060	47	2 365	8	0	0	0	0
石头河子镇	51 215	47 118	92	3 073	6	1 024	2	0	0	0	0
庆阳镇	80 676	67 286	83	4 765	6	8 625	11	0	0	0	0

（续）

乡（镇）	合计	一级		二级		三级		四级		五级	
		面积（公顷）	占比（%）	面积（公顷）	占比（%）	面积（公顷）	占比（%）	面积（公顷）	占比（%）	面积（公顷）	占比（%）
亮河镇	93 241	80 956	87	9 660	10	2 625	3	0	0	0	0
鱼池乡	45 002	40 482	90	4 450	10	70	0	0	0	0	0
珍珠山乡	127 030	112 010	88	15 020	12	0	0	0	0	0	0
老街基乡	61 387	39 387	64	16 050	26	5 950	10	0	0	0	0
元宝镇	44 023	20 743	47	15 240	35	8 040	18	0	0	0	0
河东乡	12 968	1 635	13	8 083	62	3 250	25	0	0	0	0
合计	891 000	658 032	75	190 131	20	41 770	4	860	1	207	0.02

3. 土壤全磷和有效磷 磷存在于作物的磷脂和核酸之中，是原生质细胞核的组成部分。磷素能促进植物的新陈代谢和营养物质的转化，促进作物生根、早熟和籽粒饱满的作用。这次土壤普查对土壤中磷素的测定结果表明，尚志市的土壤中全磷含量较高，平均在1.75～3.27克/千克，除了岗地白浆土只含1.75克/千克之外，其他各种土壤均在2.0克/千克以上。含全磷量超过3.0克/千克的是泥炭腐殖质沼泽土和泛滥地草甸土，其次是草类泥炭土含全磷量较高，详见表3-28。

表3-28 尚志市主要土壤耕层全磷含量统计

土壤名称	土壤代号	样品数量	耕层全磷含量（克/千克）	
			平均	范围
白浆化暗棕壤	I₂	19	2.12	1.19～3.45
白浆土（岗地）	II₁	8	1.75	1.2～2.17
草甸白浆土	II₂	8	2.18	1.27～2.45
潜育白浆土	II₃	5	2.38	2.0～2.96
泛滥地草甸土	VII₁	5	3.13	2.13～4.38
泥类腐殖质沼泽土	V₁	11	3.27	2.25～4.64
草类泥炭土	IV₁	6	2.49	2.4～3.7
草甸新积土	III₁	2	2.47	1.83～3.12
白浆土型水稻土	VI₂	4	2.17	1.85～2.58

尚志市土壤中有效磷的含量普遍偏低，一般平均含量在13～55毫克/千克。平均低于20毫克/千克的土壤有暗棕壤土类、岗地白浆土和水稻土，其他土壤一般在20～40毫克/千克，只有沼泽土和泥炭土含有效磷较高。如按有效磷含量分等定级进行土壤面积统计。一级大于100毫克/千克的面积为3 000公顷，占土壤总面积的0.34%。二级40～100毫克/千克的面积为79 338公顷，占土壤总面积的8.9%，其中耕地面积为2 529.8公顷，占耕地总面积的2.54%。三级20～40毫克/千克的面积为166 650公顷，占土壤总面积的

18.77%，其中耕地面积为 47 809.73 公顷，占耕地总面积的 47.94%。四级 10～20 毫克/千克的面积为 639 511.6 公顷，占土壤总面积的 71.78%，其中耕地面积为 49 397.93 公顷，占耕地总面积的 49.52%。小于 10 毫克/千克的面积为 2 500.4 公顷，只占土壤总面积的 0.28%。因此尚志市土壤耕层中普遍缺磷，特别是山地白浆化暗棕壤和岗地白浆土缺磷尤为严重。据中国科学院自然资源综合考察队在尚志调查分析认为：农作物产量与土壤速磷含量有密切关系。丰产土壤有效磷一般都在 160 毫克/千克或 80 毫克/千克以上。水解性氮与速效性磷之比小于 1。如黑龙宫镇红旗村的一块小麦试验地，土壤中有效磷含量为 164 毫克/千克，亩产量小麦 334.5 千克；红旗村的另一块玉米丰产地含有效磷 87 毫克/千克，亩产量近 500 千克。据在尚志镇富国村试验，每亩施黑龙宫镇生产的磷矿粉 50千克，玉米亩产量可达 369.5 千克，平均每亩增产 36 千克，施用同量从摩洛哥进口的磷矿粉，亩产量可达 442.9 千克，每亩增产 109.4 千克，增产效果十分显著。尚志市耕地土壤中较普遍缺少磷肥，据多年试验调查，在施用氮肥时合理施入磷肥增产效果更明显，这是尚志市粮食增产的关键。据尚志市农业科学研究所 1960 年在肥力较高的平地白浆土上，对玉米进行了氮、磷混合肥试验，氮与磷之比 1∶3 增产 31%，1∶1 增产 28%，1∶2 增产 26%。由于以磷促氮、氮磷结合，增强了农作物对营养元素的吸收，从而获得粮食更高的产量。试验表明，农民欢迎磷酸二铵（氮磷复合肥）就是这个道理（表 3-29）。

表 3-29 尚志市主要土壤耕层有效磷含量统计

土壤名称	土壤代号	样品数量	耕层有效磷含量（毫克/千克）	
			平均	范围
白浆化暗棕壤	I$_1$	68	15.7	4～26
白浆土（岗地）	II$_1$	127	19.0	3～56
草甸白浆土	II$_2$	103	27.0	5～58
潜育白浆土	II$_3$	11	30.5	15～42
泛滥地草甸土	VII$_1$	89	38.1	8～84
泥炭腐殖质沼泽土	V$_1$	41	44.0	29～60
草类泥炭土	IV$_1$	24	55.1	30～120
草甸新积土	III$_1$	29	29.3	25～41
白浆土型水稻土	VI$_2$	9	36.7	33～40

尚志市土壤中全磷含量较高，有效性磷素含量很低，有效磷只占全磷的 0.74%～1.89%（表 3-30），土壤中的磷素大部分呈固定状态，不能为农作物吸收利用，解决的主要途径是施用速效性的磷素化肥来补充。

4. 土壤全钾和速效钾 钾素同氮磷都是作物生长不可缺的三要素之一。它即能促进蛋白质的合成与分解，提高作物品质，又能促进碳水化合物的转化运输，有利作物光合作用，使农作物茎秆坚韧抗倒伏和抵抗病虫害的作用。尚志市土壤平均全钾含量在 2 克/千克以上，变幅比较小，一般来说，全钾含量超过 2 克/千克就是含量丰富的土壤，尚志市土壤超出这个标准十几倍（表 3-31），称得上钾素丰富地区之一，所以一般不需要施用钾肥。

表 3 - 30 尚志市土壤速效磷分级面积

乡（镇）	合计	一级		二级		三级		四级		五级		六级	
		面积（公顷）	占比（%）	面积（公顷）	占比（%）	面积（公顷）	占比（%）	面积（公顷）	占比（%）	面积（公顷）	占比（%）	面积（公顷）	占比（%）
尚志镇	14 988	1 080	7	4 580	31	2 490	17	6 838	44	0	0	0	0
亚布力镇	42 584	0	0	5 250	25	2 634	12	34 700	81.5	0	0	0	0
帽儿山镇	63 742	0	0	8 924	14	14 023	22	40 795	64	0	0	0	0
苇河镇	60 962	0	0	10 973	18	6 096	10	43 893	72	0	0	0	0
一面坡镇	26 723	0	0	1 790	5	8 320	25	22 613	70	0	0	0	0
黑龙宫镇	43 833	0	0	3 820	9	8 500	19	31 513	72	0	0	0	0
长寿乡	35 191	704	2	1 548	4.4	12 317	35	19 355	55	141	0.4	1 126	3.2
乌吉密乡	51 720	0		7 615	14.7	11 840	22.9	32 265	62.4	0	0	0	0
马延乡	29 715	0	0	590	2	14 330	48	14 795	50	0	0	0	0
石头河子镇	51 215	0	0	3 170	6	3 540	7	44 505	87	0	0	0	0
庆阳镇	80 676	0	0	242	0.3	14 522	18	65 912	81.7	0	0	0	0
亮河镇	93 241	120	0.1	1 060	1	6 090	7	85 971	92	0	0	0	0
鱼池乡	45 002	0	0	2 400	5	8 347	19	34 255	76	0	0	0	0
珍珠山乡	127 030	0	0	0	0	18 480	16	108 550	84	0	0	0	0
老街基乡	61 387	0	0	14 130	23	20 320	33	26 937	44	0	0	0	0
元宝镇	44 023	1 320	3	2 640	6	18 491	42	21 572	49	0	0	0	0
河东乡	12 968	0	0	5 576	43	3 113	24	4 279	33	0	0	0	0
合计	891 000	3 224	0.3	74 308	9	173 453	19	638 748	70.6	141	1	1 126	3.2

表 3 - 31 尚志市主要土壤耕层全钾含量统计

土壤名称	土壤代号	样品数量	耕层全钾含量（克/千克）	
			平均	范围
白浆化暗棕壤	I_2	6	33.3	24.0～36.2
白浆土（岗地）	II_1	2	35.3	34.0～36.6
草甸白浆土	II_2	3	31.9	21.9～33.7
潜育白浆土	II_3	2	32.8	31.3～34.2
泛滥地草甸土	VII_1	2	29.5	19.0～34.5
泛滥土型水稻土	VI_1	2	29.3	28.6～29.9
白浆土型水稻土	VI_2	2	34.5	34.3～34.8
泥炭腐殖质沼泽土	V_1	3	22.2	19.6～26.6
草甸新积土	III_1	2	34.1	32.7～35.5

各种土壤中的速效钾平均变动在 95～294 毫克/千克，极差最大的草类泥炭土达 372 毫克/千克（表 3 - 32），说明尚志市速效钾高低相差悬殊。除了草类泥炭土之外，其他土壤均有低于 100 毫克/千克的现象，属中等偏低的水平。因此，随着粮食产量的逐年提高，某些地块也会出现缺钾的现象。从土壤速效钾含量不同等级的面积来看：大于 200 毫克/千克（一级）的面积为 663 400 公顷，占土壤总面积的 75%，其中耕地面积为 1 754.93 公顷，占耕地总面积的 1.76%。含量在 150～200 毫克/千克（二级）的面积为 65 575 公顷，占土壤总面积的 7%，其中耕地面积为 12 405.93 公顷，占耕地总面积的 12.44%。含量在 100～150 毫克/千克（三级）的面积为 74 335 公顷，占土壤总面积的 8%，其中耕地面积为 55 607.53 公顷，占耕地总面积的 55.75%。含量在 50～100 毫克/千克（四级）的面积为 54 450 公顷，占土壤总面积的 6%，其中耕地面积为 29 969.07 公顷，占耕地总面积的 30.5%。含量小于 50 毫克/千克的面积为 33 240 公顷，只占土壤总面积的 4%（表 3 - 33）。据本次调查分析土壤速效钾占全钾的 0.27%～0.82%（表 3 - 34）。尚志市土壤中速效钾虽占全钾的比例不大，但是因全钾含量较高，仍能满足需要，土壤供钾的潜力是很大的。

表 3 - 32 尚志市主要土壤耕层速效钾含量统计

土壤名称	土壤代号	样品数量	耕层速效钾含量（毫克/千克）	
			平均	范围
白浆化暗棕壤	I_2	68	115.8	86～257
白浆土（岗地）	II_1	127	95	45～206
草甸白浆土	II_2	103	112.7	70～229
潜育白浆土	II_3	11	120.8	65～258
泛滥地草甸土	VII_1	89	139.3	90～247
泥类腐殖质沼泽土	V_1	41	181.9	97～249
草类泥炭土	IV_1	24	294.6	129～501
草甸泛滥土	III_1	29	164.7	98～231
泛滥土型水稻土	VI_1	7	105	89～132
白浆土型水稻土	VI_2	9	174	83～247

表3-33　尚志市土壤耕层速效钾分级面积

乡（镇）	合计	一级		二级		三级		四级		五级		六级	
		面积（公顷）	占比（%）	面积（公顷）	占比（%）	面积（公顷）	占比（%）	面积（公顷）	占比（%）	面积（公顷）	占比（%）	面积（公顷）	占比（%）
尚志镇	14 988	7 493	50	650	4	3 305	22	3 540	24	0	—	0	—
亚布力镇	42 584	36 674	86.1	2 275	5.4	1 695	4.1	1 840	4.4	0	—	0	—
帽儿山镇	63 742	47 252	74.4	6 900	10.9	8 255	13	1 000	1.6	90	0.1	0	—
苇河镇	60 962	46 142	76	5 850	9	5 915	10	3 055	5	0	—	0	—
一面坡镇	32 723	22 128	68	3 890	12	3 875	12	2 830	8	0	—	0	—
黑龙宫镇	43 833	30 098	69	6 885	16	1 125	3	2 950	6	2 775	6	0	—
长寿乡	35 191	18 238	51.8	840	2.4	765	2.2	10 038	28.5	4 810	13.7	500	1.4
乌吉密乡	51 720	33 085	64	9 810	19	5 195	10.1	3 395	6.0	480	0.9	0	—
马延乡	29 715	14 515	49	6 975	23	1 775	14	4 050	14	0	—	0	—
石头河子镇	51 215	48 680	95	1 155	2	945	2	435	1	0	—	0	—
庆阳镇	80 676	65 426	81	6 365	8	4 445	6	4 440	5	0	—	0	—
亮河镇	93 241	82 126	88	2 330	2	6 745	7	480	1	1 560	2	0	—
鱼池乡	45 002	38 957	87	1 720	4	1 230	3	3 095	6	0	—	0	—
珍珠山乡	127 030	116 360	91	1 615	1	2 270	2	6 785	6	0	—	0	—
老街基乡	61 387	33 537	55	6 830	11	17 290	28	3 730	6	0	—	0	—
元宝镇	44 023	21 583	49	0	—	2 280	5	1 210	3	5 970	14	12 980	29
河东乡	12 968	1 315	10	1 485	11	4 825	37	1 578	12	0	—	3 765	29
合计	891 000	663 400	75	65 575	7	74 335	8	54 450	6	895	2	17 345	2

表 3-34 尚志市主要土壤耕层速效养分占全量养分的比例

土壤名称	N			P₂O₅			K₂O		
	全量（克/千克）	速效量（毫克/千克）	占全量比例（%）	全量（克/千克）	速效量（毫克/千克）	占全量比例（%）	全量（克/千克）	速效量（毫克/千克）	占全量比例（%）
白浆化暗棕壤	2.7	232	8.59	2.12	15.7	0.74	33.3	115.8	0.35
白浆土（岗地）	2.5	199	7.96	1.75	19.0	1.09	35.3	95.0	0.27
草甸白浆土	2.74	221	8.07	2.18	27.0	1.24	31.9	112.7	0.35
潜育白浆土	5.11	387	7.57	2.38	30.5	1.28	32.8	120.8	0.37
泛滥地草甸土	3.04	258	8.49	3.13	38.1	1.22	29.5	139.3	0.47
泥炭腐殖质沼泽土	6.18	399	6.46	3.27	44.0	1.35	22.2	181.9	0.82
草类泥炭土	10.94	735	6.72	2.91	55.1	1.89	0	294.6	—
草甸泛滥土	1.92	220	1.15	2.47	29.3	1.19	31.4	164.7	0.48
泛滥土型水稻土	2.17	163	7.51	0	19.0	—	29.3	105.0	0.36
白浆土型水稻土	2.67	207	7.75	2.17	36.7	1.69	34.5	174	0.50

　　多年来尚志市农业生产只注意施用氮磷肥，尤其是大量施用氮肥，长期不施钾肥，导致氮、磷、钾比例失调，土壤中的钾素含量逐渐成了限制农作物增产的主要因素。今后要加强对钾肥的试验研究，找出氮、磷、钾在不同土壤类型和不同作物上的适宜比例，做到合理施肥、科学施肥。

　　根据农化样分析数据和有关试验资料，结合尚志市农业生产的具体情况，将尚志市土壤中的主要养分含量进行了分级。全氮分为五级，有机质和速效钾分为六级，碱解氮和有效磷分为七级，用以表示丰歉（表 3-35）。

表 3-35 尚志市土壤养分分级指标

级别	有机质（克/千克）	全氮（克/千克）	有效磷（毫克/千克）	速效钾（毫克/千克）	碱解氮（毫克/千克）
一级	>60	>4	>100	>200	>200
二级	40～60	2.0～4.0	40～100	150～200	150～200
三级	30～40	1.5～2	20～40	100～150	120～150
四级	20～30	1.0～1.5	10～20	50～100	90～120
五级	10～20	<1.0	5～10	30～50	60～90
六级	<10		3～5	<30	30～60
七级			<3		<30

　　尚志市的各种土壤之间养分含量变化幅度大，所以，在农业生产上要因地制宜地增施农肥，巧施化肥，补充微肥，做到因土合理施肥，不断提高科学施肥的水平。

第六节 土壤资源的分级及评价

根据《规程》和黑龙江土地评级试行标准，结合尚志市自然情况、生产条件和土壤属性，对土壤资源的生产能力进行了综合评价和分级。把尚志市土壤评定为五级类型。现将各级土壤评述如下。

一、一 级 地

主要是泛滥地草甸土、平地白浆土和水稻土。面积为 89 189.1 公顷，占土地总面积的 10.01%，其中耕地面积为 34 707.6 公顷，占耕地总面积的 34.8%。主要分布在河流沿岸的河谷冲积平原和高平原或平原上。地势平坦，利于机械化耕作，土层深厚，保水保肥，耕性良好，宜耕期长，土质热潮，既发小苗，又发老苗，养分含量高，耕层中有机质含量 50～80 克/千克，含氮量 2.7～4.3 克/千克。水、肥、气、热协调，能灌能排，旱涝保收，适合种植水旱田各种作物。产量高一般亩产量 350 千克以上，是尚志市粮食生产中的高产稳产土壤。但是平地白浆土中的白浆层是作物生长的障碍因素。从改良利用上应进一步培肥地力，减轻白浆层对作物的不良影响，从改善水、肥、气、热的环境，创造更加有利于作物生长发育的条件。

二、二 级 地

在尚志市主要是中层岗地白浆土和厚层岗地白浆土。面积为 67 926.93 公顷，占土壤总面积的 7.61%。其中耕地面积为 9 670.73 公顷，占耕地总面积的 9.7%。主要分布在漫坡岗的中下部。本级土地黑土层较厚，一般在 15～25 厘米，养分含量较高，有机质含量在 30～70 克/千克，含氮量为 1.5～3.5 克/千克。耕性良好，宜耕期长，土头热潮，发苗快，水肥气热条件比较协调。由于心土中有白浆层，底土为坚硬的黏质土隔水层（即蒜瓣土）存在，透水性差，而既怕旱又怕涝，群众说："白浆土不渗汤，干时硬邦邦，涝时水汪汪，铲地不入锄，趟地卷犁杖。"本级土壤的白浆层厚度一般 20～30 厘米，灰白色，无结构或有不明显的片状结构，养分含量低，一般含有机质 5～7.5 克/千克，比黑土层 51.1～68.4 克/千克低 10 倍；含氮量 0.1～0.6 克/千克，比黑土层 1.5～3.5 克/千克低 5～20 倍。有效磷含量 6～7 毫克/千克，比黑土层 26～41 毫克/千克低 3.5～7 倍。所以虽然表面土肥沃，但养分总贮量低。由于白浆层养分贫瘠，作物根系下伸受阻，所以对农业生产有一定的影响。本类土壤也是尚志市主要农业用地，适宜种植各种旱田作物，粮食亩产量一般在 250～300 千克。由于有轻度的水土流失现象，所以要修建水平梯田，开挖截水沟，拦截坡积水，保持水土。要平整土地，逐步加深耕层，多施有机肥，增厚活土层，提高土壤有机质含量。

三、三 级 地

地处低洼，主要土壤类型是潜育白浆土、沼泽土、泥炭土和泛滥土。面积为60 796.04公顷，占土壤总面积的 6.83%。其中耕地面积为 15 663.2 公顷，占耕地总面积的15.7%。主要分布在河流沿岸、沟谷等低平地或洼地上。地势低洼，土层深厚（泛滥土较薄），沼泽土和泥炭土的泥炭层一般均在 20～130 厘米，最后可达 2 米以上。有机质含量高，一般在 100～250 克/千克，最高达到 700 克/千克以上，含氮量为 7～16 克/千克，潜在肥力高，有机质和氮素营养超过一般粪肥。由于地势低洼，质地黏重，地下水位高（旱季在 1～2 米，雨季在 0.5～0.8 米），部分地块雨季长期积水，排水不良，易涝，水气不协调，地温低，冷浆，土壤微生物活动弱，有效养分低，后期随着气温上升，土壤中微生物活动旺盛，养分释放较快，小苗锈，老苗壮，往往造成作物贪青晚熟。这级土壤只要经过开沟排涝、压沙改土、修筑防洪堤坝等措施，就能提高地温，调节土壤中的水肥状况，增加农作物产量。

四、四 级 地

主要是薄层岗地白浆土和坡度比较平缓的白浆化暗棕壤。面积为 103 592 公顷，占土壤总面积的 11.63%，现有耕地 39 695.93 公顷，占耕地总面积的 39.8%。这级土壤处于农林用地过渡地带，一般坡度在 10°以下。地势较高，水土流失较重，黑土层薄，一般10～20 厘米，薄者小于 10 厘米。耕层有机质含量低，开垦的时间越长有机质含量越低，一般开垦 20～30 年的在 13～21 克/千克，部分水土流失较重的黄土岗有机质在 10 克/千克以下。虽然耕性好，但土质瘠薄，黑土层小于 10 厘米的耕地，白浆层裸露在土体之外。产量低，一般亩产量在 100 多千克。各种障碍因素对农业生产影响较重，所以除了地势较平缓，黑土层较厚，面积较大，水土保持措施得当可继续耕种之外，其余应退坡还林。

五、五 级 地

主要是典型暗棕壤、原始型暗棕壤和坡度较大的白浆化暗棕壤。面积为 569 495.93公顷，占土壤总面积的 63.92%。主要分布在 10°以上的陡坡、山丘的上部及顶部的山地。表层土壤有机质含量高，土质疏松，土壤肥沃，排水良好，但是土层浅薄（细土层多在20～30 厘米），地势高，坡度大，不宜农业耕种。适宜于温带的针阔叶树种生长发育，是良好的林业用地。

第四章 耕地土壤属性

本评价报告中利用 1 505 个土壤耕层样本（0～20 厘米），对 pH、土壤有机质、全氮、全磷、全钾、碱解氮、有效磷、速效钾、容重、中微量元素等 13 项土壤理化属性项目进行了分析，分析数据 19 565 个。

第一节 有机质及常量元素

一、土壤有机质

土壤有机质是耕地地力的重要标志。它可以为植物生长提供必要的氮、磷、钾等营养元素；可以改善耕地土壤的结构性能以及生物学和物理、化学性质。通常在其他大的立地条件相似的情况下，有机质含量的多少，可以反映出耕地地力水平的高低。

结果表明，尚志市耕地土壤有机质含量平均为 33.29 克/千克，变化幅度在 8.1～56.9 克/千克，在《规程》分级基础上，将尚志市耕地土壤有机质分为六级，其中含量大于 60 克/千克的为 0.21%，40～60 克/千克的占 1.96%，30～40 克/千克的占 28.55%，20～30 克/千克的占 56.49%，10～20 克/千克的占 12.79%，小于 10 克/千克的没有。

与 20 世纪 80 年代开展的第二次土壤普查调查结果比较，土壤有机质平均下降了 17.31 克/千克（第二次土壤普查调查数为 50.6 克/千克）。而且土壤有机质的分布也发生了相应的变化，第二次土壤普查时耕地土壤有机质主要集中在＞60 克/千克左右的 1 级，而这次调查表明，有机质主要集中在 20～30 克/千克的四级，面积占总耕地面积的 57.35%。

从行政区域看，尚志镇、乌吉密乡等乡（镇）有机质含量较高，平均含量为 50 克/千克以上，土壤类型主要为泥炭土、沼泽土；最低的是亮河镇、石头河子镇，平均含量为 30 克/千克以下，土壤类型主要为新积土和少量白浆土等。

尚志市分布的暗棕壤、白浆土、泥炭土、水稻土、沼泽土、草甸土、新积土等主要土类，有机质分别为 33.49 克/千克、33.38 克/千克、33.67 克/千克、32.27 克/千克、33.54 克/千克、33.06 克/千克、29.81 克/千克（表 4-1、表 4-2、图 4-1）。

表 4-1 各土壤类型耕层有机质统计

单位：克/千克

项目	暗棕壤	白浆土	泥炭土	水稻土	沼泽土	草甸土	新积土
平均值	33.49	33.38	33.67	32.27	33.54	33.06	29.81
最大值	54.40	56.9	51.5	42.5	49.1	51.5	51.5
最小值	10.2	8.1	17.3	27.1	16.4	10.2	8.6

表 4-2　耕层土壤有机质分析统计

乡（镇）	样本数（个）	平均值（克/千克）	变化值（克/千克）		面积分级占比（%）					
			最大值	最小值	六级	五级	四级	三级	二级	一级
长寿乡	987	31.62	48.8	18.6	0	5.12	56.81	37.33	0.74	0
尚志镇	656	39.3	56.9	23.6	0	34.23	53.89	11.89	0	0
黑龙宫镇	585	37.32	47.5	15.3	0	25.27	67.38	7.34	0	0
珍珠山乡	148	33.58	49.9	24.4	0	12.52	59.76	27.72	0	0
石头河子镇	380	28.32	41.2	8.1	0	0.45	37.96	58.63	2.61	0.35
庆阳镇	699	32.16	49.9	22.4	0	12.94	39.3	47.76	0	0
马延乡	644	31.3	49.2	12.3	0	7.89	56.96	32.22	2.93	0
苇河镇	758	31.01	49.6	12	0	6.36	42.14	50.75	0.75	0
一面坡镇	535	35.2	48.5	18.4	0	13.47	67.3	16.88	2.35	0
元宝镇	928	31.43	48.4	10.2	0	7.68	49.46	39.64	3.22	0
亚布力镇	1 165	33.95	49.1	17.8	0	17.04	61.79	20.52	0.65	0
河东乡	545	34.34	43.3	19.8	0	10.01	67.53	22.42	0.04	0
鱼池乡	460	33.75	45.4	8.1	0	21.72	62.88	14.89	0.25	0.26
亮河镇	647	30.02	51.5	8.6	0	4.04	42.66	46.91	6.37	0.02
乌吉密乡	1 368	33.5	47.6	19.1	0	11.29	63.44	23.57	1.7	0
老街基乡	719	32.84	46.3	23.1	0	2.42	83.73	13.85	0	0
帽儿山镇	601	36.29	47.40	23.20	0	24.98	62.03	12.99	0	0
全市	11 825	33.29	56.9	8.1	0	12.58	56.7	28.55	1.96	0.21

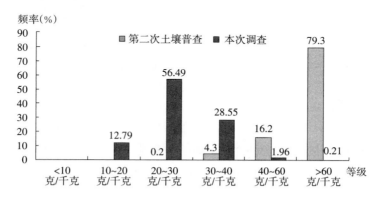

图 4-1　耕层土壤有机质频率分布比较

二、土壤全氮

土壤中的氮素仍然是我国农业生产中最重要的养分限制因子。土壤全氮是土壤供氮能力的重要指标，在生产实际中有着重要的意义。

尚志市耕地土壤中氮素含量平均为 2.02 克/千克，变化幅度在 0.79～5.42 克/千克。在尚志市各主要类型的土壤中，暗棕壤和泥炭土全氮最高，平均分别为 2.02 克/千克、2.05 克/千克，水稻土最低，平均为 1.61 克/千克。按照面积分级统计分析，尚志市耕地全氮含量主要集中在 1.5～2.5 克/千克，占 63.82%；1.0～1.5 克/千克的占 17.73%；>2.5 克/千克的占耕地面积的 11.04。而第二次土壤普查时，全氮含量>1.5 克/千克，而这次调查<1.5 克/千克也有分布，全氮呈下降趋势。

与第二次土壤普查的调查结果进行比较，尚志市全氮含量降低了 1.36 克/千克（原来平均含量为 3.38 克/千克）。从图 4-3 看出，全氮含量主要集中在 1.5～2.5 克/千克，约占 63.99%。调查结果还表明，尚志市珍珠山乡、鱼池乡、老街基乡全氮含量最高，分别为 2.34 克/千克、2.33 克/千克、2.31 克/千克，最低为马延乡，平均含量 1.51 克/千克，其分布与有机质的变化情况相似（表 4-3、表 4-4）。

表 4-3　耕层土壤全氮分析统计

乡（镇）	样本数（个）	平均值（克/千克）	变化值（克/千克）		面积分级比例（%）				
			最大值	最小值	一级	二级	三级	四级	五级
长寿乡	987	1.91	3.66	0.90	14.20	15.49	47.82	21.75	0.74
尚志镇	656	2.18	5.32	1.01	17.94	26.26	46.63	9.17	0
黑龙宫镇	585	2.21	4.36	1.20	27.52	33.21	30.23	9.04	0
珍珠山乡	148	2.34	4.36	1.41	27.17	58.26	14.33	0.24	0
头河子镇	380	2.07	3.77	0.79	23.22	26.62	39.28	10.10	0.78
庆阳镇	699	2.08	3.41	1.20	19.32	33.95	41.84	4.89	0
马延乡	644	1.51	2.32	0.93	0.00	9.59	44.68	44.23	1.50
苇河镇	758	1.79	4.66	0.79	7.15	19.45	45.78	25.55	2.07
一面坡镇	535	1.90	3.56	0.79	14.17	21.53	36.15	28.14	0.01
元宝镇	928	1.64	3.02	0.85	3.43	9.65	50.75	34.18	1.99
亚布力镇	1 165	2.07	4.31	0.95	25.12	36.10	24.10	14.42	0.26
河东乡	545	1.73	3.62	0.96	1.49	21.21	40.39	33.87	3.04
鱼池乡	460	2.33	5.36	0.79	32.84	24.81	37.25	4.84	0.26
亮河镇	647	2.07	4.05	0.78	21.04	25.18	27.12	22.98	3.68
乌吉密乡	1 368	1.84	4.49	0.96	4.22	17.93	56.78	19.89	1.18
老街基乡	719	2.31	5.42	1.21	33.40	19.12	39.82	7.66	0
帽儿山镇	601	2.28	4.90	1.20	22.97	37.02	29.56	10.45	0
全市	11 825	2.02	5.42	0.78	18.45	25.03	37.38	17.73	1.41

表 4-4　各类土壤耕层全氮统计

单位：克/千克

项目	暗棕壤	白浆土	泥炭土	水稻土	沼泽土	草甸土	新积土
平均值	2.02	1.96	2.05	1.61	1.99	1.95	1.96
最大值	4.66	5.42	5.42	1.97	5.42	4.90	3.64
最小值	0.79	0.79	0.96	1.14	0.85	0.90	0.78

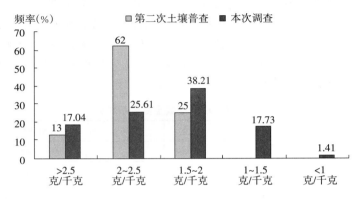

图 4-2　耕层土壤全氮频率分布比较

三、土壤碱解氮

土壤碱解氮是土壤当季供氮能力重要指标，在测土施肥指导实践中有着重要的意义。

选择全部样本统计分析表明，尚志市耕地暗棕壤、白浆土、泥炭土、水稻土、沼泽土、草甸土、新积土 7 个主要耕地土壤碱解氮平均为 214.9 毫克/千克，变化幅度在 53.3～487.7 毫克/千克。其中新积土含量最高，为 222.8 毫克/千克，泥炭土含量最低，为 205.8 毫克/千克。

按照面积分级统计分析，尚志市耕地碱解氮主要集中在 180 毫克/千克以上，占 76.33％；150～180 毫克/千克，占 15.88％；120～150 毫克/千克的占耕地面积的 7.05％，＜120 毫克/千克的占耕地面积的 0.74％。而第二次土壤普查时，碱解氮含量 ＞120克/千克；而本次调查＜120 克/千克也有分布，碱解氮呈下降趋势。

与第二次土壤普查的调查结果进行比较，尚志市碱解氮含量降低了 49.6 毫克/千克（原来平均含量为 264.5 毫克/千克）。从图 4-3 看出，碱解氮含量主要集中在 180～250 毫克/千克，约占 54.97％。调查结果还表明，尚志市庆阳镇、马延乡、河东乡碱解氮含量最高，分别为 264.9 毫克/千克、242.9 毫克/千克、237.8 毫克/千克，最低为石头河子镇，平均含量 179.3 毫克/千克，其分布与有机质的变化情况相似。

尚志市耕地土壤碱解氮平均为 214.9 毫克/千克，变化幅度在 53.3～487.7 毫克/千克，其中新积土、草甸土和白浆土全氮最高，平均分别为 222.8 毫克/千克、217.3 毫克/千克、217.9 毫克/千克，泥炭土最低，平均为 205.8 毫克/千克（表 4-5、表 4-6）。

表 4-5　各类土壤耕层碱解氮统计

单位：毫克/千克

项目	暗棕壤	白浆土	泥炭土	水稻土	沼泽土	草甸土	新积土
平均值	207.1	217.9	205.8	214.6	213.4	217.3	222.8
最大值	408.6	487.7	487.7	383.2	487.7	442.5	335.2
最小值	89.2	53.3	100.2	175.1	89.6	88.6	124.0

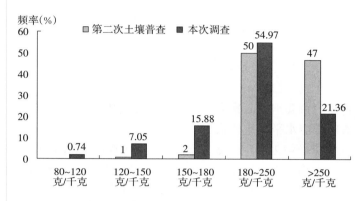

图 4-3　耕层土壤碱解氮频率分布比较

表 4-6　耕层土壤碱解氮分析统计

乡（镇）	样本数（个）	平均值（毫克/千克）	变化值（毫克/千克）		面积分级比例（%）				
			最大值	最小值	五级	四级	三级	二级	一级
长寿乡	987	217.9	358.2	116.6	0.17	2.20	17.71	60.33	19.59
尚志镇	656	209.1	381.5	84.8	0.81	0.20	17.64	71.50	9.85
黑龙宫镇	585	195.8	328.2	116.6	0.58	3.06	20.74	70.54	5.08
珍珠山乡	148	218.5	337.1	88.6	0.72	8.90	9.09	43.93	37.36
石头河子镇	380	179.3	487.7	103.1	10.41	31.08	19.28	33.68	5.55
庆阳镇	699	264.9	442.5	113.0	0.45	0.03	5.53	25.35	68.64
马延乡	644	242.9	381.5	156.1	0	0	9.96	47.54	42.5
苇河镇	758	194.0	387.9	98.6	3.98	8.22	28.75	50.13	8.92
一面坡镇	535	203.7	320.3	98.6	0.03	4.98	11.54	76.87	6.58
元宝镇	928	224.4	338.9	166.5	0	0	8.25	67.71	24.04
亚布力镇	1 165	186.4	487.7	100.2	2.24	14.15	30.63	45.12	7.86
河东乡	545	237.8	386.0	88.6	0.07	3.41	8.15	50.12	38.25
鱼池乡	460	209.8	487.7	85.4	0.67	7.73	22.80	55.62	13.18

（续）

乡（镇）	样本数（个）	平均值（毫克/千克）	变化值（毫克/千克）		面积分级比例（%）				
			最大值	最小值	五级	四级	三级	二级	一级
亮河镇	647	223.6	487.7	118.4	0.08	7.12	22.82	50.04	19.94
乌吉密乡	1 368	211.8	361.5	53.3	3.82	7.88	17.93	47.67	22.70
老街基乡	719	225.4	337.1	120.5	0	3.80	8.10	61.66	26.44
帽儿山镇	601	207.9	297.1	105.0	1.85	3.00	11.48	77.01	6.66
全市	11 825	214.9	487.7	53.3	1.85	7.05	15.88	53.86	21.36

四、土壤有效磷

磷是构成植物体的重要组成元素之一。土壤有效磷中易被植物吸收利用的部分称之为有效磷，它是土壤磷供应水平的重要指标。

尚志市耕地有效磷平均为29.13毫克/千克，变化幅度在1.4～132.9毫克/千克。其中沼泽土含量最高，平均为30.9毫克/千克；其次为草甸土、白浆土含量较高，平均为29.08毫克/千克和30.06毫克/千克；水稻土最低，平均为27.42毫克/千克。与第二次土壤普查的调查结果进行比较，尚志市耕地磷素状况总体上变化不明显；与第二次土壤普查相比，有效磷仅增加了0.6毫克/千克。20世纪70年代末尚志市耕地土壤有效磷大部分集中在10～20毫克/千克；2010年调查结果按照含量分级数字出现频率分析，土壤有效磷大部分集中在20～40毫克/千克，占耕地总面积的69.43%。其中，河东乡、帽儿山镇最高，分别为49.94毫克/千克、39.36毫克/千克；一面坡镇、亚布力镇和鱼池乡最低，平均含量分别为22.76毫克/千克、22.40毫克/千克和20.92毫克/千克（表4-7、表4-8、图4-4）。

表4-7　各类土壤耕层有效磷统计

单位：毫克/千克

项目	暗棕壤	白浆土	泥炭土	水稻土	沼泽土	草甸土	新积土
平均值	28.1	30.06	27.96	27.42	30.76	29.08	27.92
最大值	132.9	132.9	65.5	55.2	84.3	94.5	85.9
最小值	2	1.4	10.9	15.5	4	2	12.9

表4-8　耕层土壤有效磷分析统计

乡（镇）	样本数（个）	平均值（毫克/千克）	变化值（毫克/千克）		分级样本比例（%）					
			最大值	最小值	六级	五级	四级	三级	二级	一级
长寿乡	987	27.84	132.9	1.40	0.84	0.17	22.73	66.68	9.21	0.37
尚志镇	656	28.21	82.70	10.90	0	0	18.44	75.45	4.61	1.5

（续）

乡（镇）	样本数（个）	平均值（毫克/千克）	变化值（毫克/千克）		分级样本比例（%）					
			最大值	最小值	六级	五级	四级	三级	二级	一级
黑龙宫镇	585	31.15	82.70	8.60	0	0.72	9.73	80.61	6.29	2.65
珍珠山乡	148	23.00	62.90	6.30	0	5.50	24.47	69.28	0.39	0.36
石头河子镇	380	26.73	49.00	9.30	0	0.25	22.8	76.79	0.16	0
庆阳镇	699	28.00	41.40	12.90	0	0	14.32	84.53	1.15	0
马延乡	644	30.50	46.90	15.50	0	0	1.14	91.36	7.5	0
苇河镇	758	23.87	103.3	10.40	0	0	42.08	54.54	2.91	0.47
一面坡镇	535	22.76	58.80	10.00	0	2.18	31.24	64.2	2.38	0
元宝镇	928	25.77	63.70	14.90	0	0	16.01	81.59	1.63	0.77
亚布力镇	1 165	22.40	44.30	10.70	0	0	34.22	65.27	0.51	0
河东乡	545	49.94	94.50	12.90	0	0	1.2	25.64	54.02	19.14
鱼池乡	460	20.92	36.50	4.00	0.26	0.50	42.36	56.88	0	0
亮河镇	647	27.83	85.90	14.70	0	0	7.79	88.46	3.54	0.21
乌吉密乡	1 368	36.20	68.20	9.90	0	1.52	1.2	73.8	20.72	2.76
老街基乡	719	30.79	84.70	9.50	0	4.85	7.34	70.88	15.89	1.04
帽儿山镇	601	39.36	99.20	13.20	0	0	4.52	54.27	32.81	8.4
全市	11 825	29.13	132.9	1.4	0.37	1.96	17.74	69.43	10.23	3.42

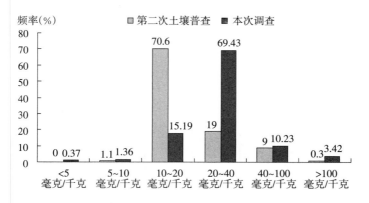

图 4 - 4　耕层土壤有效磷频率分布比较

五、土壤速效钾

　　土壤速效钾是指水溶性钾和黏土矿物晶体外表面吸持的交换性钾，这一部分钾素植物可以直接吸收利用，对植物生长及其品质起着重要作用。其含量水平的高低反映了土壤的供钾能力的程度，是土壤质量的主要指标。

　　尚志市耕地土壤多发育在残积、坡积、冲积母质上，土壤速效钾较为缺乏。调查表明尚志市速效钾平均在54.61毫克/千克，变化幅度在4~402毫克/千克。其中新积土最高，平均为62.4毫克/千克；其次为暗棕壤和白浆土，平均为55.4和55.19毫克/千克；最低为水稻土，平均为37.63毫克/千克。

　　按照含量分级数字出现频率分析，尚志市大于200毫克/千克占0.34%，150~200毫克/千克占0.84%，100~150毫克/千克占4.03%，50~100毫克/千克占44.56%，30~50毫克/千克占38.18%，<30毫克/千克的占12.05%。第二次土壤普查时，尚志市速效钾含量平均为131.65毫克/千克，尚志市大于200毫克/千克面积占75%，而小于200毫克/千克的仅占25%。本次调查尚志市测土化验土壤速效钾平均54.61毫克/千克，下降77.04毫克/千克。本次调查的样本中大于200毫克/千克的只占0.34%，大部分集中在30~100毫克/千克，说明尚志市的速效钾在大幅度的下降，应注意增加钾肥的施入。

　　各乡（镇）分析看，庆阳镇、老街基乡较高，分别74.07毫克/千克、72.85毫克/千克；最低是河东乡，平均含量为34.03毫克/千克（表4-9、表4-10、图4-5）。

表4-9　耕层土壤速效钾分析统计

乡（镇）	样本数（个）	平均值（毫克/千克）	变化值（毫克/千克）		分级样本比例（%）					
			最大值	最小值	六级	五级	四级	三级	二级	一级
长寿乡	987	60.03	305.00	26.00	0.99	49.05	47.55	2.03	0.18	0.2
尚志镇	656	51.98	202.00	5.00	17.34	54.88	18.23	7.88	1.56	0.11
黑龙宫镇	585	61.71	265.00	23.00	0.72	48.20	44.03	4.63	1.93	0.49
珍珠山乡	148	56.91	92.00	19.00	6.59	10.61	82.8	0	0	0
石头河子镇	380	61.71	110.00	9.00	5.45	18.86	73.91	1.78	0	0
庆阳镇	699	74.07	384.00	24.00	2.02	16.57	72.9	8.18	0.04	0.29
马延乡	644	49.28	402.00	16.00	14.72	50.80	32.25	1.12	0.16	0.95
苇河镇	758	44	142	12	14.28	53.88	31.59	0.25	0	0
一面坡镇	535	51.85	95	19	10.69	37.53	51.78	0	0	0
元宝镇	928	53.3	114	27	2.05	49.06	47.59	1.3	0	0
亚布力镇	1 165	40.35	122	4	27.12	53.36	16.32	3.2	0	0
河东乡	545	34.03	118	6	43.45	53.64	2.84	0.07	0	0
鱼池乡	460	43.7	102	4	37.11	30.34	31.84	0.71	0	0
亮河镇	647	59.19	158	21	6.47	34.83	47.42	11.13	0.15	0
乌吉密乡	1 368	63.78	190	5	2.65	31.89	57.41	7.4	0.65	0
老街基乡	719	72.85	139	15	0.9	5.28	86.08	7.74	0	0
帽儿山镇	601	49.56	168	12	12.33	50.25	32.37	2.98	2.07	0
全市	11 825	54.61	402	4	12.05	37.04	45.7	4.03	0.84	0.34

表 4-10　各类土壤耕层速效钾统计

单位：毫克/千克

项目	暗棕壤	白浆土	泥炭土	水稻土	沼泽土	草甸土	新积土
平均值	55.4	55.19	53.11	37.63	54.85	52.01	62.4
最大值	384	402	190	56	190	265	119
最小值	4	4	5	24	6	8	9

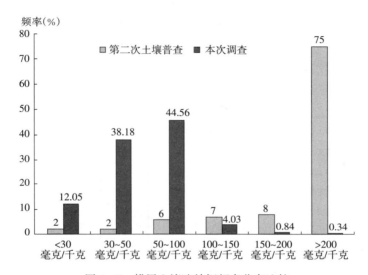

图 4-5　耕层土壤速效钾频率分布比较

六、土壤全钾

土壤全钾是土壤中各种形态钾的总量，缓效钾的不断释放可以使速效钾维持在适当的水平。当评价土壤的长期供钾能力时，应主要考虑土壤全钾的含量。

调查表明，尚志市耕地土壤全钾平均为 30.72 克/千克，变化幅度在 25.9～34.6 克/千克。其中，新积土最高，平均为 30.95 克/千克；其次为暗棕壤，平均为 30.75 克/千克；最低为水稻土，平均为 30.3 克/千克（表 4-11、表 4-12）。

表 4-11　各类土壤耕层全钾统计

单位：克/千克

项目	暗棕壤	白浆土	泥炭土	水稻土	沼泽土	草甸土	新积土
平均值	30.75	30.71	30.37	30.3	30.45	30.7	30.95
最大值	34.6	34.6	33.8	31.7	33.7	34.5	34
最小值	26.4	26	25.9	28.9	25.9	26.6	28.6

表 4 - 12 耕层土壤全钾分析统计

乡（镇）	样本数（个）	平均值（克/千克）	变化值（克/千克）		分级样本比例（%）					
			最大值	最小值	六级	五级	四级	三级	二级	一级
长寿乡	987	30.42	34.5	26.1	0	0	0	0	42.42	57.58
尚志镇	656	30.82	33.7	25.9	0	0	0	0	24.35	75.65
黑龙宫镇	585	30.45	33.8	25.9	0	0	0	0	34.48	65.52
珍珠山乡	148	30.8	33.7	26.9	0	0	0	0	22.81	77.19
石头河子镇	380	31.09	33.7	27.1	0	0	0	0	17.42	82.58
庆阳镇	699	30.81	34	26.6	0	0	0	0	25.51	74.49
马延乡	644	30.7	33.7	27.3	0	0	0	0	22.33	77.67
苇河镇	758	30.72	34.6	27.5	0	0	0	0	29.51	70.49
一面坡镇	535	30.63	34.6	27.6	0	0	0	0	24.98	75.02
元宝镇	928	30.05	33.1	27.3	0	0	0	0	44.88	55.12
亚布力镇	1 165	30.83	33.9	26.7	0	0	0	0	22.79	77.21
河东乡	545	30.69	33.8	26.5	0	0	0	0	22.7	77.3
鱼池乡	460	30.64	34	27.1	0	0	0	0	31.71	68.29
亮河镇	647	30.96	34.5	28.9	0	0	0	0	18.84	81.16
乌吉密乡	1 368	30.71	33.7	27.6	0	0	0	0	37.37	62.63
老街基乡	719	30.86	34	26.8	0	0	0	0	23.29	76.71
帽儿山镇	601	31.02	33.5	26	0	0	0	0	25.77	74.23
全市	11 825	30.72	33.93	26.93	0	0	0	0	27.72	72.28

七、土壤全磷

尚志市耕地土壤全磷平均为 2 015.7 毫克/千克，变化幅度在 779～5 421 毫克/千克。其中，泥炭土最高，平均为 2 021 毫克/千克；最低为水稻土，平均为 1 918 毫克/千克。从乡（镇）分布来看，珍珠山乡和老街基乡含量最高，超过 2 300 毫克/千克；平均分别为 2 344.6 毫克/千克和 2 314.5 毫克/千克；最低为马延乡，平均为 1 510.9 毫克/千克。从面积分布上看，＞2 000 毫克/千克的面积占 33.11%，1 500～2 000 毫克/千克的面积占 66.28%，＜1 500 毫克/千克的面积仅占 0.71%（表 4 - 13、表 4 - 14）。

表 4 - 13 各类土壤耕层全磷统计

单位：毫克/千克

项目	暗棕壤	白浆土	泥炭土	水稻土	沼泽土	草甸土	新积土
平均值	1 926	1 940	2 021	1 918	1 970	1 952	1 951
最大值	2 974	2 824	2 684	2 621	2 824	2 974	2 697
最小值	1 357	1 357	1 543	1 586	1 357	1 357	1 531

表 4-14　耕层土壤全磷分析统计

乡（镇）	样本数（个）	平均值（毫克/千克）	变化值（毫克/千克）		面积分布比例（%）		
			最大值	最小值	一级	二级	三级
长寿乡	987	1 911.1	3 664	898	46.31	53.69	0
尚志镇	656	2 181	5 322	1 013	26.56	73.44	0
黑龙宫镇	585	2 214.8	4 358	1 203	48.43	51.57	0
珍珠山乡	148	2 344.6	4 357	1 409	47.61	52.39	0
石头河子镇	380	2 066	3 769	791	38.24	61.76	0
庆阳镇	699	2 082.3	3 411	1 202	25.87	74.13	0
马延乡	644	1 510.9	2 316	925	23.33	76.67	0
苇河镇	758	1 789.3	4 662	790	24.23	75.77	0
一面坡镇	535	1 900.2	3 562	790	24.3	74.06	1.64
元宝镇	928	1 638.2	3 024	851	56.52	41.26	2.22
亚布力镇	1 165	2 066.4	4 313	952	27.74	69.52	2.74
河东乡	545	1 733.5	3 623	961	37.36	62.64	0
鱼池乡	460	2 328.6	5 363	791	26.86	70.66	2.48
亮河镇	647	2 070.1	4 047	779	14.45	85.55	0
乌吉密乡	1 368	1 835	4 492	957	25.76	73.14	1.1
老街基乡	719	2 314.5	5 421	1 214	41	59	0
帽儿山镇	601	2 280.5	4 900	1 199	28.37	71.52	0.11
全市	11 825	2 015.7	5 421	779	33.11	66.28	0.61

第二节　土壤微量元素

　　土壤微量元素是人们依据各种化学元素在土壤中存在的数量划分的一部分含量很低的元素。微量元素与其他大量元素一样，在植物生理功能上是同等重要的，并且不可相互替代。土壤养分库中微量元素的不足会影响作物的生长、产量和品质。土壤中的微量元素含量是耕地地力的重要指标。

一、土壤有效锌

　　锌是农作物生长发育不可缺少的微量营养元素，缺锌土壤容易发生玉米白化苗和水稻赤枯病，土壤有效锌是影响作物产量和质量的重要因素。

　　耕地土壤有效锌含量变化幅度在 0.01～11 毫克/千克。按照最新土壤有效锌分级标准，尚志市耕地有效锌含量小于 0.5 毫克/千克的面积占全市耕地面积的 22.68%，0.5～

1.0毫克/千克占尚志市总耕地面积的31.77%，含量1.0～1.5毫克/千克占尚志市总耕地面积的20.97%，含量1.5～2.0毫克/千克占尚志市总耕地面积的11.79%，大于2.0毫克/千克的有效锌占尚志市总耕地面积的12.79%。

尚志市土壤有效锌平均1.13毫克/千克。从乡（镇）分布来看，帽儿山镇最高，为1.93毫克/千克；其次为石头河子镇，为1.79毫克/千克；最低为马延乡和一面坡镇，为0.72毫克/千克。从土类分布来看，暗棕壤和新积土最高，为1.2毫克/千克；水稻土最低，为0.64毫克/千克（表4-15、表4-16）。

表4-15 各类土壤耕层有效锌统计

单位：毫克/千克

项目	暗棕壤	白浆土	泥炭土	水稻土	沼泽土	草甸土	新积土
平均值	1.2	1.09	0.97	0.64	1.06	1.1	1.2
最大值	11	9.06	4.23	1.87	11	9.06	3.2
最小值	0.02	0.01	0.06	0.05	0.01	0.02	0.01

表4-16 耕层土壤有效锌分析统计

乡（镇）	样本数（个）	平均值（毫克/千克）	变化值（毫克/千克）		面积分级比例（%）				
			最大值	最小值	五级	四级	三级	二级	一级
长寿乡	987	1.36	5.58	0.02	26.49	20.93	23.34	13.54	15.7
尚志镇	656	0.93	2.70	0.02	25.5	42.15	19.45	8.5	4.4
黑龙宫镇	585	1.16	4.57	0.02	13.49	28.15	43.82	7.97	6.57
珍珠山乡	148	1.07	2.77	0.04	14.53	49.86	15.29	10.52	9.8
石头河子镇	380	1.79	3.18	0.01	5.27	2.58	24.42	23.1	44.63
庆阳镇	699	1.34	5.20	0.07	7.93	30.52	27.26	12.84	21.45
马延乡	644	0.72	1.60	0.04	34.93	46.19	18.74	0.14	0
苇河镇	758	1.14	6.55	0.02	22.04	25.9	28.49	18.1	5.47
一面坡镇	535	0.72	4.19	0.02	56.33	25.08	12.76	3.5	2.33
元宝镇	928	0.74	3.54	0.01	38.03	38.04	15.59	5.15	3.19
亚布力镇	1 165	0.79	4.00	0.04	21.32	42.42	23.2	6.69	6.37
河东乡	545	0.92	2.59	0.05	52.96	16.28	15.48	5.88	9.4
鱼池乡	460	1.2	4.23	0.01	12.26	48	12.9	17.87	8.97
亮河镇	647	1.19	3.20	0.18	13.86	35.2	15.8	15.06	20.08
乌吉密乡	1 368	1.31	11	0.07	9.17	28.08	27.26	26.05	9.44
老街基乡	719	0.9	4.68	0.03	20.8	50.56	13.14	12.25	3.25
帽儿山镇	601	1.93	9.06	0.21	10.57	22.89	19.58	13.35	33.61
全市	11 825	1.13	11	0.01	22.23	32.52	20.67	11.79	12.79

根据调查样本，有效锌含量分级数字出现频率分析，在调查样本中，有效锌<0.5毫

克/千克，占尚志市耕地面积的 22.68%，为严重缺锌地块；0.5～1.0 毫克/千克占尚志市耕地面积的 31.77%，为缺锌地块。总体来看，尚志市各乡（镇）均有缺锌地块，缺锌地块面积占全市面积的 50% 以上，今后应加大锌肥的投入。

二、土壤有效铜

铜是植物体内抗坏血酸氧化酶、多酚氧化酶和质体蓝素等电子递体的组成成分，在代谢过程中起到重要的作用，同时亦是植物抗病的重要机制。

尚志市耕地有效铜含量平均值为 0.99 毫克/千克，变化幅度在 0.16～4.9 毫克/千克。调查样本中小于 0.2 毫克/千克的临界值的面积占尚志市耕地面积的 3.06%。其中，尚志镇、乌吉密乡有缺铜地块。从尚志市来看，大部分耕地不缺铜。从土类有效铜分布来看，只有暗棕壤和白浆土有缺铜现象。今后应注意铜元素的补充。

根据第二次土壤普查有效铜的分级标准，<0.1 毫克/千克为严重缺铜，0.1～0.2 毫克/千克为轻度缺铜，0.2～1.0 毫克/千克为基本不缺铜，1.0～1.8 毫克/千克为丰铜，>1.8毫克/千克为极丰铜。调查的所有样本中尚志市各类土壤中铜含量较高。

表 4-17　各类土壤耕层有效铜统计

单位：毫克/千克

项目	暗棕壤	白浆土	泥炭土	水稻土	沼泽土	草甸土	新积土
平均值	0.99	0.98	1.06	1.16	1.07	1.07	0.91
最大值	4.90	3.45	2.59	1.61	4.90	2.78	2.47
最小值	0.16	0.19	0.20	0.88	0.20	0.20	0.20

表 4-18　耕层土壤有效铜分析统计

乡（镇）	样本数（个）	平均值（毫克/千克）	变化值（毫克/千克）最大值	最小值	面积分级比例（%）五级	四级	三级	二级	一级
长寿乡	987	0.99	1.87	0.41	0	0	57.83	41.26	0.92
尚志镇	656	0.86	2.49	0.16	0.12	0.31	71.71	26.24	1.62
黑龙宫镇	585	0.93	2.42	0.26	0	3.03	64.6	28.61	3.76
珍珠山乡	148	0.73	1.35	0.36	0	6.23	75.97	17.81	0
石头河子镇	380	0.95	2.42	0.49	0	0	63.95	33.66	2.38
庆阳镇	699	0.94	2.78	0.33	0	4.66	68.37	24.98	1.99
马延乡	644	0.73	2.46	0.24	0	8.06	76.94	14.87	0.13
苇河镇	758	1.19	2.17	0.35	0	0.26	47.19	45.16	7.39
一面坡镇	535	0.99	2.57	0.41	0	0	69.76	23.66	6.59
元宝镇	928	0.89	2.01	0.36	0	4.52	72.61	18.02	4.86
亚布力镇	1 165	0.93	4.90	0.24	0	2.09	70.11	23.89	3.91

（续）

乡（镇）	样本数（个）	平均值（毫克/千克）	变化值（毫克/千克）		面积分级比例（%）				
			最大值	最小值	五级	四级	三级	二级	一级
河东乡	545	1	1.86	0.45	0	0	35.34	62.32	2.34
鱼池乡	460	1.13	2.65	0.38	0	0.04	71.39	19.39	9.18
亮河镇	647	1.06	3.31	0.2	1.55	1.86	49.57	38.87	8.15
乌吉密乡	1 368	1.17	3.45	0.16	0.03	1.71	35.57	56.45	6.24
老街基乡	719	1.06	1.56	0.36	0	0.48	37.31	62.20	0
帽儿山镇	601	1.29	2.32	0.28	0	1.01	14.85	77.48	6.66
全市	11 825	0.99	4.9	0.16	0.42	2.64	57.83	36.17	4.41

三、土壤有效铁

铁参与植物体呼吸作用和有机大分子代谢活动，为合成叶绿体必需元素。作物缺铁导致叶片失绿，甚至枯萎死亡。尚志市耕地有效铁含量平均为42.95毫克/千克，变化值9.2～139.8毫克/千克。根据土壤有效铁分级标准，土壤有效铁<2毫克/千克为缺铁（低）；2～3毫克/千克为基本不缺铁（中等）；3～4.5毫克/千克为丰铁（高）；>4.5毫克/千克为极丰铁（很高）。调查样本中，所有乡（镇）土壤有效铁含量均高于临界值2毫克/千克，高于丰铁最低值4.5毫克/千克。尚志市耕地土壤有效铁丰富。从土类分布看，尚志市水稻土含量最丰富，从乡（镇）分布来看，鱼池乡和帽儿山镇铁含量丰富（表4-19、表4-20）。

表4-19 各类土壤耕层有效铁统计

单位：毫克/千克

项目	暗棕壤	白浆土	泥炭土	水稻土	沼泽土	草甸土	新积土
平均值	40.8	41.98	44.46	49.9	45.25	45.32	39.03
最大值	98.73	126.84	114.81	64.05	139.8	138.7	74.14
最小值	9.2	9.64	19.86	35.36	19.52	12.64	23.52

表4-20 耕层土壤有效铁分析统计

乡（镇）	样本数（个）	平均值（毫克/千克）	变化值（毫克/千克）		面积分级比例（%）				
			最大值	最小值	五级	四级	三级	二级	一级
长寿乡	987	38.56	61.55	18.69	0	0	0	0	100
尚志镇	656	39.08	66.97	25.16	0	0	0	0	100
黑龙宫镇	585	42.09	139.80	12.64	0	0	0	0	100
珍珠山乡	148	38.96	59.24	9.64	0	0	0	0	100
石头河子镇	380	40.8	74.14	25.98	0	0	0	0	100

（续）

乡（镇）	样本数（个）	平均值（毫克/千克）	变化值（毫克/千克）		面积分级比例（%）				
			最大值	最小值	五级	四级	三级	二级	一级
庆阳镇	699	41.13	53.95	27.25	0	0	0	0	100
马延乡	644	39.31	67.23	20.06	0	0	0	0	100
苇河镇	758	40.29	72.19	9.2	0	0	0	0	100
一面坡镇	535	48.67	69.97	27.31	0	0	0	0	100
元宝镇	928	39.55	69.3	28.34	0	0	0	0	100
亚布力镇	1 165	41.58	71.88	24.28	0	0	0	0	100
河东乡	545	49.84	75.38	27.49	0	0	0	0	100
鱼池乡	460	53.34	138.7	28.28	0	0	0	0	100
亮河镇	647	36.99	54.23	23.52	0	0	0	0	100
乌吉密乡	1 368	42.4	53.92	19.58	0	0	0	0	100
老街基乡	719	47	75.78	35.61	0	0	0	0	100
帽儿山镇	601	50.61	106.8	29.36	0	0	0	0	100
全市	11 825	42.95	139.8	9.2	0	0	0	0	100

四、土壤有效锰

锰是植物生长和发育的必需营养元素之一，在植物体内直接参与光合作用，也是植物许多酶的重要组成部分，影响植物组织中生长素的水平，参与硝酸还原成氨的作用等。根据土壤有效锰的分级标准，土壤有效锰的临界值为5.0毫克/千克（严重缺锰，很低），大于15毫克/千克为丰富。尚志市耕地有效锰含量平均值为28.62毫克/千克，变化幅度在4.4~69.8毫克/千克，>15毫克/千克占94.56%，10~15毫克/千克占尚志市耕地面积的4.19%，7.5~10毫克/千克占尚志市耕地面积的0.59%，5~7.5毫克/千克占尚志市耕地面积的0.47%，<5毫克/千克占尚志市耕地面积的0.19%。从总体上看，尚志市有效锰含量丰富，但苇河镇、鱼池乡、亮河镇3个乡（镇）有零星的轻度缺锰和严重缺锰地块，应注意锰的检测和补给（表4-21、表4-22）。

表4-21　各类土壤耕层有效锰统计

单位：克/千克

项目	暗棕壤	白浆土	泥炭土	水稻土	沼泽土	草甸土	新积土
平均值	28.95	29.44	27.3	36.45	32.15	29.68	25.84
最大值	68.2	69.8	68.2	50.9	68.2	62.2	55
最小值	4.4	4.5	4.5	21.4	4.5	6.8	7.5

表 4-22　耕层土壤有效锰分析统计

乡（镇）	样本数（个）	平均值（毫克/千克）	变化值（毫克/千克）		面积分级比例（%）				
			最大值	最小值	五级	四级	三级	二级	一级
长寿乡	987	26	69.8	9.3	0	0	1.48	5.25	93.27
尚志镇	656	24.73	56.5	9.3	0	0	0.25	2.68	97.07
黑龙宫镇	585	24.86	50.6	9.3	0	0	1.59	2.15	96.26
珍珠山乡	148	23.37	36.3	12.2	0	0	0	2.06	97.94
石头河子镇	380	28.7	45.5	14.6	0	0	0	3.38	96.62
庆阳镇	699	30.14	57.8	19.2	0	0	0	0	100
马延乡	644	28.3	50.9	15.9	0	0	0	0	100
苇河镇	758	22.64	56.1	4.4	0.08	0	2.27	15.43	82.22
一面坡镇	535	34.54	62.2	11	0	0	0	0.26	99.74
元宝镇	928	32.31	51.7	19.8	0	0	0	0	100
亚布力镇	1 165	30.32	62.1	8.2	0	0	0.06	5.88	94.06
河东乡	545	36.03	69	16.4	0	0	0	0	100
鱼池乡	460	20.82	48.3	5	4.29	11.03	1.47	24.58	58.63
亮河镇	647	20.87	40.2	7.1	0	2.55	1.79	5.79	89.87
乌吉密乡	1 368	39.34	68.2	15.9	0	0	0	0	100
老街基乡	719	26.96	68.2	4.5	0.9	0	0.48	9.54	89.08
帽儿山镇	601	36.43	62.2	10.6	0	0	0	1.15	98.85
全市	11 825	28.61	69.8	4.4	0.19	0.47	0.59	4.19	94.56

第三节　土壤理化性状

一、土壤 pH

尚志市土壤以白浆土为主，其次为暗棕壤、草甸土。耕地土壤酸度以中性偏酸性为主。全市耕地 pH 平均为 6.48，变化幅度在 5.9～7.1。按数字出现的频率计：6.5～7.5 占 32.87%，5.5～6.5 占 67.13%，＞7.5 和＜5.5 的没有分布，土壤酸碱度多集中在 5.5～7.5。

按照水平分布和土壤类型分析，变化幅度不大（表 4-23）。

表 4-23　各乡（镇）土壤 pH 统计

乡（镇）	样本数（个）	平均值	变化值		面积分布比例（%）		
			最大值	最小值	五级	四级	三级
长寿乡	987	6.44	6.9	6		73.64	26.36
尚志镇	656	6.49	7.1	6		72.77	27.23
黑龙宫镇	585	6.39	7.1	6		83.46	16.54

（续）

乡（镇）	样本数（个）	平均值	变化值		面积分布比例（%）		
			最大值	最小值	五级	四级	三级
珍珠山乡	148	6.68	7.1	6.1		14.81	85.19
石头河子镇	380	6.65	6.9	6		30.02	69.98
庆阳镇	699	6.56	6.9	5.9		43.41	56.59
马延乡	644	6.37	6.9	6		73.03	26.97
苇河镇	758	6.52	6.9	6		53.62	46.38
一面坡镇	535	6.41	6.9	6		80.1	19.9
元宝镇	928	6.4	6.9	6		84.68	15.32
亚布力镇	1 165	6.54	7	6		58.69	41.31
河东乡	545	6.43	6.9	5.9		76.91	23.09
鱼池乡	460	6.45	6.9	6		79.86	20.14
亮河镇	647	6.43	6.9	5.9		79.7	20.3
乌吉密乡	1 368	6.48	7	5.9		60.23	39.77
老街基乡	719	6.44	6.8	6		89.99	10.01
帽儿山镇	601	6.42	6.9	6		86.24	13.76
全市	11 825	6.48	7.1	5.9		67.13	32.87

表 4 - 24　各类土壤 pH 统计

项目	暗棕壤	白浆土	泥炭土	水稻土	沼泽土	草甸土	新积土
平均值（毫克/千克）	6.48	6.46	6.42	6.55	6.42	6.49	6.54
最大值（毫克/千克）	7.1	7.1	7	6.9	7.1	7.1	6.9
最小值（毫克/千克）	5.9	5.9	5.9	6	5.9	6	5.9

二、土壤容重

　　土壤容重是土壤肥力的重要指标。实践证明，随着化肥的大量施用，土壤养分状况对耕地肥力的作用已降为次要地位，而土壤容重等物理性状对地力的影响越来越突出。

　　尚志市耕地容重平均为 1.16 克/立方厘米，变化幅度在 0.51～1.44 克/立方厘米。尚志市主要耕地土壤类型中，暗棕壤和新积土平均为 1.15 克/立方厘米，白浆土、泥炭土、草甸土 1.16 克/立方厘米，水稻土平均为 1.10 克/立方厘米，沼泽土平均为 1.17 克/立方厘米。土类间沼泽土容重较高；水稻土容重较小。本次耕地调查与二次土壤普查对比土壤容重增加 0.19 克/立方厘米，总体上有增加的趋势（表 4 - 25）。

表 4-25　土类土壤容重变化表

单位：克/立方厘米

项目	暗棕壤	白浆土	泥炭土	水稻土	沼泽土	草甸土	新积土
平均值	1.15	1.16	1.16	1.1	1.17	1.16	1.15
最大值	1.44	1.44	1.39	1.17	1.42	1.44	1.41
最小值	0.65	0.51	0.91	0.98	0.51	0.65	0.93

表 4-26　耕层土壤容重统计分析

乡（镇）	样本数（个）	平均值（克/立方厘米）	变化值（克/立方厘米）	
			最大值	最小值
长寿乡	987	1.13	1.35	0.9
尚志镇	656	1.17	1.4	0.68
黑龙宫镇	585	1.14	1.44	0.68
珍珠山乡	148	1.19	1.41	1
石头河子镇	380	1.23	1.44	0.51
庆阳镇	699	1.15	1.4	0.97
马延乡	644	1.14	1.35	0.91
苇河镇	758	1.13	1.4	0.8
一面坡镇	535	1.14	1.41	0.93
元宝镇	928	1.19	1.42	0.91
亚布力镇	1 165	1.16	1.4	0.51
河东乡	545	1.14	1.36	0.91
鱼池乡	460	1.19	1.42	0.65
亮河镇	647	1.1	1.36	0.79
乌吉密乡	1 368	1.16	1.41	0.9
老街基乡	719	1.13	1.41	0.93
帽儿山镇	601	1.21	1.44	0.51
全市	11 825	1.16	1.44	0.51

第五章　耕地地力评价

本次耕地地力评价是一种一般性的目的评价，并不针对某种土地利用类型，而是根据所在地区特定气候区域以及地形地貌、成土母质、土壤理化性状、农田基础设施等要素相互作用表现出来的综合特征，揭示耕地潜在生产能力的高低。通过耕地地力评价，可以全面了解尚志市的耕地质量现状，为合理调整农业结构；生产无公害农产品、绿色食品、有机食品；针对耕地土壤存在的障碍因素，改造中低产田，保护耕地质量，提高耕地的综合生产能力；建立耕地资源数据网络，对耕地质量实行有效的管理等提供科学依据。

第一节　耕地地力评价的原则和依据

耕地地力的评价是对耕地的基础地力及其生产能力的全面鉴定。因此，在评价时应遵循以下 3 个原则。

一、综合因素研究与主导因素分析相结合的原则

耕地地力是各类要素的综合体现，综合因素研究是对地形地貌、土壤理化性状以及相关的社会经济因素进行综合研究、分析与评价，以全面了解耕地地力状况。主导因素是指对耕地地力起决定作用的、相对稳定的因子，在评价中要着重对其进行研究分析。

二、定性与定量相结合的原则

影响耕地地力的因素有定性的和定量的，评价时定量和定性评价相结合。可定量的评价因子按其数值参与计算评价；对非数量化的定性因子要充分应用专家知识，先进行数值化处理，再进行计算评价。

三、采用 GIS 支持的自动化评价方法的原则

充分应用计算机技术，通过建立数据库、评价模型，实现评价流程的全数字化、自动化。应代表我国目前耕地地力评价的最新技术方法。

第二节　耕地地力评价原理和方法

这次评价工作一方面充分收集了有关尚志市耕地情况资料，建立起耕地质量管理数据库，另一方面还进行了外业的补充调查（包括土壤调查和农户的入户调查两部分）和室内

化验分析。在此基础上，通过 GIS 系统平台，采用 ArcView GIS 软件对调查的数据和图件进行数值化处理，最后利用扬州市土壤肥料站开发的县域耕地资源管理信息系统软件进行耕地地力评价。主要的工作流程见图 5-1。

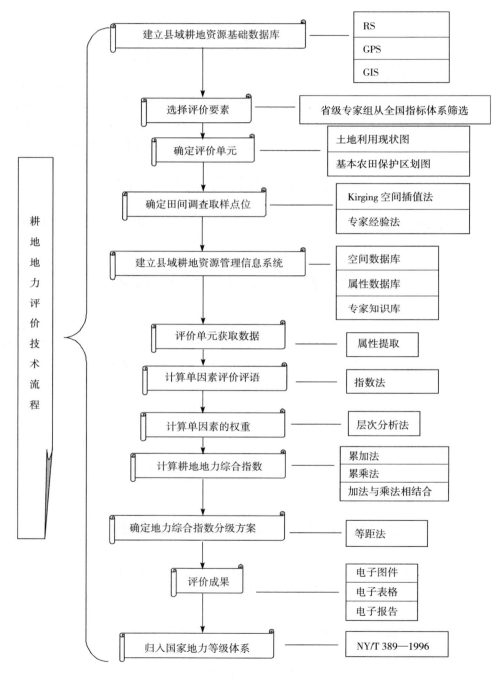

图 5-1　耕地地力评价技术流程

一、确定评价单元

耕地评价单元是由耕地构成因素组成的综合体。目前通用的确定评价单元方法有几种，一种是以土壤图为基础，将农业生产影响一致的土壤类型归并在一起成为一个评价单元；二是以耕地类型图为基础确定评价单元；三是以土地利用现状图为基础确定评价单元；四是采用网格法确定评价单元。上述方法各有利弊。这次根据《规程》的要求，采用综合方法确定评价单元，即用 1：50 000 土壤图、行政区划图、1：25 000 土地利用现状图，先数值化，再在计算机上叠加复合生成评价单元图斑，然后进行综合取舍，形成评价单元。这种方法的优点是考虑全面，综合性强，形成的评价单元，同一评价单元内土壤类型相同、土地利用类型相同，既满足了对耕地地力和质量做出评价，而且便于耕地利用与管理。这次尚志市调查共确定形成评价单元 11 847 个，总面积 99 737.46 公顷（全市基本农田控制面积）。在形成工作空间的过程中，对数据字段标准化，县域耕地资源数据字典中全磷的单位为毫克/千克，而现存的所有学术资料与全磷测定的国家标准均为克/千克，这次调查使用毫克/千克。

二、确定评价指标

耕地地力评价因素的选择应考虑到气候因素、地形因素、土壤因素、水文及水文地层和社会经济因素等；同时农田基础建设水平对耕地地力影响很大，也应当是构成评价因素之一。本次评价工作侧重于为农业生产服务，因此，选择评价因素的原则是：选取的因子对耕地生产力有较大的影响；选取的因子在评价区域内的变异较大，便于划分等级；同时必须注意因子的稳定性和与当前生产密切相关等因素。

基于以上考虑，结合尚志市本地的土壤条件、农田基础设施状况、当前农业生产中耕地存在的突出问题等，并参照《规程》中所确定的 66 项指标体系，最后确定了耕层厚度、地形部位、土壤质地、有机质、pH、有效磷、速效钾、有效锌、坡度、坡向、≥10℃积温 11 项评价指标。每一个指标的名称、释义、量纲、上下限等定义如下。

1. 耕层厚度 反映耕地土壤的数量指标，是耕地土壤性状的综合指标，属数值型，量纲表示为厘米。

2. 地形部位 反映土壤所处不同地形部位的物理性指标，属概念型，无量纲。

3. 土壤质地 反映土壤颗粒粗细程度的物理性指标，属概念型，无量纲。

4. 有机质 反映耕地土壤耕层（0～20 厘米）有机质含量的指标，属数值型，量纲表示为克/千克。

5. ≥10℃积温 反映土壤所处不同地区有效积温多少的数量指标，属数值型，量纲表示为℃。

6. 有效磷 反映耕地土壤耕层（0～20 厘米）供磷能力的强度水平的指标，属数值型，量纲表示为毫克/千克。

7. 速效钾 反映耕地土壤耕层（0～20 厘米）供钾能力的强度水平的指标，属数值型，量纲表示为毫克/千克。

8. 有效锌 反映耕地土壤耕层（0～20厘米）供锌能力的强度水平的指标，属数值型，量纲表示为毫克/千克。

9. pH 反映耕地土壤耕层（0～20厘米）酸碱强度水平的指标，属数值型，无量纲。

10. 坡度 反映耕地土壤田面坡度大小的数量指标，属数值型，量纲表示为度。

11. 坡向 反映耕地土壤田面朝向的物理性指标，属概念型，无量纲。

三、评价单元赋值

根据各评价因子的空间分布图或属性数据库，将各评价因子数据赋值给评价单元，主要采取以下方法。

（1）对点位数据，如全氮、有效磷、速效钾等，采用插值的方法形成删格图与评价单元图叠加，通过统计给评价单元赋值。

（2）对矢量分布图，如腐殖层厚度、容重、地形部位等，直接与评价单元图叠加，通过加权统计、属性提取，给评价单元赋值。

（3）对等高线，使用数字高程模型，形成坡度图、坡向图，与评价单元图叠加，通过统计给评价单元赋值。

四、评价指标的标准化

所谓评价指标的标准化就是要对每一个评价单元不同数量级、不同量纲的评价指标数据进行0～1数值型指标的标准化，采用数学方法进行处理；概念型指标的标准化先采用专家经验法，对定性指标进行数值化描述，然后进行标准化处理。

模糊评价法是数值标准化最通用的方法。它是采用模糊数学的原理，建立起评价指标值与耕地生产能力的隶属函数关系，其数学表达式 $\mu = f(x)$。μ 是隶属度，这里代表生产能力；x 代表评价指标值。根据隶属函数关系，可以对于每个 x 算出其对应的隶属度 μ，是0～1中间的数值。在这次评价中，将选定的评价指标与耕地生产能力的关系分为戒上型函数、戒下型函数、峰型函数、直线型函数以及概念型5种类型的隶属函数。前4种类型可以先通过专家打分的办法对一组评价单元值评估出相应的一组隶属度，根据这两组数据拟合隶属函数，计算所有评价单元的隶属度；后一种是采用专家直接打分评估法，确定每一种概念型的评价单元的隶属度。以下是各个评价指标隶属函数的建立和标准化结果。

（一）有机质
1. 专家评估 见表5-1。

表5-1 有机质隶属度评估

有机质（克/千克）	15	20	25	30	35	40	45	50	55
隶属度	0.4	0.5	0.6	0.7	0.8	0.9	0.95	0.98	1

2. 建立隶属函数 见图 5-2。

$$Y=1/\left[1+0.001\,046\,(X-50.810\,895)^2\right]\quad C=50.810\,895\quad U=2$$

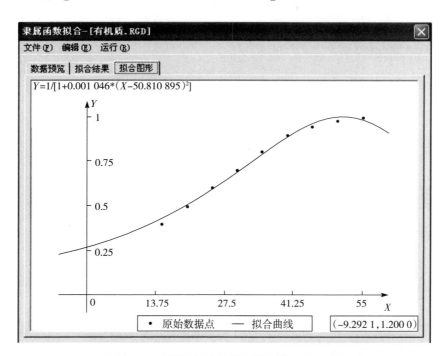

图 5-2 土壤有机质隶属函数曲线（戒上型）

（二）有效磷

1. 专家评估 见表 5-2。

表 5-2 有效磷隶属度评估

有效磷（毫克/千克）	15	20	25	30	35	40	50	60
隶属度	0.4	0.5	0.6	0.675	0.75	0.85	0.98	1

2. 建立隶属函数 见图 5-3。

$$Y=1/\left[1+0.000\,816\,(X-54.962\,461)^2\right]\quad C=54.862\,461\quad U=2$$

（三）速效钾

1. 专家评估 见表 5-3。

表 5-3 速效钾隶属度评估

速效钾（毫克/千克）	20	40	60	80	100	120	150	180	210	250
隶属度	0.3	0.355	0.425	0.485	0.587	0.685	0.788 5	0.9	0.985	1

2. 建立隶属函数 见图 5-4。

$$Y=1/\left[1+0.000\,049\,(X-225.350\,887)^2\right]\quad C=225.350\,887\quad U=10$$

（四）pH

1. 专家评估 见表 5-4。

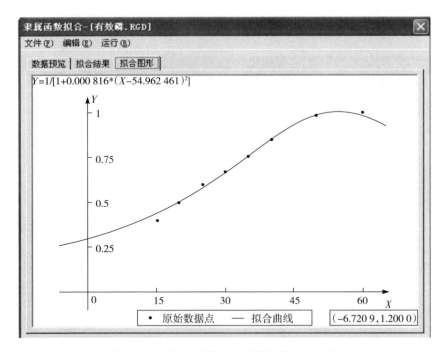

图 5-3 土壤有效磷隶属函数曲线（戒上型）

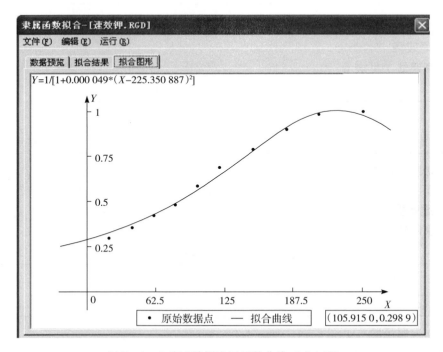

图 5-4 土壤速效钾隶属函数曲线（戒上型）

表5-4 pH隶属函数评估

pH	5.8	6	6.2	6.4	6.6	6.8	7	7.2
隶属度	0.45	0.6	0.7	0.885	0.945	1	0.975	0.9

2. 建立隶属函数 见图5-5。

$Y=1/\left[1+0.000\,795\,(X-6.835\,856)^2\right]$ $C=6.835\,856$ $U_1=4$ $U_2=9$

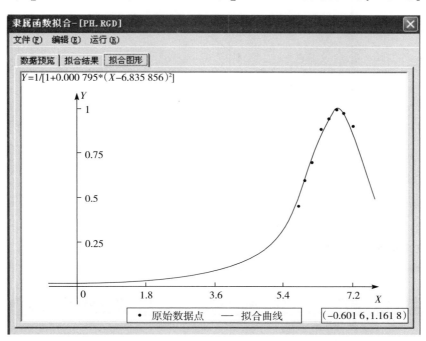

图5-5 土壤缓效钾隶属函数曲线（戒上型）

（五）有效锌（数值型）

1. 专家评估 见表5-5。

表5-5 土壤有效锌隶属函数评估

有效锌（毫克/千克）	0.25	0.5	0.75	1	1.25	1.5	2	2.5	3
隶属度	0.3	0.375	0.45	0.525	0.612 5	0.7	0.9	0.985	1

2. 建立建立函数 见图5-6。

$Y=1/\left[1+0.340\,908\,(X-2.649\,153)^2\right]$ $C=2.649\,153$ $U=0.1$

（六）耕层厚度（概念型）

1. 专家评估 见表5-6。

表5-6 土壤耕层厚度分级及隶属度专家评估

耕层厚度（厘米）	11	13	15	17	19	21	23	25
隶属度	0.3	0.4	0.48	0.59	0.7	0.8	0.92	1

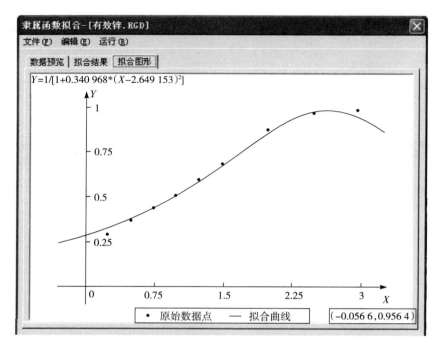

图 5-6　土壤有效锌隶属函数曲线（戒上型）

2. 建立隶属函数　见图 5-7。

$$Y = 1 / [1 + 0.009\,219\,(X - 25.954\,069)^2] \qquad C = 25.954\,069 \qquad U = 5$$

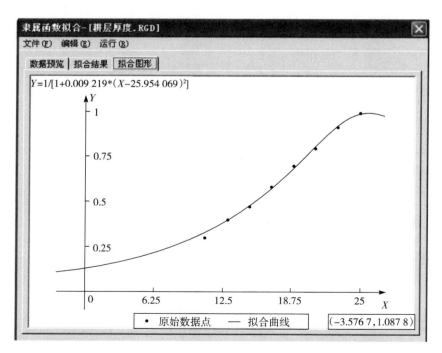

图 5-7　耕层厚度隶属函数曲线图

（七）土壤质地（概念型）

见表 5-7。

表 5-7　土壤质地分类及其隶属度专家评估

分类编号	土壤质地	隶属度
1	轻壤土	0.5
2	中壤土	1
3	重壤土	0.9
4	轻黏土	0.7

（八）地形部位（概念型）

见表 5-8。

表 5-8　地形部位隶属函数评估

分类编号	地形部位	隶属度
1	平地	1
2	岗地	0.85
3	洼地	0.6

（九）有效积温

1. 专家评估　见表 5-9。

表 5-9　有效积温分级及隶属函数专家评估

有效积温（℃）	2 300	2 350	2 400	2 450	2 500
隶属度	0.6	0.7	0.8	0.92	1

2. 建立隶属函数　见图 5-8。

$$Y=1/\left[1+0.000\,007\,(X-2\,584.462\,541)^2\right] \quad C=2\,584.462\,541 \quad U=2\,000$$

（十）坡度

1. 专家评估　见表 5-10。

表 5-10　坡度分级及隶属度专家评估

坡度（°）	0	3	5	8	15	25
隶属度	1	0.95	0.9	0.8	0.65	0.4

2. 建立隶属函数　见图 5-9。

$$Y=1/\left[1+0.001\,904\,(X-2.604\,933)^2\right] \quad C=2.604\,933 \quad U=30$$

（十一）坡向

见表 5-11。

表 5-11　坡向分类及隶属度专家评估

坡向	正南	东南	西南	正东	正西	西北	东北	正北
隶属度	1	0.98	0.7	0.7	0.5	0.5	0.6	0.4

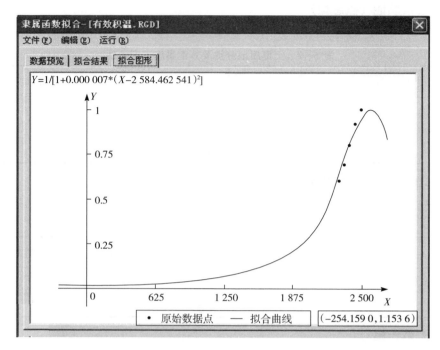

图 5-8　有效积温隶属函数曲线

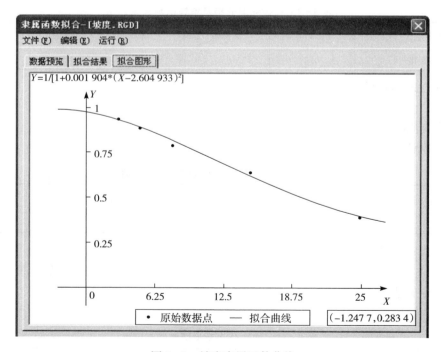

图 5-9　坡度隶属函数曲线

五、确定指标权重

采用层次分析法确定每一个评价因素对耕地综合地力的贡献大小。

（一）构造评价指标层次结构图

根据各个评价因素间的关系，构造了层次结构图（图5-10）。

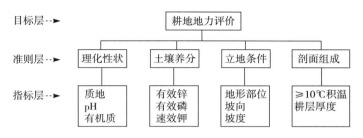

图5-10 层次分析构造矩阵

（二）建立层次判断矩阵

采用专家评估法，比较同一层次各因素对上一层次的相对重要性，给出数量化的评估。专家评估的初步结果经合适的数学处理后（包括实际计算的最终结果——组合权重）反馈给专家，请专家重新修改或确认。经多轮反复形成最终的判断矩阵。

（三）确定各评价因素的综合权重

利用层次分析计算方法确定每一个评价因素的综合评价权重。结果如表5-12、表5-13所示。

表5-12 评价指标的专家评估及权重值

目标层判别矩阵原始资料：

1.000 0	0.666 7	0.500 0	0.333 3
1.500 0	1.000 0	0.833 3	0.666 7
2.000 0	1.200 0	1.000 0	0.500 0
3.000 0	1.500 0	2.000 0	1.000 0

特征向量：［0.133 7，0.222 0，0.243 1，0.401 3］

最大特征根为：4.024 9

$CI = 8.302\ 698\ 232\ 546\ 33\text{E} - 03$

$RI = 0.9$

$CR = CI/RI = 0.009\ 225\ 22 < 0.1$

一致性检验通过！

准则层（1）判别矩阵原始资料：

1.000 0	0.555 6	0.322 6
1.800 0	1.000 0	0.500 0
3.100 0	2.000 0	1.000 0

特征向量：［0.167 6，0.286 9，0.545 5］

最大特征根为：3.002 5

$CI=1.265\ 893\ 293\ 469\ 27E-03$

$RI=0.58$

$CR=CI/RI=0.002\ 182\ 57<0.1$

一致性检验通过！

准则层（2）判别矩阵原始资料：

1.000 0	0.454 5	0.285 7
2.200 0	1.000 0	0.833 3
3.500 0	1.200 0	1.000 0

特征向量：[0.151 8，0.366 1，0.482 1]

最大特征根为：3.008 8

$CI=4.389\ 784\ 030\ 361\ 05E-03$

$RI=0.58$

$CR=CI/RI=0.007\ 568\ 59<0.1$

一致性检验通过！

准则层（3）判别矩阵原始资料：

1.000 0	0.666 7	1.250 0
1.500 0	1.000 0	3.333 3
0.800 0	0.300 0	1.000 0

特征向量：[0.288 6，0.520 0，0.191 4]

最大特征根为：3.037 0

$CI=1.849\ 724\ 747\ 698\ 96E-02$

$RI=0.58$

$CR=CI/RI=0.031\ 891\ 81<0.1$

一致性检验通过！

准则层（4）判别矩阵原始资料：

| 1.000 0 | 0.333 3 |
| 3.000 0 | 1.000 0 |

特征向量：[0.250 0，0.750 0]

最大特征根为：1.999 9

$CI=-5.000\ 125\ 006\ 238\ 14E-05$

$RI=0$

$CR=CI/RI=0<0.1$

一致性检验通过！

层次总排序一致性检验：

$CI=5.619\ 641\ 104\ 666\ 24E-03$

$RI=0.347\ 267\ 628\ 194\ 415$

$CR=CI/RI=0.016\ 182\ 45<0.1$

总排序一致性检验通过！

表 5 - 13　层次分析结果表

层次 A	层次 C				
	理化性状 0.133 7	土壤养分 0.222 0	立地条件 0.243 1	剖面组成 0.401 3	组合权重 $\sum C_i A_i$
土壤质地	0.167 6				0.022 4
pH	0.286 9				0.038 4
有机质	0.545 5				0.072 9
有效锌		0.151 8			0.033 7
有效磷		0.366 1			0.081 3
速效钾		0.482 1			0.107 0
地形部位			0.288 6		0.070 2
坡向			0.520 0		0.126 4
坡度			0.191 4		0.046 5
≥10℃积温				0.250 0	0.100 3
耕层厚度				0.750 0	0.301 0

六、计算耕地地力生产性能综合指数（IFI）

$$IFI = \sum F_i \times C_i (i = 1, 2, 3\cdots)$$

式中：IFI（Integrated Fertility Index）代表耕地地力数；F_i 为第 i 个因素评语；C_i 为第 i 个因素的组合权重。

七、确定耕地地力综合指数分级方案

采取累积曲线分级法划分耕地地力等级，用加法模型计算耕地生产性能综合指数（IFI），将尚志市耕地地力划分为 3 级（表 5 - 14）。

表 5 - 14　土壤地力指数分级表

地力分级	地力综合指数分级（IFI）
一级	＞0.63
二级	0.52～0.63
三级	＜0.52

八、归并农业部地力等级指标划分标准

耕地地力的另一种表达方式，即以产量表达耕地地力水平。农业部于 1997 年颁布了《全国耕地类型区、耕地地力等级划分》（NY/T 309—1996），将全国耕地地力根据粮食

单产水平划分为 10 个等级。在对尚志市耕地地力调查点的 3 年实际年平均产量调查数据分析，根据其对应的相关关系，将用自然要素评价的耕地地力等级分别归入相应的概念型产量表示的地力等级体系，见表 5 - 15。

表 5 - 15　耕地地力（国家级）分级统计表

单位：千克/公顷

国家级	产量
四	9 000～10 500
五	7 500～9 000
六	6 000～7 500

尚志市地力评价结果表明：主要以国家五级地、六级地为主，各占 45.6%、33.6%；另有部分四级地，占 20.8%。

第三节　耕地地力评价结果与分析

尚志市土地总面积为 891 000 公顷，其中基本农田耕地面积 99 737.46 公顷，占总面积的 11.19%。基本农田中旱田面积 65 705.46 公顷，占 65.88%；水田面积 34 032 公顷，占 34.12%。

这次耕地地力调查和质量评价将尚志市基本土壤划分为 3 个等级：一级地属高产田土壤，面积共 20 777.09 公顷，占 20.8%；二级为中产田土壤，面积为 45 509.88 公顷，占 45.6%；三级为低产田土壤，面积 33 450.49 公顷，占 33.6%；中低产田合计 78 960.37 公顷，占基本土壤面积的 79.17%（表 5 - 14）。

表 5 - 16　尚志市耕地地力分级统计

地力分级	地力综合指数分级（IFI）	土壤面积（公顷）	占基本土壤面积（%）	产量（千克/公顷）
一级	＞0.63	20 777.09	20.8	＞9 000
二级	0.52～0.63	45 509.88	45.6	7 500～9 000
三级	＜0.52	33 450.49	33.6	6 000～7 500

表 5 - 17　尚志市耕地地力（国家级）分级统计

国家级	IFI 平均值	耕地面积（公顷）	占基本农田面积（%）	产量（千克/公顷）
四	＞0.63	20 777.09	20.8	＞9 000
五	0.52～0.63	45 509.88	45.6	7 500～9 000
六	＜0.52	33 450.49	33.6	6 000～7 500

从地力等级的分布特征来看，等级的高低与地形部位、土壤类型密切相关。高中产土壤主要集中在沿河两岸平坦的冲积平原上，行政区域包括马延乡、河东乡等乡（镇），这

一地区土壤类型以白浆土、草甸土为主，地势较缓，坡度一般不超过 3°；低产土壤则主要分布在低山丘陵的坡麓和沟谷平原上，行政区域包括苇河镇、亚布力镇、亮河镇、一面坡镇等乡（镇），土壤类型主要是白浆土、暗棕壤和草甸土，地势起伏较大。其他乡（镇）地力水平介于中间（表 5-18、表 5-19）。

表 5-18　尚志市各乡（镇）地力等级面积统计表

单位：公顷

乡（镇）	合计	一级	二级	三级
长寿乡	8 039.83	1 639.81	5 023.18	1 376.84
尚志镇	3 749.06	447.57	1 156.46	2 145.03
黑龙宫镇	5 316.08	869.4	3 834.84	611.84
珍珠山乡	3 815.98	1 343.92	2 328.11	143.95
石头河子镇	3 687.91	345.95	809.35	2 532.61
庆阳镇	5 993.88	271.48	4 381.33	1 341.07
马延乡	7 700.07	6 173.76	792.54	733.77
苇河镇	7 759.06	29.8	1 277.67	6 451.59
一面坡镇	5 299.94	243.74	1 858.45	3 197.75
元宝镇	6 909.92	528.85	3 503.32	2 877.75
亚布力镇	6 496.89	472.1	1 325.6	4 699.19
河东乡	3 759.97	3 472.93	204.2	82.84
鱼池乡	2 690.14	491.39	1 883.25	315.5
亮河镇	6 833.91	370.24	2 891.29	3 572.38
乌吉密乡	10 434.07	1 738.57	8 052.91	642.59
老街基乡	6 710.78	1 999.52	3 904.3	806.96
帽儿山镇	4 539.97	338.06	2 283.08	1 918.83
合计	99 737.46	20 777.09	45 509.88	33 450.49

表 5-19　尚志市各土壤地力等级面积统计表面积

单位：公顷

土类	合计	一级	二级	三级
暗棕壤	24 997.46	2 910.78	9 960.59	12 126.09
白浆土	43 902.15	10 915.33	19 960.88	13 025.94
泥炭土	2 159.49	649.56	1 012.44	497.49
水稻土	160.1	64.62	95.48	0
沼泽土	8 846.95	1 560.6	5 029.59	2 256.76
草甸土	16 835.24	4 410.19	8 338.19	4 086.86
新积土	2 836.07	266.01	1 112.71	1 457.35

一、一 级 地

尚志市一级地总面积 20 777.09 公顷，占基本耕地土壤总面积的 20.8%，主要分布在马延乡、河东乡等乡（镇）。其中，马延乡面积最大，为 6 173.76 公顷，占一级地总面积的 29.71%；其次是河东乡，为 3 472.93 公顷，占一级地总面积的 16.72%。土壤类型主要以白浆土、草甸土为主，其中白浆土面积最大，10 915.33 公顷，占一级地总面积的52.54%，其次为草甸土，面积 4 410.19 公顷，占一级地总面积的 21.23%。白浆土中又以薄层黄土质白浆土、中层黏质草甸白浆土为主，占一级地面积的 36.89%，草甸土中以中层沙砾底潜育草甸土为主，面积 4 217.53 公顷，占该一级地面积的 20.3%（表 5 - 20～表 5 - 22、图 5 - 11）。

表 5 - 20　尚志市一级地土壤分布面积统计

土壤类型	土壤面积（公顷）	一级地面积（公顷）	占尚志市一级地面积（%）	占本土类土壤面积（%）
暗棕壤	24 997.46	2 910.78	14.01	11.64
白浆土	43 902.15	10 915.33	52.54	24.86
泥炭土	2 159.49	649.56	3.13	30.08
水稻土	160.10	64.62	0.31	40.36
沼泽土	8 846.95	1 560.60	7.51	17.64
草甸土	16 835.24	4 410.19	21.23	26.20
新积土	2 836.07	266.01	1.28	9.38

表 5 - 21　尚志市一级地行政分布面积统计

乡（镇）	土壤面积（公顷）	一级地面积（公顷）	占尚志市一级地面积（%）	占本乡土壤面积（%）
长寿乡	8 039.83	1 639.81	7.89	20.4
尚志镇	3 749.06	447.57	2.15	11.94
黑龙宫镇	5 316.08	869.4	4.18	16.35
珍珠山乡	3 815.98	1 343.92	6.47	35.22
石头河子镇	3 687.91	345.95	1.67	9.38
庆阳镇	5 993.88	271.48	1.31	4.53
马延乡	7 700.07	6 173.76	29.71	80.18
苇河镇	7 759.06	29.8	0.14	0.38
一面坡镇	5 299.94	243.74	1.17	4.6
元宝镇	6 909.92	528.85	2.55	7.65
亚布力镇	6 496.89	472.1	2.27	7.27
河东乡	3 759.97	3 472.93	16.72	92.37

（续）

乡（镇）	土壤面积（公顷）	一级地面积（公顷）	占尚志市一级地面积（%）	占本乡土壤面积（%）
鱼池乡	2 690.14	491.39	2.37	18.27
亮河镇	6 833.91	370.24	1.78	5.42
乌吉密乡	10 434.07	1 738.57	8.37	16.66
老街基乡	6 710.78	1 999.52	9.62	29.8
帽儿山镇	4 539.97	338.06	1.63	7.45
合计	99 737.46	20 777.09	100	

表 5 - 22　尚志市一级地土种分布面积统计

土　种	面积（公顷）	一级地面积（公顷）	占本土种面积（%）	占一级地总面积（%）	占耕地总面积（%）
砾沙质白浆化暗棕壤	24 895.35	2 888.87	11.6	13.9	2.9
厚层黏质草甸白浆土	2 870.97	1 198.38	41.74	5.77	1.2
砾沙质暗棕壤	102.11	21.91	21.46	0.11	0.02
薄层芦苇薹草低位泥炭	759.96	166.3	21.88	0.8	0.17
中层芦苇薹草低位泥炭	707.31	48.77	6.90	0.23	0.05
中层黄土质白浆土	14 629.28	1 493.85	10.21	7.19	1.5
薄层黄土质白浆土	10 929.97	3 753.14	34.34	18.06	3.76
中层黏质草甸白浆土	11 200.35	3 912.14	34.93	18.83	3.92
中层冲积土型淹育水稻	110.85	15.37	13.87	0.07	0.02
薄层泥炭腐殖质沼泽土	8 846.95	1 560.6	17.64	7.51	1.56
中层沙砾底潜育草甸土	12 055.54	4 217.53	34.98	20.3	4.23
厚层黏质潜育白浆土	1 397.75	37.99	2.72	0.18	0.04
中层黏质潜育白浆土	2 529.36	510.26	20.17	2.46	0.51
厚层沙砾底潜育草甸土	76.44	40.2	52.59	0.19	0.04
薄层沙砾底潜育草甸土	4 703.26	152.46	3.24	0.73	0.15
浅埋藏型低位泥炭土	103.4	0	0	0	0
厚层黄土质白浆土	306.3	2.31	0.75	0.01	0
薄层沙质冲积土	2 836.07	266.01	9.38	1.28	0.27
厚层芦苇薹草低位泥炭	588.82	434.49	73.79	2.09	0.44
薄层黏质草甸白浆土	38.17	7.26	19.02	0.03	0.01
白浆土型淹育水稻土	49.25	49.25	100	0.24	0.05

　　一级地所处地形相对平缓，主要分布在平坦的冲积平原上，基本无明显侵蚀和障碍因素。黑土层深厚，绝大多数在 10 厘米以上，深的可达 100 厘米以上。结构较好，多为粒状或小团块状结构。质地适宜，一般为中壤、重壤、轻黏土。容重适中，平均为 1.14 克／

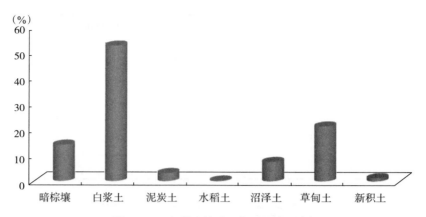

图 5-11　各类土壤占一级地面积比例

立方厘米。土壤大都呈中性或偏酸性，pH 在 5.8～7.5 范围内。土壤有机质含量高，平均为 33.40 克/千克。养分丰富，全氮平均 1.88 克/千克，碱解氮平均 232.1 毫克/千克，有效磷平均 29.13 毫克/千克，速效钾平均 58.05 毫克/千克。保肥性能好。抗旱、排涝能力强。该级地属高肥广适应性土壤，适于种植玉米、大豆等粮食作物，产量水平较高，一般在 9 000 千克/公顷以上（表 5-23）。

表 5-23　一级地耕地土壤理化性状统计表

项目	平均值	样本值分布范围
容重（克/立方厘米）	1.14	0.51～1.44
有机质（克/千克）	33.40	8.1～56.9
有效锌（毫克/千克）	1.10	0.01～9.06
速效钾（毫克/千克）	58.05	4～402
有效磷（毫克千克）	29.13	1.4～132.9
全氮（克/千克）	1.88	0.779～5.421
碱解氮（毫克/千克）	232.51	53.3～487.7

二、二 级 地

尚志市二级地总面积 45 509.88 公顷，占基本耕地总面积的 45.6%。主要分布在乌吉密乡、长寿乡、庆阳镇、老街基乡、黑龙宫镇等乡（镇）。其中，乌吉密乡面积最大为 8 052.91 公顷，占二级地总面积的 17.69%；长寿乡面积为 5 023.18 公顷，占二级地总面积的 11.04%；庆阳镇 4 381.33 公顷，占二级地总面积的 9.63%；老街基乡 3 904.3 公顷，占二级地总面积的 8.58%，黑龙宫镇 3 834.84 公顷，占二级地总面积的 8.43%。土壤类型主要为白浆土、暗棕壤、草甸土等为主，其中白浆土面积最大，19 960.88 公顷，占二级地总面积的 43.86%。暗棕壤面积为 9 960.59 公顷，占二级地总面积 21.89%。草甸土面积 8 838.19 公顷，占该级地面积的 18.32%。土种以砾沙质白浆化暗棕壤、中层黄土质白浆土、薄层黄土质白浆土、中层黏质草甸白浆土、中层沙砾底潜育草甸土等为主（表5-24~表5-26、图5-12）。

表5-24 尚志市二级地土壤分布面积统计

土壤类型	总土壤面积（公顷）	二级地面积（公顷）	占尚志市二级地面积（%）	占本土类土壤面积（%）
暗棕壤	24 997.46	9 960.59	21.89	39.85
白浆土	43 902.15	19 960.88	43.86	45.47
泥炭土	2 159.49	1 012.44	2.22	46.88
水稻土	160.10	95.48	0.21	59.64
沼泽土	8 846.95	5 029.59	11.05	56.85
草甸土	16 835.24	8 338.19	18.32	49.53
新积土	2 836.07	1 112.71	2.44	39.23

表5-25 尚志市二级地分布面积统计

乡（镇）	总土壤面积（公顷）	二级地面积（公顷）	占尚志市二级地面积（%）	占本乡土壤面积（%）
长寿乡	8 039.83	5 023.18	11.04	62.48
尚志镇	3 749.06	1 156.46	2.54	30.85
黑龙宫镇	5 316.08	3 834.84	8.43	72.14
珍珠山乡	3 815.98	2 328.11	5.12	61.01
石头河子镇	3 687.91	809.35	1.78	21.95
庆阳镇	5 993.88	4 381.33	9.63	73.10
马延乡	7 700.07	792.54	1.74	10.29
苇河镇	7 759.06	1 277.67	2.81	16.47
一面坡镇	5 299.94	1 858.45	4.08	35.07
元宝镇	6 909.92	3 503.32	7.7	50.7
亚布力镇	6 496.89	1 325.60	2.91	20.4
河东乡	3 759.97	204.2	0.45	5.43
鱼池乡	2 690.14	1 883.25	4.14	70.01
亮河镇	6 833.91	2 891.29	6.35	42.31
乌吉密乡	10 434.07	8 052.91	17.69	77.18
老街基乡	6 710.78	3 904.3	8.58	58.18
帽儿山镇	4 539.97	2 283.08	5.02	50.29
合计	99 737.46	45 509.88	100	

表5-26 尚志市二级地土种分布面积统计表

土种	面积（公顷）	二级地面积（公顷）	占本土种面积（%）	占二级地总面积（%）	占耕地总面积（%）
砾沙质白浆化暗棕壤	24 895.35	9 913.68	39.82	21.78	9.94
厚层黏质草甸白浆土	2 870.97	1 500.62	52.27	3.3	1.5
砾沙质暗棕壤	102.11	46.91	45.94	0.1	0.05
薄层芦苇薹草低位泥炭	759.96	345.38	45.45	0.76	0.35
中层芦苇薹草低位泥炭	707.31	500.87	70.81	1.1	0.5
中层黄土质白浆土	14 629.28	8 359.68	57.14	18.37	8.38
薄层黄土质白浆土	10 929.97	3 380.58	30.93	7.43	3.39
中层黏质草甸白浆土	11 200.35	4 877.72	43.55	10.72	4.89
中层冲积土型淹育水稻	110.85	95.48	86.13	0.21	0.1
薄层泥炭腐殖质沼泽土	8 846.95	5 029.59	56.85	11.05	5.04
中层沙砾底潜育草甸土	12 055.54	5 707.55	47.34	12.54	5.72
厚层黏质潜育白浆土	1 397.75	198.58	14.21	0.44	0.20
中层黏质潜育白浆土	2 529.36	1 377.96	54.48	3.03	1.38
厚层沙砾底潜育草甸土	76.44	36.24	47.41	0.08	0.04
薄层沙砾底潜育草甸土	4 703.26	2 594.4	55.16	5.7	2.6
浅埋藏型低位泥炭土	103.4	11.86	11.47	0.03	0.01
厚层黄土质白浆土	306.3	265.34	86.63	0.58	0.27
薄层沙质冲积土	2 836.07	1 112.71	39.23	2.44	1.12
厚层芦苇薹草低位泥炭	588.82	154.33	26.21	0.34	0.15
薄层黏质草甸白浆土	38.17	0.4	1.05	0	0
白浆土型淹育水稻土	49.25	0	0	0	0

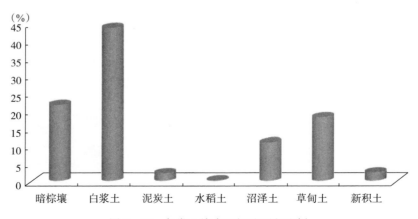

图5-12 各类土壤占二级地面积比例

二级地主要分布在丘陵缓坡及平坦的漫岗平原上，所处地形也较为平缓，坡度一般在3°以内，绝大部分耕地侵蚀较轻，基本上无障碍因素。黑土层也较深厚，一般大于20厘米。结构也较好，多为粒状或小团块状结构。质地较适宜，一般为重壤土或沙质黏壤土。土壤容重基本适中，平均为1.16克/立方厘米。土壤绝大多数呈中性偏酸，pH在5.6～7.0范围内。土壤有机质含量高，平均为33.52克/千克。养分含量丰富，全氮平均2.02克/千克，碱解氮平均214.84毫克/千克，有效磷平均29.15毫克/千克，速效钾平均57.53毫克/千克。保肥性能较好，抗旱、排涝能力也很强。该级地亦属中肥中适应性土壤，适于种植水稻、大豆、玉米等各种作物，产量水平较高，一般在7 500～9 000千克/公顷（表5-27）。

表5-27　二级地耕地土壤理化性状统计

项目	平均值	样本值分布范围
容重（克/立方厘米）	1.16	0.51～1.44
有机质（克/千克）	33.52	8.1～56.9
有效锌（毫克/千克）	1.22	0.01～9.06
速效钾（毫克/千克）	57.53	4～402
有效磷（毫克千克）	29.15	50.33～487.7
全氮（克/千克）	2.02	0.779～5.421
碱解氮（毫克/千克）	214.84	53.3～487.7

三、三　级　地

尚志市三级地总面积33 450.49公顷，占基本耕地面积33.6%。主要分布在苇河镇、亚布力镇、亮河镇等乡（镇）。其中苇河镇面积最大，为6 451.59公顷，占三级地总面积的19.29%；其次为亚布力镇，为4 699.19公顷，占三级地总面积的14.05%；亮河镇3 572.38公顷，占三级地总面积的10.68%。土壤类型主要为白浆土、暗棕壤，其中白浆土面积最大，13 025.94公顷，占三级地总面积的38.94%，其次暗棕壤面积为12 126.09公顷，占总面积的36.25%，第三是草甸土面积4 086.86公顷，占三级地面积的12.22%。土种以砾沙质白浆化暗棕壤、中层黄土质白浆土、薄层黄土质白浆土为主，而占二级地总面积最大是砾沙质白浆化暗棕壤，占36.15%。其次是中层黄土质白浆土、薄层黄土质白浆土，分别占14.28%、11.35%（表5-28～表5-30、图5-13）。

表5-28　尚志市三级地土壤分布面积统计

土壤类型	总土壤面积（公顷）	三级地面积（公顷）	占尚志市三级地面积（%）	占本土类土壤面积（%）
暗棕壤	24 997.46	12 126.09	36.25	48.51
白浆土	43 902.15	13 025.94	38.94	29.67
泥炭土	2 159.49	497.49	1.49	23.04

（续）

土壤类型	总土壤面积 （公顷）	三级地面积 （公顷）	占尚志市三级地面积 （%）	占本土类土壤面积 （%）
水稻土	160.1	0	0	0
沼泽土	8 846.95	2 256.76	6.75	25.51
草甸土	16 835.24	4 086.86	12.22	24.28
新积土	2 836.07	1 457.35	4.36	51.39

表 5 - 29　尚志市三级地分布面积统计

乡（镇）	总土壤面积 （公顷）	三级地面积 （公顷）	占尚志市三级地面积 （%）	占本乡土壤面积 （%）
长寿乡	8 039.83	1 376.84	4.12	17.13
尚志镇	3 749.06	2 145.03	6.41	57.22
黑龙宫镇	5 316.08	611.84	1.83	11.51
珍珠山乡	3 815.98	143.95	0.43	3.77
石头河子镇	3 687.91	2 532.61	7.57	68.67
庆阳镇	5 993.88	1 341.07	4.01	22.37
马延乡	7 700.07	733.77	2.19	9.53
苇河镇	7 759.06	6 451.59	19.29	83.15
一面坡镇	5 299.94	3 197.75	9.56	60.34
元宝镇	6 909.92	2 877.75	8.6	41.65
亚布力镇	6 496.89	4 699.19	14.05	72.33
河东乡	3 759.97	82.84	0.25	2.2
鱼池乡	2 690.14	315.5	0.94	11.73
亮河镇	6 833.91	3 572.38	10.68	52.27
乌吉密乡	10 434.07	642.59	1.92	6.16
老街基乡	6 710.78	806.96	2.41	12.02
帽儿山镇	4 539.97	1 918.83	5.74	42.27
合计	99 737.46	33 450.49	100	

表 5 - 30　尚志市三级地土种分布面积统计表

土种	面积 （公顷）	三级地面积 （公顷）	占本土种 面积（%）	占三级地 总面积（%）	占耕地 总面积（%）
砾沙质白浆化暗棕壤	24 895.35	12 092.8	48.57	36.15	12.12
厚层黏质草甸白浆土	2 870.97	171.97	5.99	0.51	0.17
砾沙质暗棕壤	102.11	33.29	32.6	0.1	0.03
薄层芦苇薹草低位泥炭	759.96	248.28	32.67	0.74	0.25

（续）

土种	面积 （公顷）	三级地面积 （公顷）	占本土种 面积（%）	占三级地 总面积（%）	占耕地 总面积（%）
中层芦苇薹草低位泥炭	707.31	157.67	22.29	0.47	0.16
中层黄土质白浆土	14 629.28	4 775.75	32.65	14.28	4.79
薄层黄土质白浆土	10 929.97	3 796.25	34.73	11.35	3.81
中层黏质草甸白浆土	11 200.35	2 410.49	21.52	7.21	2.42
中层冲积土型淹育水稻	110.85	0	0	0	0
薄层泥炭腐殖质沼泽土	8 846.95	2 256.76	25.51	6.75	2.26
中层沙砾底潜育草甸土	12 055.54	2 130.46	17.67	6.37	2.14
厚层黏质潜育白浆土	1 397.75	1 161.18	83.07	3.47	1.16
中层黏质潜育白浆土	2 529.36	641.14	25.35	1.92	0.64
厚层沙砾底潜育草甸土	76.44	0	0	0	0
薄层沙砾底潜育草甸土	4 703.26	1 956.4	41.6	5.85	1.96
浅埋藏型低位泥炭土	103.4	91.54	88.53	0.27	0.09
厚层黄土质白浆土	306.3	38.65	12.62	0.12	0.04
薄层沙质冲积土	2 836.07	1 457.35	51.39	4.36	1.46
厚层芦苇薹草低位泥炭	588.82	0	0	0	0
薄层黏质草甸白浆土	38.17	30.51	79.93	0.09	0.03
白浆土型淹育水稻土	49.25	0	0	0	0

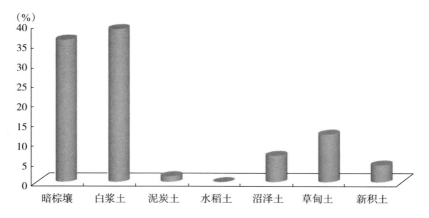

图 5-13　各类土壤占三级地面积比例

　　三级地大都处在漫岗的顶部以及低阶平原上，所处地形相对平缓，坡度大部分大于3°。部分土壤有轻度或中度侵蚀，个别土壤存在瘠薄等障碍因素。黑土层厚度不一，厚的在25厘米以上，薄的不足15厘米。结构较一、二级地稍差一些，但基本为粒状或团粒状结构。质地偏沙或黏重，以中黏土或中壤土为主。容重基本适中，平均为1.16克/立方厘米，土壤呈碱性，pH在5.5～7范围内。土壤有机质含量也较高，平均为30.56克/千克。养分含量较为丰富，全氮平均1.99克/千克，碱解氮平均201.52毫克/千克，有效磷平均24.17毫克/千克，速效钾平均48.41毫克/千克，保肥性能较好，抗旱能力较弱、排涝能力相对较强。该级地属低肥力低适应性土壤，基本适于种植各种作物，产量水平一般在6 000～7 500千克/公顷（表5-31）。

表5-31 三级地耕地土壤理化性状统计

项目	平均值	样本值分布范围
容重（克/立方厘米）	1.16	0.51～1.44
有机质（克/千克）	0.56	8.1～56.9
有效锌（毫克/千克）	0.95	0.01～9.06
速效钾（毫克/千克）	48.41	4～402
有效磷（毫克/千克）	24.17	50.33～487.7
全氮（克/千克）	1.99	0.779～5.421
碱解氮（毫克/千克）	201.52	53.3～487.7

第六章　耕地区域配方施肥

　　耕地地力评价，建立了较完善的土壤数据库，科学合理地划分了区域施肥单元，避免了过去人为划分施肥单元指导测土配方施肥的弊端。过去测土施肥确定施肥单元，多是依据区域土壤类型、基础地力产量、农户常年施肥量等粗略地为农民提供配方。而现在采用地理信息系统提供的多项评价指标，综合各种施肥因素和施肥参数来确定较精密的施肥单元。本次尚志市区域内地力评价具有针对性、精确性、科学性，完成了测土配方施肥技术从估测分析到精准实施的提升过程。

第一节　区域耕地施肥区划分

　　尚志市全境玉米产区、水稻产区，按产量、地形、地貌、土壤类型、≥10℃有效积温等可划分为 4 个测土施肥区域。

一、玉米高产田施肥区

　　该区地势平坦、土壤质地松软，耕层深厚，黑土层较深，地下水丰富，通透性好，保水保肥能力强，土壤理化性状优良，高产田施肥区的玉米每公顷产量 8 000～9 000 千克，该区主要土壤类型为白浆土、草甸土，高产田总面积 20 777.09 公顷，占基本农田总面积的 20.8%，主要分布在庆阳镇、亮河镇、老街基乡、马延乡、河东乡等乡（镇）。其中，马延乡面积最大，为 6 173.76 公顷，占高产田总面积的 29.7%；其次是河东乡，为 3 472.93公顷，占高产田总面积的 16.7%。土壤类型主要以白浆土、草甸土为主，其中白浆土面积最大，为 10 915.33 公顷，占高产田总面积的 52.5%。该土壤黑土层较厚，一般在 20 厘米左右，有机质含量在 20 克/千克以上，速效养分含量都相对很高。其次是草甸土，面积为 4 410.19公顷，占高产田总面积的 21.2%，该区域内≥10℃有效积温为 2 400～2 500℃，大都分布在尚志市的东部和南部，田间灌溉保证率 85% 以上。是尚志市玉米、水稻高产区也是主产区。主要存在的问题是地下水位较深，在干旱条件下易遭旱灾，适时灌溉，也就是保证灌溉率是获得高产的关键。

二、玉米中产田施肥区

　　中产田大都处在漫岗的顶部以及低阶平原上，所处地形相对平缓，坡度绝大部分小于 2°。部分土壤有轻度侵蚀，个别土壤存在瘠薄等障碍因素。黑土层厚度不一，厚的在 20 厘米以上，薄的不足 15 厘米。结构基本为粒状或小团块状结构。质地一般，以中黏土为主。中产田玉米公顷产量为 7 000～8 000 千克，中产田总面积 45 509.88 公顷，占基本农田面积的 45.6%。土壤类型主要为白浆土、草甸土、暗棕壤，其中白浆土面积最大，19 960.88公顷，占中产田总面积的 43.9%，其次暗棕壤面积为 9 960.59 公顷，占中产田总面积的 21.9%。主要分布在长寿、尚志、苇河、元宝这些乡（镇）。中产田以白浆土、暗棕壤为主，养分含量较为丰富，全氮平均 1.60 克/千克，碱解氮平均136.79 毫克/千克，有效磷平均 14.32 毫克/千克，有效锌为 1.06 毫克/千克，速效钾平均 118.71 毫克/千克，保肥性能较好，抗旱、排涝能力相对较强。该区域内≥10℃有效积温为 2 400～2 450℃，分布在尚志市的东部和中部，田间灌溉保证率55%以上。较适合玉米、水稻生长发育，是玉米水稻主产区。该区主要存在的问题是土壤冷凉，土壤沙性严重，灌溉率低。

三、玉米低产田施肥区

低产田施肥区总面积33 450.49公顷，占基本农田总面积的 33.6%。主要分布在帽儿山镇、石头河子镇、鱼池镇、亮河镇、长寿乡等乡（镇）。土壤类型主要为白浆土、暗棕壤，其中白浆土面积最大，为 13 025.94 公顷，占低产田总面积的 38.9%；其次为暗棕壤，面积12 126.09公顷，占总面积 36.3%。该区域内≥10℃有效积温为 2 350～2 400℃，田间灌溉保证率45%以下。该区存在的主要问题是春季低温发苗缓慢。土壤质地硬、耕性差，土壤理化性状不良，影响玉米生长发育，是玉米低产区。由于该区是尚志市的西部和东部山区，≥10℃的积温相对最低，再加上田间灌溉保证率低等因素，该区的玉米公顷产量在6 000千克以下。不适合种玉米，可以开发成水田。

四、水稻田施肥区

该区主要分布在尚志市河东、乌吉密、马延、亚布力、老街基等乡（镇），主要土壤类型为水稻土、草甸土两类。地势低洼，地势平坦，质地稍硬，耕层适中，保肥能力强，土壤理化性状优良，适合水稻生长发育，是水稻高产区。

4 个施肥区的土壤理化性状见表 6-1。

表 6-1　区域施肥区土壤理化性状

区域施肥区	有机质（克/千克）	全氮（克/千克）	全磷（克/千克）	全钾（克/千克）	pH
玉米高产田施肥区	23.04	2.98	2.42	17.06	6.4
玉米中产田施肥区	20.61	2.51	2.44	15.14	6.5
玉米低产田施肥区	17.64	1.15	2.27	13.43	6.7
水稻田施肥区	23.18	3.00	2.49	15.44	6.5

第二节　地力评价施肥分区与测土施肥单元的关联

施肥单元是耕地地力评价图中具有属性相同的图斑。在同一土壤类型中也会有多个图斑——施肥单元。按耕地地力评价要求，尚志市玉米产区可划分为 3 个测土施肥区域，水稻划为 1 个测土施肥区域。

在同一施肥区域内，按土壤类型一致，自然生产条件相近，土壤肥力高低和土壤普查划分的地力分级标准确定测土施肥单元。根据这一原则，上述 4 个测土施肥区可划分为 8 个测土施肥单元。其中，玉米高产田白浆土施肥区划分为 3 个测土施肥单元，玉米中产田暗棕壤土施肥区划分为 2 个测土施肥单元，玉米低产田划为 2 个测土施肥单元，水稻田划为 1 个施肥单元。具体测土施肥单元见表 6-2。

表 6-2　测土施肥单元划分

测土施肥区	测土施肥单元
玉米高产田白浆土施肥区	白浆土施肥单元
	草甸白浆土施肥单元
	潜育白浆土施肥单元
玉米中产田暗棕壤施肥区	暗棕壤施肥单元
	白浆化暗棕壤施肥单元
玉米低产田泥炭土和草甸土施肥区	草类泥炭土施肥单元
	泛滥草甸土施肥单元
水稻田施肥区	水稻土施肥单元

第三节　施肥分区

尚志市按着玉米高产田施肥区域、玉米中产田施肥区域、玉米低产田施肥区域、水稻田施肥区域 4 个施肥区域。按着不同施肥单元分白浆土施肥单元、草甸白浆土施肥单元、潜育白浆土施肥单元、暗棕壤施肥单元、白浆化暗棕壤施肥单元、草类泥炭土施肥单元、泛滥草甸土施肥单元、水稻土施肥单元，即 8 个施肥单元。特制订玉米白浆土区高产田施肥推荐方案、玉米暗棕壤土区中产田施肥推荐方案、玉米泥炭土和草甸土区低产田施肥推荐方案、水稻田水稻土区施肥方案。

一、分区施肥属性查询

这次耕地地力调查，共采集土样 1 505 个，确定的评价指标 11 个，即 pH、有机质、耕层厚度、土壤质地、地形部位、有效磷、速效钾、有效锌、≥10℃积温、坡度、坡向。在地力评价数据库中建立了耕地资源管理单元图、土壤养分分区图。形成了有相同属性的施肥管理单元 180 个，按照不同作物、不同地力等级产量指标和地块、农户综合生产条件可形成针对地域分区特点的区域施肥配方，针对农户特定生产条件的分户施肥配方。

二、施肥单元关联施肥分区代码

根据"3414"试验、配方施肥对比试验、多年氮磷钾最佳施肥量试验建立起来的施肥参数体系和土壤养分丰缺指标体系，选择适合尚志市域特定施肥单元的测土施肥配方推荐方法（养分平衡法、丰缺指标法、氮磷钾比例法、以磷定氮法、目标产量法），计算不同级别施肥分区代码的推荐施肥量。

玉米高产田白浆土区施肥推荐方案见表6-3。

表6-3　玉米高产田白浆土区施肥分区代码与作物施肥推荐关联查询表

施肥分区代码	碱解氮含量（毫克/千克）	纯氮施肥量（千克/公顷）	有效磷含量（毫克/千克）	五氧化二磷施肥量（千克/公顷）	速效钾含量（毫克/千克）	氧化钾施肥量（千克/公顷）
1	>250	165	>60	69	>200	37.5
2	180～250	172.5	40～60	69	200～150	45
3	150～180	180	20～40	75	100～150	52.5
4	120～150	187.5	20～10	82.5	50～100	60
5	80～120	195	10～5	90	30～50	67.5
6	<80	202.5	<5	97.5	<30	75

玉米中产田暗棕壤土区施肥推荐方案见表6-4。

表6-4　玉米中产田暗棕壤土区施肥分区代码与作物施肥推荐关联查询表

施肥分区代码	碱解氮含量（毫克/千克）	纯氮施肥量（千克/公顷）	有效磷含量（毫克/千克）	五氧化二磷施肥量（千克/公顷）	速效钾含量（毫克/千克）	氧化钾施肥量（千克/公顷）
1	>250	142.5	>60	60	>200	22.5
2	180～250	150	40～60	67.5	200～150	30
3	150～180	157.5	20～40	75	100～150	37.5
4	120～150	165	20～10	82.5	50～100	45
5	80～120	172.5	10～5	90	30～50	52.5
6	<80	180	<5	97.5	<30	60

玉米低产田泥炭土区施肥推荐方案见表6-5。

表6-5　玉米低产田泥炭土和草甸土区施肥分区代码与作物施肥推荐关联查询表

施肥分区代码	碱解氮含量（毫克/千克）	纯氮施肥量（千克/公顷）	有效磷含量（毫克/千克）	五氧化二磷施肥量（千克/公顷）	速效钾含量（毫克/千克）	氧化钾施肥量（千克/公顷）
1	>250	120	>60	52.5	>200	15
2	180～250	127.5	40～60	60	200～150	15
3	150～180	135	20～40	67.5	100～150	22.5
4	120～150	142.5	20～10	75	50～100	30
5	80～120	150	10～5	82.5	30～50	37.5
6	<80	157.5	<5	90	<30	45

水稻田水稻土施肥区代码与作物施肥推荐关联查询表见表6-6。

表 6 - 6　水稻田水稻土区施肥分区代码与作物施肥推荐关联查询表

施肥分区代码	碱解氮含量（毫克/千克）	纯氮施肥量（千克/公顷）	有效磷含量（毫克/千克）	五氧化二磷施肥量（千克/公顷）	速效钾含量（毫克/千克）	氧化钾施肥量（千克/公顷）
1	>250	82.5	>60	60	>200	15
2	180~250	90	40~60	75	200~150	30
3	150~180	97.5	20~40	82.5	100~150	37.5
4	120~150	105	20~10	90	50~100	45
5	80~120	112.5	10~5	97.5	30~50	52.5
6	<80	120	<5	105	<30	60

三、施肥分区特点概述

（一）玉米高产田白浆土施肥区

玉米高产田白浆土区施肥区域划分为白浆土施肥单元、草甸白浆土施肥单元和潜育白浆土施肥单元3个施肥单元。这个区主要是潜在养分含量高，速效养分含量低，应该是以提高土壤养分转化措施为主。

1. 白浆土施肥单元　白浆土是尚志市主要耕种的土壤，其主要分布在尚志市的庆阳、亮河、老街基、马延、河东等乡（镇）。该土壤有机质含量 21.46 克/千克、全氮含量 2.95 克/千克、碱解氮含量 133.11 毫克/千克、有效磷含量 25.4 毫克/千克、速效钾含量 147.14 毫克/千克，该土耕性好，黑土层厚，通透性好，保肥保水能力强，作物苗期生长快，土壤易耕期长。存在问题是供水能力弱，后期易干旱，适时灌溉可获得高产。

2. 草甸白浆土施肥单元　草甸白浆土分布在尚志市的庆阳、老街基、河东等乡（镇）。该土壤有机质含量 13.7 克/千克、全氮含量 1.61 克/千克、碱解氮含量 152 毫克/千克、有效磷含量 20.7 毫克/千克、速效钾含量 128 毫克/千克，该土有效磷和速效钾含量相对较低，生产中应增施磷钾肥，土壤耕性较好，黑土层较薄，通透性好，有机质含量相对较低，有效磷和速效钾含量相对较低，生产中应增施磷钾肥，耕作中增施有机肥。

3. 潜育白浆土施肥单元　潜育白浆土主要分布在尚志市亮河、老街基、马延、河东等乡（镇）。该土壤有机质含量 14.9 克/千克、全氮含量 2.39 克/千克、碱解氮含量 135.32 毫克/千克、有效磷含量 24.9 毫克/千克、速效钾含量 174.4 毫克/千克，该土耕性较好，黑土层较薄，有机质含量相对较低，碱解氮和有效磷较低生产中应增施氮磷肥，耕作中增施有机肥。

（二）玉米中产田暗棕壤施肥区

玉米中产田暗棕壤施肥区域划分为暗棕壤施肥单元和白浆化暗棕壤施肥单元2个施肥单元。

1. 暗棕壤施肥单元　暗棕壤主要分布在长寿、尚志、苇河、元宝等乡（镇），暗棕壤是尚志市又一大耕作土壤。该土壤有机质含量 34.63 克/千克、全氮含量 3.88 克/千克、碱解氮含量 141.56 毫克/千克、有效磷含量 18.63 毫克/千克、速效钾含量 90.1 毫克/千克，黑土层较厚，土质较黏重，干时板结，耕性较差。耕作中应增施有机肥。

2. 白浆化暗棕壤施肥单元 白浆化暗棕壤主要分布在尚志市的尚志、苇河、长寿等乡（镇），该土壤有机质含量30.9克/千克、全氮含量3.75克/千克、碱解氮含量151.27毫克/千克、有效磷含量20.91毫克/千克、速效钾含量93.9毫克/千克，有机质含量较高，黑土层较厚，土质较黏重，土壤潜在肥力较高，耕性较好。由于所处施肥区≥10℃有效积温较低，大多在2 500℃左右，所以玉米很难获得较高产量。

（三）玉米低产田泥炭土和草甸土施肥区

低产田泥炭土和草甸土施肥区域划分为草类泥炭土施肥单元、泛滥草甸土施肥单元2个施肥单元。

1. 草类泥炭土施肥单元 草类泥炭土主要分布在尚志市的老街基、黑龙宫、苇河、元宝、鱼池等乡（镇）。该土壤有机质含量46.35克/千克、全氮含量1.05克/千克、碱解氮含量141毫克/千克、有效磷含量32.96毫克/千克、速效钾含量115毫克/千克，有机质含量相对较低，质地较黏重，耕性不良，不适宜作物生长，是玉米低产田。

2. 泛滥草甸土施肥单元 泛滥草甸土面积很小，主要分布在尚志市的长寿、河东、苇河、鱼池等乡（镇）。该土壤有机质含量44.13克/千克、全氮含量2.8克/千克、碱解氮含量135毫克/千克、有效磷含量41.4毫克/千克、速效钾含量157毫克/千克，有机质含量相对较高，耕性较好，土壤保肥性能不佳，是玉米低产田。

（四）水稻田水稻土区施肥方案

为水稻田水稻土施肥单元。水稻土是尚志市的老稻田区，主要分布在河东、马延、鱼池、黑龙宫、长寿等乡（镇）。该土壤有机质含量44.3克/千克、全氮含量3克/千克、碱解氮含量137.29毫克/千克、有效磷含量34.3毫克/千克、速效钾含量145.77毫克/千克，有机质含量相对较高。由于长期灌水，耕作粗放，表土黏臭，板结，土温较低。在生产上应注意加深耕层，增施热性农家肥，搞好秋翻秋整地，改善土壤理化性状，提高土壤的有效肥力，实现水稻高产稳产。

四、作物区域配方与农户配方推荐实例

（一）玉米高产区
目标产量600千克，马延乡，贵乡村。
农户：邢富友，分区代码3-3-4。公顷施肥量（纯量）：180-75-60。

（二）玉米中产区
目标产量500千克，长寿乡，成功村。
农户：赵力伟，分区代码3-2-4。公顷施肥量（纯量）：157.5-67.5-45。

（三）玉米低产区
目标产量400千克，帽儿山镇，大房子村。
农户：张勇，分区代码3-3-3。公顷施肥量（纯量）：135-67.5-22.5。

（四）水稻区
目标产量550千克，河东乡，东安村。
农户：刘景相，分区代码3-2-5。公顷施肥量（纯量）：97.5-75-52.5。

第七章 耕地改良与利用

第一节 概　况

一、背景和必要性

目前，我国粮食总产一直徘徊在 4 500 亿千克左右。据专家推测，至 2030 年，中国的人口将增加到 16 亿，粮食总需求将达到 6 400 亿千克，粮食安全目前已成为世界各国高度重视的首要问题，中国作为拥有世界 1/5 人口的发展中大国尤为突出，一旦出现问题，将成为中国乃至世界的重大灾难。中国未来 20 年的粮食安全面临着巨大挑战。

保持现有耕地数量稳定、提高耕地质量是保证粮食安全的前提。如何利用有限的土地资源实现产能的最大化、均衡化，最基本的措施是防止耕地土壤退化。土壤退化是指土壤肥力衰退，导致生产力下降的过程，是土壤环境和土壤理化性状恶化的综合特征。有机质含量下降，营养元素减少，土壤结构遭到破坏；土壤侵蚀、水土流失、土层变浅、土体板结、土壤盐化、沙化等都是土壤退化的典型表现。其中，有机质下降是土壤退化的主要标志。尚志市土地开发利用较早，地处张广才岭和松嫩平原的接壤地带，地形地貌复杂，属典型暗棕壤和白浆土区，由于山地及漫岗坡地较多，耕地土壤退化的主要原因为水蚀、风蚀及人类的不合理开发利用。

耕地地力评价是加强耕地质量建设的实质性措施和关键性步骤。通过耕地地力评价，不但可以科学评估耕地生产能力，发掘耕地生产潜力，而且还能摸清耕地质量现状和存在问题，确定土壤改良利用方向，实现耕地用养结合，防止耕地地力的进一步退化。尚志市为黑龙江省第三批耕地地力评价项目县，进行耕地地力评价利用最新的现代 3S 技术，对加强耕地质量监测、实现耕地的可持续利用、科学合理地指导今后农业生产具有重大的指导意义。

二、土壤资源与农业生产概况

尚志市耕地面积 99 737.46 公顷。主要土壤类型有暗棕壤、白浆土、草甸土、水稻土、新积土、沼泽土、泥炭土，其中以暗棕壤和白浆土面积最大，占总耕地面积的 69.08%。

尚志市是典型的农业市，粮食作物种植制度为一年一熟制，以玉米、水稻、大豆为主。据尚志市统计局统计，2008 年，尚志市农作物总播种面积 99 737.46 公顷，粮豆薯总产 671 885 吨，其中，玉米播种面积 25 403 公顷，总产 267 949 吨；水稻播种面积 28 741 公顷，总产 303 588 吨；大豆播种面积 29 983 公顷，总产 86 817 吨。

第二节　调查方法

一、工作原则

尚志市耕地地力评价工作完全是按照全国耕地地力评价技术规程进行的。在工作中主要坚持了 3 个原则：一是统一的原则，即统一调查项目、统一调查方法、统一野外编号、统一调查表格、统一组织化验、统一进行评价；二是充分利用现有成果的原则，即以尚志市第二次土壤普查、尚志市土地利用现状图、尚志市行政区划图等已有的成果作为评价的基础资料；三是应用高新技术的原则，即在调查方法、数据采集及处理、成果表达等方面全部采用了高新技术。

二、调查内容

尚志市耕地地力评价的内容是根据当地政府的要求和生产实践的需求确定的，充分考虑了成果的实用性和公益性。主要有以下几个方面：一是耕地的立地条件，包括经纬度、海拔高度、地形地貌、成土母质、土壤侵蚀类型及侵蚀程度；二是土壤属性，包括耕层理化性状和耕层养分状况，具体有耕层厚度、土壤质地、有机质、有效磷、速效钾、有效锌、≥10℃积温、坡度、坡向、地形部位、pH 等；三是土壤障碍因素，包括障碍层类型及出现位置等；四是农田基础设施条件，包括抗旱能力、排涝能力和农田防护林网建设等；五是农业生产情况，包括良种应用、化肥施用、病虫害防治、轮作制度和耕翻深度等。

三、技术路线

在收集尚志市有关耕地情况资料，并进行外业补充调查（包括土壤调查和农户的入户调查两部分）及室内化验分析的基础上，建立了尚志市耕地质量管理数据库，通过 GIS 系统平台，采用 ArcMap 和 ArcView GIS 软件对调查的数据和图件进行数值化处理，最后利用扬州市土壤肥料站开发的全国耕地地力评价软件系统软件进行耕地地力评价。

1. 建立空间数据库　将尚志市土壤图、行政区划图、土地利用现状图等基本图件扫描后，用屏幕数字化的方法进行数字化，建成尚志市地力评价系统空间数据库。

2. 建立属性数据库　将收集、调查和分析化验的数据资料按照数据字典的要求规范整理后，输入数据库系统，建成尚志市地力评价系统属性数据库。

3. 确定评价因子　根据全国耕地地力评价指标体系，经过专家采用经验法进行选取，将尚志市耕地地力评价因子确定为 11 项，分别为土壤质地、有机质、有效磷、速效钾、有效锌、≥10℃积温、坡度、坡向、地形部位、耕层厚度、pH。

4. 确定评价单元　把数字化后的尚志市土壤图、行政区划图和土地利用现状图叠加，形成的图斑即为尚志市耕地地力评价单元，共确定形成评价单元 11 847 个。

5. 确定指标权重　组织专家对所选定的各评价因子进行经验评估，确定指标权重。

6. 数据标准化　选用隶属函数法和专家经验法等数据标准化方法，对尚志市耕地评价指标进行数据标准化，并对定性数据进行数值化描述。

7. 计算综合地力指数　选用累加法计算每个评价单元的综合地力指数。

8. 划分地力等级　根据综合地力指数分布，确定分级方案，划分地力等级。

9. 归入全国耕地地力等级体系　依据《全国耕地类型区、耕地地力等级划分》（NY/T 309—1996），归纳整理各级耕地地力要素主要指标，结合专家经验，将尚志市各级耕地归入全国耕地地力等级体系。

10. 划分中低产田类型　依据《全国中低产田类型划分与改良技术规范》（NY/T 310—1996），分析评价单元耕地土壤主导障碍因素，划分并确定尚志市中低产田类型。

第三节　调查结果

尚志市耕地总面积为 99 737.46 公顷，其中旱田面积 65 705.46 公顷，占 65.88%；水田面积 34 032 公顷，占 34.12%。

一、耕地土壤地力等级状况

这次耕地地力评价将尚志市土壤划分为 3 个等级：一级地 20 777.09 公顷，占耕地总面积 20.8%；二级地 45 509.88 公顷，占耕地总面积 45.6%；三级地 33 450.49 公顷，占耕地总面积 33.6%。

表 7-1　尚志市耕地地力分级布局统计

单位：公顷

乡（镇）	合计	一级	二级	三级
长寿乡	8 039.83	1 639.81	5 023.18	1 376.84
尚志镇	3 749.06	447.57	1 156.46	2 145.03
黑龙宫镇	5 316.08	869.4	3 834.84	611.84
珍珠山乡	3 815.98	1 343.92	2 328.11	143.95
石头河子镇	3 687.91	345.95	809.35	2 532.61
庆阳镇	5 993.88	271.48	4 381.33	1 341.07
马延乡	7 700.07	6 173.76	792.54	733.77
苇河镇	7 759.06	29.8	1 277.67	6 451.59
一面坡镇	5 299.94	243.74	1 858.45	3 197.75
元宝镇	6 909.92	528.85	3 503.32	2 877.75
亚布力镇	6 496.89	472.1	1 325.6	4 699.19
河东乡	3 759.97	3 472.93	204.2	82.84
鱼池乡	2 690.14	491.39	1 883.25	315.5

（续）

乡（镇）	合计	一级	二级	三级
亮河镇	6 833.91	370.24	2 891.29	3 572.38
乌吉密乡	10 434.07	1 738.57	8 052.91	642.59
老街基乡	6 710.78	1 999.52	3 904.3	806.96
帽儿山镇	4 539.97	338.06	2 283.08	1 918.83
合计	99 737.46	20 777.09	45 509.88	33 450.49

1. 一级地 尚志市一级地总面积 20 777.09 公顷，占基本耕地土壤总面积的 20.8%，主要分布在马延乡、河东乡等乡（镇）。其中，马延乡面积最大，为 6 173.76 公顷，占一级地总面积的 29.71%；其次是河东乡，为 3 472.93 公顷，占一级地总面积的 16.72%。土壤类型主要以白浆土、草甸土为主，其中白浆土面积最大，10 915.33 公顷，占一级地总面积的 52.54%，其次为草甸土，面积 4 410.19 公顷，占一级地总面积的 21.23%。白浆土中又以薄层黄土质白浆土、中层黏质草甸白浆土为主，占一级地面积的 36.89%，草甸土中以中层沙砾底潜育草甸土为主，面积 4 217.53 公顷。占该级地面积的 20.3%。一级地保肥性能好，抗旱、排涝能力强，属高肥广适应性土壤，适于种植玉米、水稻等高产作物，产量水平较高，一般在 9 000 千克/公顷以上。

2. 二级地 尚志市二级地总面积 45 509.88 公顷，占基本耕地土壤总面积的 45.6%。主要分布在乌吉密乡、长寿乡、庆阳镇、老街基乡、黑龙宫镇等乡（镇）。其中，乌吉密乡面积最大 8 052.91 公顷，占二级地总面积的 17.69%；长寿乡面积为 5 023.18 公顷，占二级地总面积的 11.04%；庆阳镇 4 381.33 公顷，占二级地总面积的 9.63%；老街基乡 3 904.3 公顷，占二级地总面积的 8.58%，黑龙宫镇 3 834.84 公顷，占二级地总面积的 8.43%。土壤类型主要为白浆土、暗棕壤、草甸土等为主，其中白浆土面积最大，19 960.88 公顷，占二级地总面积的 43.86%。暗棕壤面积为 9 960.59 公顷，占二级地总面积 21.89%。草甸土面积 8 838.19 公顷，占该级地面积的 18.32%。土种以砾沙质白浆化暗棕壤、中层黄土质白浆土、薄层黄土质白浆土、中层黏质草甸白浆土、中层沙砾底潜育草甸土等为主。二级地亦属高肥广适应性土壤，适于种植水稻、大豆、玉米等各种作物，产量水平较高，一般在 7 500~9 000 千克/公顷。

3. 三级地 尚志市三级地总面积 33 450.49 公顷，占基本耕地土壤面积 33.6%。主要分布在苇河镇、亚布力镇、亮河镇等乡（镇）。其中苇河镇面积最大，为 6 451.59 公顷，占三级地总面积的 19.29%；其次为亚布力镇，为 4 699.19 公顷，占三级地总面积的 14.05%；亮河镇 3 572.38 公顷，占三级地总面积的 10.68%。土壤类型主要为白浆土、暗棕壤，其中白浆土面积最大，13 025.94 公顷，占三级地总面积的 38.94%，其次暗棕壤面积为 12 126.09 公顷，占总面积的 36.25%，第三是草甸土面积 4 086.86 公顷，占三级地面积的 12.22%。三级地主要分布于浅山区平原向山区的过渡地带、地形较平坦的山间谷地及平原区坡度较大的漫岗地。地形相对一、二级地起伏较大。部分土壤有轻度侵蚀，个别土壤存在瘠薄等障碍因素。耕层厚度不一，厚的在 20 厘米以上，薄的不足 15 厘米。结构较一级、二级地稍差一些，但基本为粒状或小团块状结构。三级地保肥性能较好，山间谷地抗旱能力强，漫岗顶部地块排涝能力强。属中肥中适应性土壤，基本适于种植各种作物，产量水平一般在 6 000~7 500 千克/公顷。

二、高中低产土壤分布情况

一级地属高产田土壤，面积共 20 777.09 公顷，占耕地总面积 20.8%；二级地为中产田土壤，面积为 45 509.88 公顷，占耕地总面积 45.6%；三级地为低产田土壤，面积为 33 450.49 公顷，占耕地总面积 33.6%。中低产田总面积为 78 960.37 公顷，占耕地总面积的 79.17%。

从地力等级的分布特征来看，等级的高低与地形部位、土壤类型密切相关。高中产土壤主要集中在沿河两岸平坦的冲积平原上，行政区域包括马延乡、河东乡等乡（镇），这一地区土壤类型以白浆土、草甸土为主，地势较缓，坡度一般不超过 3°；低产土壤则主要分布在低山丘陵的坡麓和沟谷平原上，行政区域包括苇河镇、亚布力镇、亮河镇、一面坡镇等乡镇，土壤类型主要是白浆土、暗棕壤和草甸土，地势起伏较大。其他乡（镇）地力水平介于中间。

三、耕地土壤养分含量状况及变化趋势

1. 土壤有机质　尚志市耕地土壤有机质含量平均为 33.29 克/千克，变化幅度在 8.1~56.9 克/千克，尚志镇、乌吉密乡等乡（镇）有机质含量较高，平均含量为 50 克/千克以上，最低的是亮河镇、石头河子镇，平均含量为 30 克/千克以下，与第二次土壤普查调查结果比较，土壤有机质平均下降了 17.31 克/千克（第二次土壤普查调查数为 50.6 克/千克）。

2. 土壤碱解氮　尚志市耕地土壤碱解氮平均为 214.9 毫克/千克，变化幅度在 53.3~ 487.7 毫克/千克；与第二次土壤普查的调查结果进行比较，尚志市碱解氮含量降低了 49.6 毫克/千克（原来平均含量为 264.5 毫克/千克）。碱解氮含量主要集中在 180~250 毫克/千克，约占 54.97%。调查结果还表明，尚志市庆阳镇、马延乡、河东乡碱解氮含量最高，分别为 264.9 毫克/千克、242.9 毫克/千克、237.8 毫克/千克，最低为石头河子镇，平均含量 179.3 毫克/千克，其分布与有机质的变化情况相似。

3. 土壤有效磷　尚志市耕地有效磷平均为 29.13 毫克/千克，变化幅度在 1.4~132.9 毫克/千克。与第二次土壤普查的调查结果进行比较，尚志市耕地磷素状况总体上变化不明显，有效磷仅增加了 0.6 毫克/千克，土壤有效磷大部分集中在 20~40 毫克/千克，占耕地总面积的 69.43%。其中河东乡、帽儿山镇最高，分别为 49.94 毫克/千克、39.36 毫克/千克，一面坡镇、亚布力镇和鱼池乡最低，平均含量分别为 22.76 毫克/千克、22.40 毫克/千克和 20.92 毫克/千克。

4. 土壤速效钾　尚志市速效钾平均在 54.61 毫克/千克，变化幅度在 4~402 毫克/千克；第二次土壤普查时，尚志市速效钾含量平均为 131.65 毫克/千克，尚志市大于 200 毫克/千克面积占 75%，而小于 200 毫克/千克的仅占 25%。本次调查尚志市速效钾平均在

54.61 毫克/千克，下降了 77.04 毫克/千克。这次调查的样本中大于 200 毫克/千克的只占 0.34%，大部分集中在 30～100 毫克/千克，说明尚志市的速效钾在大幅度下降，今后应注意增加钾肥的施入。各乡（镇）分析看，庆阳镇、老街基乡较高，分别为 74.07 毫克/千克、72.85 毫克/千克，最低是河东乡，平均含量为 34.03 毫克/千克。

5. 土壤有效铜　尚志市耕地有效铜含量平均值为 0.99 毫克/千克，变化幅度在 0.16～4.9 毫克/千克。调查样本中小于 0.2 毫克/千克的临界值的面积占全市耕地面积的 3.06%。其中，尚志镇、乌吉密乡分布有缺铜地块。根据第二次土壤普查有效铜的分级标准，<0.1 毫克/千克为严重缺铜，0.1～0.2 毫克/千克为轻度缺铜，0.2～1.0 毫克/千克为基本不缺铜，1.0～1.8 毫克/千克为丰铜，>1.8 毫克/千克为极丰铜。调查的所有样本中尚志市各类土壤中铜含量较高。

6. 土壤有效锌　尚志市耕地土壤有效锌平均 1.13 毫克/千克，变化幅度在 0.01～11 毫克/千克。尚志市土壤有效锌平均 1.13 毫克/千克，从乡（镇）分布来看，其中帽儿山镇最高为 1.93 毫克/千克，其次为石头河子镇为 1.79 毫克/千克，最低为马延乡和一面坡镇，平均 0.72 毫克/千克。从土类分布来看，暗棕壤和新积土最高，为 1.2 毫克/千克，水稻土最低，为 0.64 毫克/千克。

7. 土壤有效铁　尚志市耕地有效铁含量平均为 42.95 毫克/千克，变化幅度在 9.2～139.8 毫克/千克。所有乡（镇）土壤有效铁含量均高于临界值 2 毫克/千克，高于丰铁最低值 4.5 毫克/千克。尚志市耕地土壤有效铁丰富。从土类分布看，尚志市水稻土含量最丰富，从乡（镇）分布来看，鱼池乡和帽儿山镇铁含量丰富。

8. 土壤有效锰　土壤有效锰的临界值为 5.0 毫克/千克，大于 15 毫克/千克为丰富。尚志市耕地有效锰含量平均值为 28.62 毫克/千克，变化幅度在 4.4～69.8 毫克/千克，>15 毫克/千克占 94.56%，10～15 毫克/千克占尚志市耕地面积的 4.19%，7.5～10 毫克/千克占尚志市耕地面积的 0.59%，5～7.5 毫克/千克占尚志市耕地面积的 0.47%，<5 毫克/千克占尚志市耕地面积的 0.18%。从总体上看，尚志市有效锰含量丰富，但苇河镇、鱼池乡、亮河镇 3 个乡（镇）有零星的轻度缺锰。

9. 土壤全氮　尚志市耕地土壤中氮素含量平均为 2.02 克/千克，变化幅度在 0.79～5.42 克/千克。与第二次土壤普查的调查结果进行比较，尚志市全氮含量降低了 1.36 克/千克（原来平均含量为 3.38 克/千克）。全氮含量主要集中在 1.5～2.5 克/千克，约占 63.99%。调查结果还表明，尚志市珍珠山乡、鱼池乡、老街基乡全氮含量最高，分别为 2.34 克/千克、2.33 克/千克、2.31 克/千克，其分布与有机质的变化情况相似。

10. 土壤全磷　尚志市耕地土壤全磷为 2 015.7 毫克/千克，变化幅度在 779～5 421 毫克/千克。从乡（镇）分布来看，珍珠山乡和老街基乡含量最高，超过 2 300 毫克/千克，平均分别为 2 344.6 毫克/千克和 2 314.5 毫克/千克，最低为马延乡，平均为 1 510.9 毫克/千克。从面积分布上看，>2 000 毫克/千克面积占 33.11%，1 500～2 000 毫克/千克面积占 66.28%，<1 500 毫克/千克，仅占 0.71%。

11. 土壤全钾　尚志市耕地土壤全钾平均为 30.72 克/千克，变化幅度在 25.9～34.6 克/千克。其中，新积土最高，平均为 30.95 克/千克，其次为暗棕壤，平均为 30.75 克/千克；最低为水稻土，平均为 30.3 克/千克。

四、耕地土壤理化性状

1. 土壤容重 尚志市耕地容重平均为 1.16 克/立方厘米，变化幅度在 0.51～1.44 克/立方厘米。这次耕地调查与第二次土壤普查对比土壤容重增加 0.19 克/立方厘米，总体上有增加趋势。

2. pH 尚志市土壤以白浆土为主，其次为暗棕壤、草甸土。耕地土壤酸碱度以中性偏酸性为主。尚志市耕地 pH 平均为 6.48，变化幅度在 5.9～7.1。按数字出现的频率计：6.5～7.5 占 32.87%，5.5～6.5 占 67.13%，>7.5 和<5.5 的没有分布，土壤酸碱度多集中在 5.5～7.5。按照水平分布和土壤类型分析，变化幅度不大。

第四节 原因分析

这次耕地地力评价结果显示，尚志市耕地中产田面积为 45 509.88 公顷，占耕地总面积的 45.6%；低产田土壤面积为 33 450.49 公顷，占耕地总面积的 33.6%，中低产田合计 78 960.37 公顷，占耕地总面积的 79.17%。相比第二次土壤普查，中低产田面积减少。分析尚志市耕地地力等级结构变化的主要原因，一是近些年兴修了一些农田水利工程，尤其是水利灌区的修建使用，把当时的涝洼地大部分开发成水田，大大降低了渍涝危害程度，使低产变高产；二是随着气候的变化，降雨量的减少，涝区地下水位已经下降到一定深度，这样许多曾经的涝洼地就自然的变成了良田；三是东部山区侵蚀严重的土壤，由于不适于农业利用，已经逐渐退耕还林（图 7-1）。

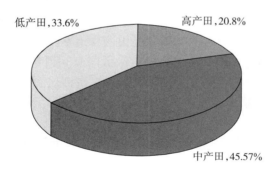

图 7-1 高、中、低产田比例

尚志市耕地土壤中低产田面积仍较大，同时还存在着土壤有机养分产出多投入少，有机质下降，各养分含量不均衡，生产能力下降等问题，具体如下。

一、中低产田面积仍然较大

通过此次评价，尚志市中低产田合计 78 960.37 公顷，占耕地总面积的 79.17%，经过近些年加强基础设施建设、退耕还林及保护耕地等措施的实施，虽然中低产田面积有所下降，但下降幅度不大，总的来说还是重视不够，投入不足，改造力度不大。

二、土壤耕层理化性状较低

在这次耕地地力评价中，对障碍因子进行了分析，主要有薄、黏、失、瘠 4 方面障碍因子。

1. 一薄 有三方面：一是山区坡耕地土层薄，砾石含量多。如暗棕壤，其面积占尚志市总耕地面积 25.1%，这些耕地含土少石头多，整个山区的土层薄，一般土层在 40～50 厘米，以下则是砾石。所以保水保肥能力差，不利于作物生长和田间作业；二是丘陵区岗坡地，多为白浆土、薄层黑土、薄层白浆化黑土、破皮黄黑土。这些土壤黑土层很薄，厚度 5～30 厘米；三是耕层浅。据调查，全区多数地块耕层较浅，为 18～20 厘米，活土层浅，不利于作物生长发育。

2. 二黏 主要是土壤表层质地黏重（如草甸土）或耕层以下夹有黏土层（如白浆土）。尚志市耕层黏重的土壤约有 69 584.34 公顷，占耕地总面积的 69.76%；耕层以下夹有黏土层的约有 53 573.46 公顷，占耕地总面积的 53.7%。这部分土壤质地黏重，物理性状不好，湿时黏，干时硬，土壤通透性差，耕作困难，管理不便，产量不高。尤其是耕层以下夹有黏土壤，如白浆土，很薄的黑土层以下就是黏重的白浆层，不通气不透水，严重的影响作物根系下扎。它即怕旱又怕涝，对农业生产危害较重。

3. 三失 主要指水土流失。尚志市各乡（镇）街都有不同程度的水土流失情况。据调查，每年冲走坡耕地黑土约 1 厘米左右。这 1 厘米黑土都是土壤表层最肥沃、最疏松、最活跃、生产力最高的一层。由于水土流失，使土地由黑变黄，地块由大变小，垅由长变短，土层由厚变薄。即降低了土壤养分含量又减少了耕地面积，同时也给耕作带来了困难。

4. 四瘠 由于水土流失和"用养失调"，造成了土壤养分不均衡。一是部分养分含量低。如有机质、速效钾下降幅度较大，特别是山区乡镇不注重钾肥的施用，平均速效钾含量均低于尚志市的平均含量水平。有机质含量最低的有亮河镇、石头河子等乡（镇）。二是养分施用不均衡。氮素、钾素不足，磷素偏高，氮磷钾比例失调。由于多年来农民偏用磷酸二铵，有 50% 以上的耕地有效磷含量偏高。

三、耕地质量整体水平下降，水土流失严重

1. 自然因素 尚志市山丘起伏，地形复杂，极易产生地表径流，水蚀造成水土流失严重。山区半山区叶脉状河流发达，地形切割剧烈。山区地形变化大，坡陡、坡间复杂；降雨集中，多大雨和暴雨，降雨强度大，极易造成地表冲刷；土壤抗蚀性能弱。尚志市主要土壤为暗棕壤、草甸土和白浆土，缺乏团粒结构，抗蚀性能弱；自然植被覆盖率低，且分布不均，主要集中在东部几个山区乡（镇）；河流蜿蜒曲折，河床浅，泄洪能力差，河水暴涨暴落，极易造成沿岸侵蚀；春季干旱少雨，风大，地表裸露，易造成风蚀；土壤冻融作用强。地裂宽达 3～5 厘米，春夏之交反复冻化，土体拉散崩解，抗冲性能减弱。

2. 人为因素 人为的破坏加速了土壤的侵蚀。一是毁林；二是开荒，严重破坏了地

表覆盖；三是不合理耕作。开垦农田缺乏水保措施，顺坡垄和钱褡子垄形成自然排水沟，耕作粗放，只种地不养地，农肥施用少，化肥施用的多，耕层薄，犁底层厚，土壤结构破坏，土壤板结，渗水力差，作物轮作不合理，布局不当，坡道无保水措施。

第五节　目　标

一、总体目标

1. 耕地资源保护目标　加强对一级、二级耕地的保护，增施有机肥，提高土壤肥力，对中低产田进行全面改造，消除或减轻土壤中障碍因素的影响，提高地力等级。尚志市中低产田合计 78 960.37 公顷，占基本土壤面积的 79.17%。按年 5% 改良利用的比例计算，可实现年减少中低产田面积 3 948 公顷。

2. 生态环境建设目标　恢复建立稳定的农田生态系统，依据这次耕地地力评价结果，加大力度调整农、林、牧结构，改变单纯种植粮食的现状，对坡度大、侵蚀重、地力瘠薄的部分坡耕地要坚决退耕还林，要大力营造农田防护林，完善防护林体系，增加森林覆盖率，使农田生态系统与草地生态系统以及森林生态系统达到合理有机的结合，进而实现农业生产的良性循环和可持续发展。

3. 社会发展目标　依据这次耕地地力评价结果，针对不同土壤的障碍因素进行改良培肥，可以大幅度提高耕地的生产能力，巩固尚志市国家商品粮基地地位。同时通过合理配置和优化耕地资源，加快种植业和农村产业结构调整，发展粮区畜牧业，可以提高农业生产效益，增加农民收入，全面推进尚志市农村建设小康社会进程。

二、近期目标

本着先易后难、标本兼治、统一规划、综合治理的原则，确定尚志市耕地土壤改良利用近期目标是：2010—2015 年，利用 5 年时间，建成高产稳产标准农田 3 000 公顷，使单产达到 11 250 千克/公顷。

三、中期目标

2015—2020 年，利用 5 年时间，改造中产田 17 000 公顷，使其大部分达到高产田水平，单产超过 9 750 千克/公顷。

四、远景目标

2020—2025 年，利用 5 年时间，改造低产田 2 000 公顷，使其大部分达到中产田水平，单产超过 8 250 千克/公顷。另外还要退耕还林还草，将不适合农业用地坚决退出耕地序列。

第六节　对策与建议

一、建立耕地土壤保护及改良利用的长效机制

进一步加强领导，研究和解决改良过程中遇到的重大问题和困难，切实制定出有利于粮食安全、农业可持续发展的改良规划和具体实施措施。鼓励和扶持农民积极进行土壤改良，加大对农民的专题培训力度，提高农民素质，因地制宜地建立土壤改良利用示范园区，让土地的使用者认识到耕地土壤改良的重要性，掌握改良利用的方法，实现防治结合、用养结合。

二、对耕地土壤进行科学分区

根据耕地地力评价结果，对尚志市耕地土壤进行分区，科学改良，以利于土壤生态的可持续发展和产出效益的最大化。土壤改良利用分区是根据土壤组合及其他自然生态条件的综合性分区。它是根据土壤肥力属性和组合特点及其与自然条件和农业经济条件的内在联系，综合编制而成的。从区域性角度出发，应指出各区土壤特点，生产上的主要矛盾和限制因素，因地制宜地提出土壤改良利用的主攻方向和措施，进一步为综合农业区划与农田基本建设、科学种田及改土培肥等项生产规划提供基本的科学依据。

土壤改良利用分区的原则是：根据土壤组合、自然条件（包括地貌、地下水、水文等），主要生产问题以及改良利用的方向和措施基本一致而划分区域的。分区往往反映一定的自然单元和景观系统，要尽量照顾自然单元的完整性，以便统一进行土壤改良利用。某些自然单元，其自然地理条件大体一致，只是不在同一地区，不相邻接，由于各自成为一个独立的土壤改良体系，故不应为一个土壤改良利用区，但可划为同一"类型区"。在分析土壤普查各项资料的基础上综合分区，它必须体现其科学性、生产性、群众性、综合性、预见性。

尚志市土壤改良利用分区共分两级，第一级为区，区下分亚区。区组划分依据，主要是根据同一自然景观单元内土壤的近似性和改良利用方向的一致性。亚区划分主要是在同一区内根据土壤组合、肥力状况及改良利用措施的一致性，并结合小地形、水分状况等特点划分的。

根据上述原则和依据，尚志市土壤改良利用共划分4个区，2个亚区：Ⅰ、山地暗棕壤林业区；Ⅱ、丘陵岗地白浆土水土保持农牧区；Ⅲ、平地白浆土、草甸土灌排农业区；Ⅳ、低洼地泛滥土、潜育白浆土、沼泽土、泥炭土防洪排涝农牧区；Ⅳ₁、低地排涝改土亚区；Ⅳ₂、沿河泛滥地防洪增肥亚区。

三、按照各区域特点提出改良建议

（一）山地暗棕壤林业区

本区尚志市境内均有分布，主要分布在东部和西北部的山区。这个区占据着尚志市最

高的地势，海拔高度一般在 300～1 000 米，东部和南部的张广才岭山脉海拔高度多在 1 000 米以上，最高峰三秃顶子海拔 1 639 米。坡度多在 10°以上，山高坡陡丘陵起伏、水土流失严重。土壤以暗棕壤为主，尚有部分岗地白浆土。母质为岩石风化残积物，多为林地，以阔叶林为主，针叶林较少。黑土层薄，物理性状好，土壤肥力较高。土体中含有较多的沙砾和碎石。地下水资源不足，适宜发展林业生产。

改良利用措施如下。

（1）封山育林，现有林木要合理采伐，作好抚育更新。

（2）近山、低山和平缓的坡地，宜发展果树和药材生产，如栽培耐寒、适应性强的小苹果、山葡萄和人参等。

（3）加强水土保持，栽植密林带，挖鱼鳞坑等。

（4）荒山应全部进行人工造林，增加森林的覆盖率。

（二）丘陵岗地白浆土水土保持农牧区

本区处在山地和平原之间的过渡地带，坡度不大。土壤分布以岗地白浆土为主，黑土层在 10～25 厘米，表层质地疏松，耕性好，心土质地黏重，水土流失较轻，是尚志市粮食生产和牧业生产的混合区。由于开发时间长，土壤侵蚀较为严重，加之养分失调，土地肥力减退，有前劲，没后劲，耕性变坏，低产耕地面积逐年增加。所以要采取综合措施，抓紧改良治理，建成农牧齐发展的高产稳产区。

改良利用措施如下。

（1）水土流失严重的地区要退耕还林。

（2）修筑梯田，平整土地等农田基本建设，防止水土流失。

（3）增肥改土，培肥地力。

（4）种植绿肥、秸秆还田，做到用地养地相结合。

（三）平地白浆土、草甸土灌排农业区

本区包括山前倾斜平原、阶地及高河漫滩。占尚志市总土壤面积的 6.9%。主要土壤有泛滥地草甸土、平地白浆土。成土母质多为河流沉积物。黑土层较厚，质地较轻，自然肥力高。本区气候温暖，水源充足，目前多已开垦为农业用地，是尚志市粮食高产稳产土壤的主要分布区。各种农作物均能生长。本区耕地开垦较早，部分地块肥力下降，特别是施肥不足，用养失调，长此下去产量越来越低。平地白浆土虽然表层养分高，但白浆层结构差，肥力低，影响作物生长。

改良利用措施如下。

（1）增施有机肥料，培肥地力，做到用地养地相结合。

（2）发展田间水利工程，做到能灌能排，培育高产稳产农田。

（3）浅翻深松结合施肥，逐年加深耕层。

（4）建立 3 或 4 年轮作制度。

（四）低洼地泛滥土、潜育白浆土、沼泽土、泥炭土防洪排涝农牧区

本区分布在低平地、低河漫滩及低湿沼泽地。主要土壤有潜育白浆土、沼泽土、泥炭土、新积土。本区耕地较多，尚有较大面积的荒地还未开垦利用，草甸和沼泽植被繁茂。气候温暖，水源充沛，以农为主、农牧结合的条件很好，是尚志市粮食主要产区之一，也

是尚志市未来扩大耕地面积的主要区域。根据土壤类型、地理位置、作物布局和改良利用措施的不同划为2个亚区。

1. 低地排涝改土亚区 本亚区分布在低平地、低河漫滩和洼地。主要土壤类型有潜育白浆土、沼泽土泥炭土。成土母质多为黏土沉积物、淤积物。地表水和地下水都很丰富，地表多季节性积水，土体内水分长期饱和，水、肥、气、热不协调，还原物质较多，低洼冷浆，返浆期长，小苗前期生长缓慢，部分地块出现红苗现象，土质黏重。

改良利用措施如下。

（1）挖沟排水，降低地下水位。

（2）水田秋老虎季尽早撤水，秋翻晒伐，改善土壤结构，增加土壤通透性。

（3）增施厩肥和磷肥，利用沙、煤灰等改土。

（4）创造条件扩大水田种植面积。

（5）合理的开垦荒地，扩大耕地面积，有计划地保留部分草场发展牧业生产。

2. 沿河泛滥地防洪增肥亚区 本区分布在河流沿岸的泛滥地，地势低平，易受洪水的侵袭。主要土壤类型是草甸泛滥土。成土母质为近代河流淤积物。土体中水、气较为协调，通透性好，发小苗。部分地块黑土层薄，其下部即为沙或沙砾，有不同程度漏水漏肥现象。在耕地面积较少的地方，应保留一定面积为农业用地。将来应重点发展牧业生产。

改良利用措施如下。

（1）遭洪水侵袭地段，要修筑防洪堤，疏通河道，防止洪水侵入农田。

（2）耕地要增施优质农肥，培肥地力，对于漏水漏肥的地块要按作物不同生育阶段的需肥情况，采取分段施用。

（3）黑土层薄的地块要客土造田，增加耕层的有机质。

（4）农业难利用的地块要种草发展畜牧业生产，在河流两旁栽造护堤林（表7-2）。

表7-2 尚志市土壤改良利用分区面积表

乡（镇）	合计	I		II		III		IV$_1$		IV$_2$	
		面积（公顷）	占比（%）	面积（公顷）	占比（%）	面积（公顷）	占比（%）	面积（公顷）	占比（%）	面积（公顷）	占比（%）
尚志镇	16.32	0.8	4.90	9.05	55.45	4.98	30.51	0.81	4.96	0.68	4.17
亚布力镇	42.58	29.72	69.80	3.6	8.45	1.92	4.51	5.38	12.64	1.96	4.60
帽儿山镇	63.74	48.07	75.42	7.63	11.97	1.44	2.26	5.58	8.75	1.02	1.60
苇河镇	60.96	30.21	49.56	19.66	32.25	4.6	7.55	3.34	5.48	3.15	5.17
一面坡镇	32.72	17.86	54.58	7.58	23.17	1.55	4.74	2.44	7.46	3.29	10.06
黑龙宫镇	43.83	14.52	33.13	17.15	39.13	4.11	9.38	4.4	10.04	3.65	8.33
长寿乡	33.86	17.99	53.13	5.98	17.66	8.25	24.37	1.22	3.60	0.42	1.24
乌吉密乡	51.73	10.27	19.85	17.24	33.33	16.05	31.03	0	0.00	8.17	15.79
马延乡	29.72	12.78	43.00	10.57	35.57	4.17	14.03	1.62	5.45	0.58	1.95
石头河子镇	51.21	43.47	84.89	1.21	2.36	2.43	4.75	3.82	7.46	0.28	0.55
庆阳镇	80.68	62.96	78.04	11.69	14.49	0.68	0.84	0	0.00	5.35	6.63

（续）

乡（镇）	合计	I		II		III		IV₁		IV₂	
		面积（公顷）	占比（%）	面积（公顷）	占比（%）	面积（公顷）	占比（%）	面积（公顷）	占比（%）	面积（公顷）	占比（%）
亮河镇	93.24	62.22	66.73	18.47	19.81	5.43	5.82	3.8	4.08	3.32	3.56
鱼池乡	45	30	66.67	6.1	13.56	2.49	5.53	2.06	4.58	4.35	9.67
珍珠山乡	127.03	103.82	81.73	7.96	6.27	2.23	1.76	11.32	8.91	1.7	1.34
老街基乡	61.39	20.92	34.08	26.99	43.96	5.25	8.55	0	0	8.23	13.41
元宝镇	44.02	16.34	37.12	16.91	38.41	4.28	9.72	1.02	2.32	5.47	12.43
河东乡	12.97	0.12	0.93	5.45	42.02	2.69	20.74	3.42	26.37	1.29	9.95
合计	891.00	523.59	58.7	193.28	21.59	72.55	8.14	50.23	5.64	52.83	5.93

四、推广先进技术，保护耕地土壤，提高肥力水平

（一）培肥地力，科学施肥

1. 平衡施肥 化肥是最直接最快速的养分补充途径，可以达到 30%～40% 的增产作用。目前，尚志市在化肥施用上存在着很大的盲目性，如氮、磷、钾比例不合理、施肥方法不科学、肥料利用率低。这次耕地地力评价，摸清了土壤大量元素和中微量元素的丰缺情况，得知氮相对缺乏、钾严重缺乏，因此，在今后的农业生产中，应该大面积推广测土配方施肥，达到大、中、微量元素的平衡，以满足作物正常生长的需要。

2. 增施有机肥 大力发展畜牧业，增加有机肥源。畜禽粪便是优质的农家肥，应鼓励和扶持农户大力发展畜牧业，增加有机肥的数量，提高有机肥的质量。做到公顷施用农家肥 30～45 吨，3 年轮施 1 遍。要推广应用堆肥、沤肥、沼气肥，广辟肥源，在根本上增加农家肥的数量。

3. 秸秆还田 据研究每公顷施用 750 千克的玉米秸秆，可积累有机质 225 千克，大体上能够维持土壤有机质的平衡。同时在玉米田和水稻田上可采用高根茬还田。根茬还田能够有效提高土壤肥力，增强农业生产后劲。

（二）推广保护性耕作技术

保护性耕作主要是免耕、少耕、轮耕、深耕、秸秆覆盖和化学除草等技术的集成。保护性耕作技术与传统深翻耕作相比，可降低地表径流 60%，减少土壤流失 80%，减少大风扬沙 60%，可提高水分利用率 17%～25%，节约人畜用工 50%～60%，增产 10%～20%，提高效益 20%～30%。由此可见，实施保护性耕作不仅可以保持和改善土壤团粒结构、提高土壤供肥能力、增加有机质含量、蓄水保墒，而且能降低生产成本，提高经济效益，更有利于农业生态环境的改善。

（三）推广旱作节水农业

尚志市为雨养农业区，农田基础设施建设和灌溉方式仍比较落后，实现灌溉的仅限于水稻和蔬菜作物，占耕地面积 80% 的旱田尚无灌溉条件。在生产中易受春旱、伏旱、秋

旱威胁。水田基本上仍然采用土渠的输水方式，管道输水基本没有，防渗渠道也极少。所以在输水过程中，渗漏严重。今后应不断完善农田基础设施建设，保证灌溉水源，并大力推广使用抗旱品种和抗旱肥料，推广秋翻秋耙春免耕技术、地膜增墒覆盖技术、坐水种技术、喷灌和滴灌技术、化肥深施技术和化控抗旱技术等。

第八章 耕地生态农业建设

第一节 基本情况

一、自然环境状况

尚志市地处北纬 44°28′～45°35′、东经 127°17′～129°12′，位于黑龙江省东南部、张广才岭西麓。境内地质构造复杂，火成岩、沉积岩、变质岩俱全，以火成岩为主。地层出露不全，古生界地层因被岩浆吞噬和受构造变动的破坏，分布较零散。中、新生界分布较广泛。岩浆岩占总面积80%以上。境内土地总面积891 000公顷，其中，山地丘陵、平原、水域分别占总面积的80%、15%和5%，大体呈八山、半水、分半田结构。高度在海拔176～1 639.6米，由东南至西北形成环形高格局。全部地貌为低山、沟谷、中山、中山相间的山地丘陵地。境内山脉属长白山分支-小白山系，地势复杂，山岭连绵，有大小山岭162座。年均日照4 444小时，实照2 450～2 700小时，占可照时数58%，全年日均实照7小时。年均蒸发1 084毫米。年均降水量666.1毫米。境内有蚂蚁河、牤牛河、阿什河三大水系，有河流120余条。地表水总量24.63亿立方米，人均占有4 056立方米，是黑龙江省平均量的2.3倍。境内有暗棕壤、白浆土、草甸土、沼泽土、泥炭土、新积土、水稻土7个土壤种类。其中，暗棕壤占土壤总面积69.73%。尚志市境内自然资源丰富，有耕地99 737.46公顷，其中林地、耕地、牧地分别占土地总面积的71.78%、13.87%和4.2%。有野生植物850余种，野生动物680余种。有金属、非金属矿61种，其中，大理石、花岗石、白黏土、煤、石墨等分布面广，储量较大。境内常有低温、霜冻、旱涝、暴雨、冰雹、大风等自然灾害。1960—2005年，发生低温冷害9次。自1953—2005年出现旱涝灾害19次，暴雨49次，冰雹104次。

二、建设生态农业的必然趋势

在我国经济社会发展进入新的历史阶段，中共中央明确提出建设可持续发展农业，就是要在经济和社会发展的各个方面，切实保护和合理利用各种资源，形成生态良性循环。而尚志市是农业市，做好生态农业建设是实现农业可持续发展的重要保证。

构建生态的农业生产体系，要大力发展集约化农业和节约型农业，调整农业生产布局和产品结构，不断提高农业产业化和精准化水平，节约使用土、肥、水、电、种等投入要素，深入推广节水灌溉技术和节能型农业技术，积极推进秸秆、牲畜粪便等农业废物综合利用，改善农村生存环境，大力发展沼气工程并使之成为农村的补充和替代能源。结合尚志市的实际情况，加快生态农业建设应从提高耕地质量、农业节水、农村节能几方面入手。

第二节 提高耕地质量

加强耕地质量建设，大力推广绿肥种植、秸秆直接还田、秸秆过腹还田、测土配方施肥、施用有机肥等耕地培肥技术，指导农民科学施肥、提高肥料的利用率。

一、耕地地力调查与质量评价结果分析

参照农业部关于本次耕地地力评价规程中所规定的分级标准，并根据第七章所述的评价结果，将尚志市基本农田划分为3个等级。其中，一级地属高产农田，二级地、三级地属中低产农田。

尚志市土地总面积为891 000公顷，其中耕地面积99 737.46公顷（不包括国有林场），占总面积的11.2%。其中旱田面积65 705.46公顷，占65.9%；水田面积23 285.4公顷，占34.1%。中低产田合计78 960.37公顷，占基本土壤面积的79.17%。

（一）土壤存在问题

尚志市土壤存在的主要问题是：土壤潜在肥力不高，地力减退明显；低洼土壤面积大，湿涝威胁严重；水土流失和土壤沙化现象开始发生。分述如下。

1. 土壤潜在肥力不高，地力减退明显 过去许多人认为尚志市是北大荒，开发晚，山地多，土质肥。这次土壤普查，对所采取的农化样和剖面样分析归纳，对荒地和耕地土壤肥力及不同开垦年限耕地有机质含量加以比较，结果证明，尚志市土壤潜在肥力不高，地力减退明显。

土壤潜在肥力不高，一是因为尚志市各类土壤有机质平均减少17.31克/千克，说明整个土体有机质含量较少。二是因为尚志市土壤黑土层普遍不厚，土壤系统命名是以黑土层厚度定土种名的。尚志市22个土种，按黑龙江省统一标准定为薄层的有6个，有机质主要存在于黑土层，黑土层薄，说明有机质总量不多。

地力明显减退，一是耕地比荒地有机质明显减少，典型调查统计，平均耕地比荒地土壤有机质减少37.5克/千克，全氮减少0.39克/千克。二是不同开垦年限耕地有机质下降速度大，典型调查统计，开垦15年的耕地土壤有机质平均每年下降31克/千克，开垦30年的耕地土壤有机质平均每年下降18克/千克。由此可以说明，尚志市耕地土壤有机质每年以2%～3%的速度在减少。

2. 低洼土面积大，湿涝威胁严重 尚志市平原和低平原及山间沟谷发育的土壤有很大一部分是泥炭土、沼泽土和沼泽化草甸土、泛滥地草甸土，这些土壤由于它们所处地势低洼，地下水位高，且外水常常浸淹，使土体经常过湿，湿涝经常发生，普查统计，上述低洼土壤尚志市共有31 069公顷，占全市土壤总面积31%。湿涝威胁经常发生。

3. 水土流失和土壤沙化现象开始发生 以前，尚志市人烟稀少，耕地不多，自然植被繁茂，水土流失和沙化现象发生程度较轻，20世纪50年代大力开发以后，特别20世纪70年代抢开荒原以后，水土流失和土沙化现象开始发生，现在东北部低山丘陵坡地，由于地形坡度大，土质黏，土壤渗透性差，春季融雪和夏季大雨，许多地块水流产生断垅

和细沟，有些桥梁和道路曾被暴雨冲毁，中部平原岗包，因地势高，土层薄，底土进细沙，自然植被破坏后，没有防风林，春季大风，使岗地上的种子被吹露出土面。岗下地块下雨后被淹。水土流失和土沙化现象在尚志市虽然没有大面积毁地减产，但小面积流失养分，影响产量却一年比一年严重（图8-1）。

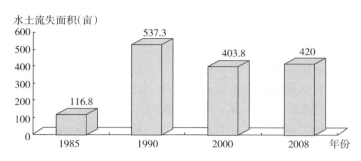

图8-1　尚志市各年水土流失面积对比

据2000年卫星遥感数据显示，尚志市水土流失面积为269 200公顷，占尚志市国土面积的30.21%。其中，轻度流失面积82 000公顷，占水土流失面积30.46%；中度流失面积159 600公顷，占水土流失总面积的59.29%；强度流失面积27 600公顷，占水土流失总面积10.26%。

虽然1999年以后尚志市实施了国家"天保工程"项目，水土流失得到有效遏制，但由于治理的速度跟不上破坏的速度，水土流失面积仍然保持一个较高值。

水土流失使流域降雨汇流时间缩短，汇流量增加，加速了水资源的流失。据尚志水文站统计，1990年以前降雨汇流时间（蚂蚁河源头降雨形成的洪峰到达尚志镇的时间）约为30个小时，而现在汇流时间仅为24个小时左右。1990年以前径流系数（为一定时段内降水所产生的径流量与该时段降水量的比值，以小数计）一般小于0.7，现在已经达到0.8。

另外，水土流失造成大量泥沙下泄，淤积塘坝、水库，降低了这些水利设施的蓄水功能。

水土流失的原因有自然因素，也有人为因素，但主要是人为因素。毁林开荒和粗放耕作是造成森林覆盖率降低和水土流失的主要原因。20世纪60年代初，尚志市森林覆盖率达70%以上，现已下降到平均57.7%。遏制不住水土流失，可持续发展就无从谈起。

（二）土壤的改良利用

针对土壤存在的问题，尚志市土壤改良利用主要应当认真加强用地、养地结合，积极治理湿涝，防止水土流失和土壤沙化。

1. 认真加强用地、养地结合　土壤潜在肥力不高，地力明显减退是尚志市土壤存在的主要问题之一。针对这一问题，必须认真加强用地和养地结合，为了认真加强用养结合，不仅应当认识到用地养地的迫切性和重要性，而且应当认识到地力减退非常明显。目前，尚志市土壤有机质年下降速度是2%～3%。因而，说明尚志市认真加强用地养地结合是非常必要和十分迫切的。

尚志市地力减退的原因主要是过度开荒，垦建失调，掠夺式经营，只用地不养地。开荒缺乏全面规划、垦建失调主要表现是：把一些山坡和岗包地原来的树木砍光开垦成耕地，即没有合理开发和长远打算，也没留有防护林带，更没有及时营造防护林。结果现在出现了水土流失和土壤沙化等现象。当时把一些低地和河套地乘干旱之机开垦成耕地，既没修像样的排水工程，也没搞配套防洪措施，结果湿涝灾威胁经常发生，甚至不得不撂种，根本不能耕种。掠夺式经营，荒地开垦后，没有建立合理的耕作制度和种植措施，忽视轮作换茬，有的地块种植同一作物达五六年之久，致使土壤中养分失调、明显下降，产量不高，在土地耕作上大多数地块都是秋翻春耕，总是一个耕翻深度，不注重耕翻地的质量和改进耕作方法。不少地块每年只铲趟一遍。个别地块是春种秋收，不进行管理，在养地措施上方法不当，有机肥施的少，又不是有计划逐年逐地块施用，而是有机肥就近施。农家肥和化肥不能合理配合施用，氮、磷、钾肥施用比例不当。

培肥地力，防止地力减退应从几方面做起。一是广开肥源，建立土地补偿制度，通过积攒各处牲畜粪和沤制各种土粪、秸秆还田、种植绿肥等，增加土壤有机质，提高土壤肥力。二是科学施用化肥，测土配方施肥，根据不同土壤、不同作物、不同生长季节，有针对性地合理搭配施用化肥，满足作物生长需要，保持土壤肥力。三是改革耕作制度，建立合理轮作制度避免重茬迎茬。积极实行深松浅翻，促进土壤熟化，改善土壤环境条件，合理铲趟，精耕细作，消灭杂草，保存土壤养分。四是加强田间工程和田间管理，修建排灌工程，营造防护林。

2. 治理湿涝　低湿土壤多，湿涝威胁是尚志市土壤存在的主要问题，也是尚志市农业生产最主要自然灾害。针对这一问题，应当积极采取有效措施治理湿涝。

湿涝产生的原因有地形、土壤、气象等多方面因素。从地形看，尚志市许多地方地势低平，地下水位较高，地下水长期浸润土体，沼泽连片，没有明显河道泄水，雨水季节，外水汇集产生湿涝。从土壤上看，尚志市不少土壤板结，母质黏重，渗透力差，一旦雨水较多，便产生湿涝。从气象看，尚志市年际间和季节间降水都很不均，相差很大，最多年降水曾达 828 毫米，最少年降水只有 324 毫米，7~8 月降水占全年总降水的 10%~20%。在丰水年和多雨季节，土壤补给水大增，远远超出土壤排水力，从而产生湿涝。2009 年 7 月 3 日 13：00~14：00，尚志市亚布力镇丰收村、珍珠山乡珍珠村等地降雨 32 毫米，加之前期降水土壤饱和，致使亚布力镇、珍珠山乡不同程度受灾，据上报统计，300 万袋地栽木耳被水冲走，近千公顷农田受灾。另外，尚志市深厚的和长时间的冰冻层，阻碍融雪渗透和排泄也是产生湿涝原因之一。土壤湿涝不仅影响整地，播种，种子发芽，根系发育，植株生长、管理、收获等农事工作，而且常常造成大面积、大幅度减产和绝产。

治理湿涝的方法：一是应当根据湿涝产生的原因和类型分别采取筑堤防洪，挖沟截流，修渠排水、高垅台作等措施加以防治。二是应当掺沙改良土壤黏性，增加土壤渗透力，积极施入有机肥，合理深松浅翻，改变土壤结构，提高渗水能力。三是因地制宜，扬长避短，旱路不通走水路。利用土壤渗透性弱、地势平，水源充足等特点，大力发展水田，有的可以养草放牧或育苇养鱼。

3. 防止水土流失和土壤沙化　水土流失和土壤沙化也是土壤存在的主要问题之一，也应该引起充分注意。

水土流失和土壤沙化产生有自然因素和人为因素两个原因，水土流失的自然因素主要是地形较陡，集水面积大，水流急，雨水集中，常有大雨和暴雨，土壤表层松散，底层黏重，抗蚀性弱，透水性差，植被稀疏，地表裸露；人为因素主要是自然植被破坏严重，管理不善，开发利用不合理。土壤沙化的自然因素主要是地势高、土层薄、土质松散、植被稀疏、地表外露；人为因素是破坏自然植被盲目垦荒，耕作粗放，措施不当。

防止水土流失的方法，一是坡度大的耕地退耕还林，杜绝乱垦伐，保护自然植被，封山育林，提高森林覆盖率。二是合理耕作，增施有机肥，采取深松浅翻等耕作措施，改善土壤性状，提高抗蚀能力。三是根据坡度、侵蚀度修造地埂、台坊、水簸箕、截流沟等工程，分割水势，挖土蓄水。

防止土壤沙化主要是积极营造防风林，个别土层薄、细沙里埋藏浅的岗包地应当退耕还林还牧。

坚持以人为本和全面、协调、可持续的科学发展观，是中共中央从 21 世纪新阶段党和国家事业发展全局出发，站在时代的高度，适应全面建设小康社会的需要提出的重大战略思想。牢固地树立和全面落实科学发展观，对于促进经济社会和人类的全面发展，具有重要的现实意义和深远的历史意义。按照科学发展观要求，合理开发利用水资源，是促进生态与经济协调发展的重要保证。

针对尚志市水土流失的现状，要解决以下几方面问题。

（1）科学开发利用水资源，防治水土流失和水污染：

①重新修订蚂蚁河流域规划。坚持兴利与除害相结合，兼顾上下游、左右岸和有关地区之间的利益，充分发挥水资源的综合效益的原则，从可持续发展的角度，科学制订近期和远期水资源开发利用规划。最近的一次蚂蚁河流域总体规划是在 1997 年由哈尔滨市水务局主持编制的，距现在已经十几年了，亟须修改完善。

②在蚂蚁河源头建立生态保护区，从源头上防治水土流失，涵养水资源，保护母亲河。

③加强蚂蚁河沿岸退耕还河、退耕还堤、退耕还林、退耕还草和退耕还湿力度，维护河流的正常生态自净功能，保持生物多样性，维护生态平衡，减少流水对堤岸的冲刷，增强防洪安全。

④加强蚂蚁河沿岸小流域综合治理，防止区域性水土流失，改善生态环境，提高水资源的涵养能力。

⑤加大治污力度，严格执行废污水排放制度，加快企业污水治理步伐，减少污水排放量，提高治污水平。

⑥进一步完善与水法规体系相适应的职能机构，实现依法治水、管水、用水，强化水资源的统一管理，严格执行取水许可制度，加大水行政执法力度，保证有限的水资源和水利工程更好地为国民经济持续、高速发展和人民安居乐业服务。

⑦加强节水管理，提高节水水平。农业节水主要是通过完善渠系配套设施、推广节水设备、提高节水灌溉技术等来实现的。工业节水主要是通过更新设备、改进生产工艺和中水利用［城市污水经处理设施深度净化处理后的水统称中水。其水质介于自来水（上水）与排入管道内污水（下水）之间，故名为中水。中水利用也称作污水回用］来实现的。生

活节水的主要措施是加强宣传，大力推广使用节水器具，适时提高水价，利用价格杠杆促进节水。农业、水务、环保等部门要在管理上加大力度，积极引导，提高全社会的节水水平。

（2）加快更新、改造现有水利工程，重点加强农业用水管理：尚志市2010年农业用水占全市总用水量的88%，比重较大，因此要重点加强农业用水管理。一是增加投资，加快现有水利工程更新、改造进程。尚志市现在水利工程大多是20世纪50～60年代修建的，年久失修，水毁严重。应多方筹集资金，加快工程更新、改造进度，使其发挥应有的经济效益与社会效益。二是加快灌区渠系改造，减少输水损失和浪费。尚志市目前仅河东灌区支渠、斗渠进行了衬砌，其他灌区渠道衬砌率为零。据分析，完全衬砌可减少80%以上的输水损失。三是调整种植结构，限制水田面积扩大，减少用水量。四是提高农业用水科技水平，从选择品种、耕作方式等各个环节提高农技水平，科学种田，节约用水。

（3）修建骨干控制性蓄水工程，增强流域水资源调蓄能力：就缺水形势看，由于节水量有限，通过节水不能从根本上解决目前缺水问题，还必须依靠工程措施。

经蚂蚁河流域规划论证，蚂蚁河干流上不宜再修建拦河坝和水库，并且历次规划治理中均推荐在一些主要支流上有计划地修建一批蓄水工程，以解决用水需要。

亚布力水库是骨干控制性蓄水工程的首选。1984年以后的历次蚂蚁河流域规划均将亚布力水库（原名尚礼水库）推荐为蚂蚁河流域综合治理的第一期骨干工程。亚布力水库位于蚂蚁河支流黄泥河下游，闻名世界的亚布力滑雪场、风车山庄、国家南极考察训练基地均在其附近。水库距亚布力镇12千米，距尚志镇80千米。集雨面积407公顷，总库容9 600万立方米，兴利库容6 800万立方米，死库容800万立方米。水面面积8.4公顷，回水长度约5千米，距现在滑雪旅游度假区山门只有1.5千米。水库坝长970米，最大坝高25.8米。预算总投资6.07亿元。它承担下游灌溉、防洪治涝、尚志市城镇补水水源、水力发电等多项任务，对于整个流域的综合治理具有举足轻重的作用。亚布力水库建设是蚂蚁河流域综合治理、全面开发的需要，主要表现在以下方面。

一是农业灌溉用水的需要。目前，蚂蚁河流域水资源利用率较低，大多数宝贵的水资源白白流走了。亚布力水库建成后，可为尚志、方正、延寿3个县（市）666.7公顷灌区进行补水灌溉，效益显著。可发展直灌区1 000公顷，补水灌区21 000公顷，总灌溉面积22 000公顷。目前，水库下游灌溉水田34 600公顷，水库建成后，可将15 500公顷旱田改为水田，将大部分中低产田变为高产田，农业生产的优质、稳产、高产得到保证，农民收入将大幅度增加。

二是下游河道防洪的需要。由于该流域年内降雨主要集中在6～9月，河水容易泛滥成灾。自1932年以来共发生15次洪水，平均每4年发生1次，给蚂蚁河两岸人民造成巨大灾害。亚布力水库规模较大，调洪作用大。水库建成后可使黄泥河下游两岸的防洪标准达到10年一遇，与干流堤防结合，可使蚂蚁河干流尚志镇以上堤段由现有20年一遇堤防标准提高到25～30年一遇标准。可保护村屯23个，人口19 937人，房屋11 537间，耕地面积37 300公顷，大大降低了洪涝灾害所带来的损失。

三是发展旅游的需要。亚布力滑雪旅游度假区现在的状况是冬季旅游非常红火，其他季节游人寥寥无几，水库建成后将彻底改变这一尴尬局面，形成四季旅游，亚布力才能称得上真正的滑雪旅游度假区。

四是城镇供水的需要。水库下游流经尚志市的亚布力镇、苇河镇、一面坡镇、尚志镇，共有人口 30 余万。现在每天的供水能力仅为 2.5 万吨，供水量严重不足，沿线居民的生产生活已经受到了严重影响，严重制约了沿线几个城镇的经济发展。国家已将尚志市列为哈尔滨与牡丹江之间副中心城市，随着城市的发展，城镇人口必将迅速增加，供水矛盾将日益突出。亚布力水库建成后将彻底解决水源不足的问题。

二、抓生态建设，促进可持续发展

尚志市自 1999 年 1 月开始正式实施省级生态示范区试点市建设以来，市委、市政府对此项工作给予了高度重视，将其纳入尚志市国民经济发展规划，并列入市委、市政府的重要议事日程，摆上国民经济发展同等重要地位来抓，从生态农业建设、工业污染防治、水利工程建设、退耕还林、湿地保护、城镇基础设施建设等几个方面入手，认真实施可持续发展战略，经几年的不懈努力，于 2001 年被省政府验收为省级生态示范市，2002 年被批准为国家生态示范市。

（一）实施"两退"，努力恢复山区和湿地植被

尚志市市委、市政府多次在会议上强调，对不适宜耕种的坡、洼地实施"退耕还林、退耕还草"，对重要生态功能区实行重点保护，对已开垦未适宜耕地荒地迅速还林、还草、还湿地。1999 年，退耕还林 1 110 公顷；2000 年，退耕还林 1 546 公顷。截至 2010 年，尚志市退耕还林总计 3 886 公顷，代表土类为暗棕壤 3 570 公顷、草甸土 316 公顷，还草、还湿地总计 1 334 公顷，代表土类为沼泽土。

（二）依托生态建设，发展绿色农业

尚志市在制订国民经济和社会发展第十个五年规划时，把生态建设作为重点进行了规划，着力发展绿色产业，将一面坡镇长营村列入水稻生态农业示范区，面积为 80 公顷；石头河子镇列入"三莓"绿色生产示范区，面积为 200 公顷。并通过示范区建设全面推进尚志市生态农业建设和农业可持续发展。一是加大尚志市耕地培肥工作力度。二是保证有机肥质量的同时，广辟肥源，在完成城镇菜田平均公顷耕地投肥 60 立方米、大田平均投肥 37.2 立方米的同时，实现了绿色园区公顷投有机肥 225～300 立方米的目标。三是科学施肥，把测土配方施肥工作落到实处，坚持有机肥与无机肥相结合的方针，提倡有机肥为主、无机肥为辅以提高地力后劲，尚志市平衡施肥面积在 95% 以上，并加大推广大豆、玉米、水稻侧深施肥和秋施肥技术，使化肥的利用率提高 5%～10%，在选肥上建议农民多选用绿色肥料，仅 2002 年尚志市共销售使用绿色肥料 700 余吨，达到了扼制化肥污染、提高作物品质的目的。四是有效地增大了秸秆粉碎还田面积，有效地抑制了养分的流失，秸秆综合利用率达到 80%，提高了养分还田能力。正是由于尚志市狠抓耕地的保养工作，有效地扼制了土地的掠夺式经营，造成土壤肥力快速下滑的趋势，土壤条件得到了改善，据黑龙江省统测结果，土壤有机质含量保持在 35～50 克/千克的水平。五是选用抗病品种，合理轮作，加强肥水管理及温湿管理；降低病虫害的发生概率，达到少施农药的目

的，做好病虫害的预测预报，降低残留农药，特别是绿色园区严格控制的高毒、高残留农药。由于病、虫、草的防治采取了较为科学的治理措施，不但防治率在83%以上，而且在最大限度上控制住因施农药造成的环境破坏现象，同时也提高了作物的品质。六是控制白色污染。多年来，尚志市对白色污染工作十分重视，将其列入尚志市农业工作重点责任目标中，加强管理，及时进行检查验收，使尚志市残膜回收率常年在98%以上，年年通过省、市验收。

（三）建立良好的野生动植物生态环境，保持生态平衡

尚志市境内生物资源比较丰富，除有广袤的森林资源外，还有水禽如丹顶鹤、白鹤、白天鹅、大雁等几十种，数量上万只；有陆生野生动物如马鹿、驼鹿、棕熊、黑熊、狍子、野猪等20多种。近几年，尚志市加大了野生动物的保护工作力度，收缴各类枪支，加大执法力度，使各类动物有了繁衍生息的条件，种群数量增加。尚志市已禁止木材乱砍滥伐、乱捕乱猎和依法加强生物多样性的保护工作，从而使各种野生动物数量有所增加。

（四）加大植被保护，防治水土流失

防止水土流失的主要工作是实施天然林保护工程、水保工程。2004年，完成水土流失治理面积3 347公顷，其中植物措施2 867公顷，工程措施480公顷。植物措施主要是种植树木，退耕还林，各林场、乡（镇）采取集体统一方式治理1 667公顷；群众自筹资金治理1 200公顷。工程措施主要是挖截流沟21 000延米；蓄水池8处，鱼鳞坑20 000余个。另外，有些坡地采取改垄耕作，共完成工程量1 733公顷。

（五）加大农业基础设施建设

农田水利工程得到改善。尚志市政府高度重视和正确领导农田水利工程建设，积极参加深入开展省、市举办的农田水利"黑龙杯"竞赛活动，充分调动了群众办水利的积极性，专群结合、人机结合、常年和季节突击相结合，大干水利，使尚志市农田水利建设逐年取得成效。

20世纪80年代，尚志市以治涝为重点，开挖了排水沟、截流沟和农田路结合的排水支沟；20世纪90年代，以防洪除涝为中心，修复水毁工程和进行灌涝区渠道清淤。结合中低产田改造，加快了农业开发的步伐。1999年以后，以抗旱除涝提高灌溉能力为重点，至2008年尚志市农田机电井达2 524口，有效灌溉面积达到15 760公顷，其中旱涝保收10 430公顷。

截至2009年年末，尚志市大中型拖拉机保有量达到1 686台，小型拖拉机保有量4 708台。12～15马力的小型拖拉机已经淘汰，正逐步向20马力级别发展，水田动力机械已经打破只有手扶拖拉机一种机型的格局，各种型号中等功率的四轮驱动拖拉机已占据水田动力机械的主导地位。在旱田整地机械方面，深松联合整地、旋耕整地机械正替代传统的铧式犁和圆盘耙作业，播种作业已实现全部精密播种。

（六）加强工业污染的防治、确保"一控双达标"任务的完成

按照国务院和黑龙江省省委、省政府的要求，尚志市抓住了2000年"一控双达标"工作契机，把工业污染防治同生态建设有机结合起来，采取了切实可行的措施。一是签订了达标排放责任状，二是落实防治方案、强化规范管理，确保任务的完成。

把生态建设同改善城镇人民生产、生活环境质量结合起来，促进了尚志市生态环境整体水平的提高。具体做法：一是加快市政建设，二是加快园林绿化工程建设，三是对城乡环境综合整治，四是开辟了边城加生态旅游产业。

三、耕地地力与农业生态建设、产业结构调整

粮食安全问题一直是世界各国都高度重视的问题，中国作为拥有世界五分之一人口的发展中大国，这个问题就显得尤为突出，粮食安全一旦出了问题，不仅是中国的灾难，也是世界之灾难。目前，我国的粮食总产一直徘徊在 5 464 亿千克左右，据国内外研究预测，到 2030 年，中国的耕地将减少 10 000 000 公顷，而人口将增加到 16 亿，粮食总需求将达到 6 400 亿千克，很显然，中国未来的粮食安全面临着巨大的挑战。

粮食安全的保障不仅取决于耕地的数量，还决定于耕地土壤的质量。开展耕地地力调查与质量评价，是加强耕地质量建设的实质性措施和关键性步骤。通过耕地地力调查与质量评价，不但可以科学评估耕地的生产能力，发掘耕地的生产潜力，而且还能查清耕地的质量和存在的问题，对确定土壤的改良利用方向、消除土壤中的障碍因素、指导化肥的科学施用、防止耕地质量的进一步退化，具有重大的现实指导意义。

耕地地力调查是对耕地的土壤属性、耕地的养分状况等进行的调查，在查清耕地地力和质量的基础上，根据地力的好坏进行等级划分，最终对耕地质量进行综合评价，同时建立耕地质量管理地理信息系统。这项工作不仅直接为当前农业和农业生态环境建议服务，更是为今后更好地培育肥沃的土壤、建立安全健康的农业生产立地环境和现代耕地质量管理方式奠定基础。科学合理的技术路线是耕地地力调查和质量评价的关键，因此，为确保此项工作的顺利进行，在工作中始终遵循统一性原则，充分利用现有成果结合实际，把好技术质量关。

尚志市耕地土壤在开垦初期，农田生态系统基本上处于稳定状态，然而在以后的一段时间里，由于"以粮为纲"，过渡开垦并采取掠夺式经营，致使生态系统遭到了极大的破坏，导致风灾频繁、旱象严重、水土流失加剧。当前生态环境建设的目标是恢复建立稳定复合的农田生态系统，依据这次耕地地力调查和质量评价结果，下决心调整农、林、牧结构，彻底改变单纯种植粮食的现状，对坡度大、侵蚀重、地力瘠薄的部分坡耕地要坚决退耕还林还草，此外要大力营造农田防护林，完善农田防护林体系，增加森林覆盖率，这样就使农田生态系统与草地生态系统以及森林生态系统达到合理有机的结合，进而实现农业生产的良性循环和可持续发展。

（一）产业结构调整

尚志市市委、市政府坚持标本兼治，开发生态示范区基础建设，1999 年退耕还林 1 110公顷，2007 年退耕还林 1 546 公顷，还草、还湿面积 1 334 公顷，建设农业示范区 396 公顷，粮经饲比例 5：3：7，基本形成产业结构调整及产业化新格局。在发展调整农业结构方面，尚志市重点实施 7 917 工程，即抓好 7 个初具规模的产业化新格局，9 个雏形产业化链，探索 17 个比较有发展潜力的后续产业化基础项目，从而建立新型农业产业化结构与世贸发展接轨。

（二）解决土壤问题，培肥土壤，提高地力

1. 平衡施肥　化肥是最直接、最快速的养分补充途径，可以达到30％～40％的增产作用。目前，尚志市在化肥施用上存在着很大的盲目性，如氮、磷、钾肥比例不合理，施肥方法不科学，肥料利用率低。这次土壤地力调查与质量评价，摸清了土壤大量元素和中微量元素的丰缺情况，得知氮、钾、锌、硼较缺乏，因此，在今后的农业生产中，应该大面积推广测土配方施肥，达到大、中、微量元素的平衡，以满足作物正常生长的需要。

2. 增施有机肥　大力发展畜牧业，增加有机肥源。畜禽粪便是优质的农家肥，应鼓励和扶持农户大力发展畜牧业，增加有机肥的数量，提高有机肥的质量。做到公顷施用农家肥30～45吨，有机质含量20克/千克以上，三年轮施一遍。此外，要恢复传统的积造有机肥方法，搞好堆、沤肥、沼气肥、压绿肥，广辟肥源，在根本上增加农家肥的数量。除了直接施入有机肥之外，还应该加强"工厂化、商品化"的有机肥施用。

3. 秸秆还田　作物秸秆含有丰富的氮、磷、钾、钙、镁、硫、硅等多种营养元素和有机质，直接翻入土壤，可以改善土壤理化性状，培肥地力。据调查，农民在解决烧柴、喂饲用途外，完全有能力拿出20％～30％用于还田。据研究，每公顷施用750千克的玉米秸秆，可积累有机质225千克，大体上能够维持土壤有机质的平衡。同时在玉米田和水稻田上可采用高根茬还田。研究表明，公顷产量750千克，玉米根茬量大约在850千克，其中有750千克的根茬可残留在土壤中，大体相当于施用1.5万千克的有机肥中有机质的数量。根茬还田能够有效提高土壤肥力，增强农业生产后劲。

4. 种植绿肥　目前，地力瘠薄，生产能力有限的条件下，引导农民种植绿肥，既可以用于喂饲，实行过腹还田，又可以直接还田或堆沤绿肥，使土壤肥力有较大幅度的恢复和提高。

5. 合理轮作　根据尚志市的气候条件、土壤条件、作物种类、周围环境等，合理布局，优化种植业结构，要实行玉米、大豆、小麦轮作制，推广粮草间作、粮粮间作等，可以使耕地地力得到恢复和提高，增加土壤的综合生产能力，增加农民收入，提高经济效益。

6. 建立保护性耕作区　保护性耕作主要是免耕、少耕、轮耕、深耕、秸秆覆盖和化学除草等技术的集成。目前已在许多国家和地区推广应用。农业部保护性精细耕作研究中心提供的资料表明，保护性耕作技术与传统深翻耕作相比，可降低地表径流60％，减少土壤流失80％，减少大风扬沙60％，可提高水分利用率17％～25％，节约人畜用工50％～60％，增产10％～20％，提高效益20％～30％。由此可见，实施保护性耕作不仅可以保持和改善土壤团粒结构，提高土壤供用能力，增加有机质含量，蓄水保墒，而且能降低生产成本，提高经济效益，更有利于农业生态环境的改善。

第三节　推进农业节水

大力发展旱作节水农业，合理确定种植结构，积极推广深耕、膜下滴灌技术。因地制宜地实行喷灌、滴灌、微灌等高效节水工程。逐步提高灌溉水有效利用系数。

随着大棚温室生产数量增多，生产技术不断提高，许多新技术、新设施广泛地应用到

大棚温室中，软管滴灌、渗水灌溉是为大棚温室内的生产而开发的节水灌溉技术，属于局部灌溉，使地面局部湿润、无积水且水分蒸发较少。尚志市已全面推广使用这两项灌溉技术。采用节水灌溉技术平均可节水70％左右，亩可节水500多立方米。2006年年底，尚志市采用软管滴灌、渗水灌溉技术的大棚温室种植户计划达到75％。

近年来，旱改水的农户较多，水田灌溉用水量大，采用适宜的水稻灌溉技术可以做到合理科学用水。水稻节水高产增效技术已在尚志市全面推广。水稻节水高产增效技术是根据近年来水资源缺乏而发展起来的一项值得推广的种稻技术，根据水稻生态需水量要求而实施湿润灌溉、节制灌溉用水的一项高产高效的重要配套技术。

2010年，尚志市有水田面积34 032公顷，其中2 653公顷水稻实行水稻节水高产增效技术。

水稻节水高产增效技术主要技术措施有：①培育耐旱壮秧；②选择耐旱、抗病品种；③采用旱整地方法；④根据水稻需水特点调节用水；⑤采用湿润灌溉技术；⑥使用塑钢池埂，采用水稻节水高产增效技术，平均公顷增产810千克。

尚志市2009—2012年对全市耕地养分进行了全面普查。2009年，在尚志市60个村内进行免费测土。采用测土配方施肥，可以合理改善土壤结构，提高耕地质量。

不同地区和不同时期，由于区情的资源条件及其组合特点不同，其结构也各有所不同。生态农业是一个庞大的系统，而在这个系统中包括农业、林业、牧业和渔业等系统。尚志市农业技术推广中心将全力以赴做好生态农业建设工作，实现农业的高产、优质、高效，从节地、节水、节种、节肥等关键技术推广入手，积极实施节能培肥地力增效工程，实现节能与增效的双赢，经济效益、社会效益双赢。

第九章　耕地地力调查与种植业结构调整

第一节　概　　况

一、专题调查背景

(一)种植业结构的现状

尚志市是国家重点商品粮基地县之一，也是农业大市，农业生产总值在农村经济的比重比较大。历史上，尚志市农作物种植主要是玉米、水稻、谷子、小麦、糜子、高粱、荞麦、大豆、小豆、绿豆等十余种，以玉米、水稻、大豆面积为多。20世纪70年代，由于玉米杂交种的出现和水稻高产品种的培育成功，加之当时农业生产的指导思想是以粮食为纲，高产作物玉米和水稻的种植面积逐年扩大，而经济作物和大豆种植大面积压缩，形成了玉米、水稻、大豆为主的三大作物种植模式。1989年，三大作物播种面积占农作物总播种面积的86%，其中玉米播种面积为21 000公顷，占全市粮豆面积的26.5%；大豆为22 000公顷，占27.3%；水稻为26 100公顷，占32.2%。玉米面积呈增加趋势，水稻面积增幅也较大，而大豆面积呈减少趋势。2005年，玉米面积高达农作物总播种面积的30%以上，大豆下降到26%左右，水稻面积稳定在35.2%左右。2006年至今，农作物种植结构有了新的调整，经济作物、蔬菜、杂粮等播种面积又有了较大幅度的上升，玉米播种面积有所下降，但仍然是目前播种面积较大的作物。2009年，尚志市玉米播种面积32 130公顷，占粮豆总播面积的32.2%，大豆播种面积29 575公顷，占粮豆总播种面积的29.7%。2009年农作物播种面积及产量统计详见表9-1。

表 9-1　2009 年农作物播种面积及产量统计

项目	玉米	水稻	高粱	谷子	大豆	其他	合计
面积（公顷）	32 130	34 032	43	42	29 575	3 915.46	99 737.46
总产量（吨）	300 737	320 070	300	117	85 235	20 296	726 755

(二)土地资源配置现状

尚志市土地面积891 000公顷，其中耕地面积为99 737.46公顷。人均占有辖区面积为1.45公顷。农业人口人均耕地为0.27公顷，是全国人均耕地0.06公顷的4.5倍。尚志市的自然条件较好，是黑龙江省种植农作物种类较多的县市之一。土壤类型与山地、丘陵地区类似。按照本次地力评价结果，划分为7个土壤类型11个亚类15个土属33个土种，主要以暗棕壤、白浆土、水稻土、草甸土和新积土为主，其中暗棕壤25 000公顷、草甸土16 800公顷、白浆土43 900公顷，三项合计为85 700公顷，占尚志市耕地面积的85.9%。各土壤类型及面积详见表9-2。

表9-2　土类名称面积及所占比例

序号	土类名称	亚类数量（个）	土属数量（个）	土种数量（个）	耕地面积（公顷）	占总耕地（%）
1	暗棕壤	2	2	2	24 997.46	25.06
2	白浆土	3	3	9	43 902.15	44.02
3	泥炭土	1	2	6	2 159.49	2.17
4	水稻土	2	2	6	160.1	0.16
5	沼泽土	1	3	3	8 846.95	8.87
6	草甸土	1	2	6	16 835.24	16.88
7	新积土	1	1	1	2 836.07	2.84
合计		11	15	33	99 737.46	100

二、专题调查必要性

尚志市是农业大市，也是国家重点商品粮生产基地，农业生产特别是粮食生产是县域经济的基础，是农民收入的最主要的来源。农业形势的好坏，粮食生产的丰歉，最直接地影响着全市的农村经济发展和农民奔小康的进程。目前，我国农业生产已经进入了一个新的历史发展时期，种植业布局结构性矛盾日益显现出来，相对尚志市这个农业大市而言，这种结构性的矛盾更加突出，严重影响了农村经济的健康发展。就全国的粮食生产而言，仅1995—1998年全国累计净结存粮食1 000多亿千克，国有粮食加工企业库存总量已超过2 500亿千克，出现了阶段性粮食供大于求的状况。一方面，粮食库存积压严重，调销不畅且价格偏低，国家财政补贴数额巨大，随之而来的是农民卖粮难和增产不增收；另一方面，国内粮食、面粉和食品加工企业对优质农产品的需求量逐年增加，又苦于找不到优质原料而不得不依赖大量进口来维持生产。我国加入WTO后，粮食价格失去了在国际市场上的竞争优势，加上品质差，加工能力有限，将使本来就大量积压的局面更加严峻。再者，随着我国人民生活水平的提高、膳食结构的改变以及食品加工业的发展。对优质商品粮的需求量则日益上升。因此，大力进行农业结构调整，作物生产走优质化、健康化、规模化、产业化之路，不但符合国家宏观调控政策，有助于增强我国农产品在国际市场的竞争能力，而且也是增加农民收入，稳固和提高我国农村经济的重要举措。

第二节　调查方法和内容

按照《全国耕地地力调查与质量评价技术规程（试行）》要求，这次专题调查主要调查了耕地地力情况、地形地貌情况、尚志市种植业布局情况等。耕地地力调查覆盖了尚志市的七大土壤类型，采集土壤样1 505个，其中旱田1 000个，水田505个。分析项目为耕层（0～20厘米）有机质、全氮、有效磷、有效钾，缓效钾、阳离子代换量、容重、pH，有效态锌、铁、锰、硼、钼、铜等，土壤采样方法和分析方法略（下同），并对所涉及农户及周边的生产情况进行了综合性的调查。

第三节　调查结果与分析

一、耕地地力分级情况

尚志耕地土壤类型多样，成土因素较复杂，根据本次耕地地力调查与质量评价结果，按《全国耕地地力等级类型区、耕地地力等级划分》（NY/T 309—1996）标准划分，通过 3S 技术对尚志市耕地地力科学地划分为 3 个等级。各乡（镇）所占耕地等级面积详见表9-3。

表 9-3　各乡（镇）所占耕地等级面积统计

单位：公顷

乡（镇）	面积	一级	二级	三级
长寿乡	535.99	109.32	334.88	91.79
尚志镇	249.94	29.84	77.10	143.00
黑龙宫镇	354.41	57.96	255.66	40.79
珍珠山乡	254.40	89.59	155.21	9.60
石头河子镇	245.86	23.06	53.96	168.84
庆阳镇	399.59	18.10	292.09	89.40
马延乡	513.34	411.58	52.84	48.92
苇河镇	517.27	1.99	85.18	430.11
一面坡镇	353.33	16.25	123.90	213.18
元宝镇	460.66	35.26	233.55	191.85
亚布力镇	433.13	31.47	88.37	313.28
河东乡	250.66	231.53	13.61	5.52
鱼池乡	179.34	32.76	125.55	21.03
亮河镇	455.59	24.68	192.75	238.16
乌吉密乡	695.60	115.90	536.86	42.84
老街基乡	447.39	133.30	260.29	53.80
帽儿山镇	302.66	22.54	152.21	127.92

二、地形地貌情况

尚志市境高度在海拔 176～1 639.6 米。整个地貌为东南至西北环形高、中间低的阶梯特征。最高点为珍珠山乡境内的三秃顶子，海拔 1 639.6 米；最低点为蚂蚁河下游冲积平原，海拔 176 米。全部地貌为低山、沟谷与局部中山相间的山地、丘陵地。境内东部多侵蚀中山，西部多剥蚀低山、丘陵，中部多剥蚀丘陵和堆积漫滩。

地貌分区如下。

（一）东部流水侵蚀中低山丘陵地区

该区位于境内东、中部，为张广才岭西坡。东北部狭窄，中部宽阔。地势高度为海拔300～1 139.6米，由中部向东南地势逐步升高，东部最高地带为张广才岭主脊，构成蚂蚁河与牡丹江的分水岭。由东向西形成3级夷平面，即海拔1 000米以上、700～800米、350～500米。地貌形态由中山过渡到低山、丘陵。境内分3个亚区。

1. 张广才岭岭脊西坡中低山区　位于境内最东部，为东北-西南走向，是境内地势最高的地区，海拔高度650～1 639.6米，大部分地带在700～800米，相对高度在300～700米。自东北至西南高峰分别有大锅盔山（海拔1 301.3米）、沙河大顶子（海拔1 255.2米）、高岭子（海拔1 009.9米）、老秃顶（海拔1 421.8米）、三秃顶子（海拔1 639.6米）等。山高坡陡，山脊狭窄陡峭，并多岩壁裸露及倒石堆分布，河谷深切，多呈V形。

2. 张广才岭西坡苇河-亮河丘陵区　位于境内石头河子至苇河以北，主要包括亚布力以北、苇河镇辖区大部分，为起伏和缓的丘陵。山坡较缓，山顶浑圆，河谷宽广。谷宽0.5～3千米，谷底较平。河谷中有蚂蚁河、黄玉河、东亮珠河等，沿河流域分布一些台地。全区海拔300～350米，相对高度50～100米。

3. 张广才岭西坡东段-青川低山丘陵区　本区海拔350～800米，相对高度为50～100米和200～400米，由低山、丘陵组成。切割破碎，河谷发育。地势为北部、南部高，中低部较低。区内山、丘陵、宽谷相间，地貌变化较大。

（二）西北部流水侵蚀低山丘陵地区

位于境内联合-长寿-胜利以西，山系走向为北东-南西，西北高，东南低。由低山过渡为丘陵，切割破碎，水系发育。海拔高度在300～800米，低山、丘陵显示出明显的2个阶梯特征。该区分为2个亚区。

1. 张广才岭西北帽儿山-黑龙宫低山区　位于境内西北、黑龙宫镇至帽儿山镇以西，山系走向为北东-南西，海拔高度600～800米，相对高度400～500米。地形切割强烈，水系发育，多V形谷，山坡陡峭（多在20°以上，部分山坡超过30°），难以攀登。山脊狭窄，多呈齿状，多悬崖峭壁，并有倒石堆分布。主要山峰有大猪圈山（海拔832.1米）、扇面山（海拔819.6米）、帽儿山（海拔805米）。

2. 张广才岭西北三阳-长寿-亮珠丘陵区　该区地势高度在海拔300～400米，相对高度50～200米。地形起伏和缓，山顶多呈馒头状。有些山坡度大，山峰呈金字形。区内水系发育，河谷较宽，河底较平，形成了多山间河谷、冲积平原，形成了多较兴修水库的有利地形。

（三）中部河谷盆地冲积洪积台地区

该区位于尚志市境中部，因受依舒断裂地控制，构造上自北东向南西方向延展。地形开阔，地势高度在海拔200～300米。为波状起伏的台地，其中有分布宽阔的冲积平原。台地表层为第四系更新统冲积、洪积亚黏土覆盖，多坳谷及冲沟发育，水土流失明显。该区分2个亚区。

1. 蚂蚁河谷冲积平原及冲积、洪积台区　分布在一面坡镇以北、尚志镇以东的蚂蚁河沿岸。地势为波状起伏的台地，地形开阔，起伏和缓，海拔高度180～240米，相对高度10~20米。境内坳谷发育，多近代流水形成的冲沟，水土流失严重。地块分割破碎，形成树枝状沟谷。在台地中，河流沿岸多形成由河漫滩组成的冲积平原。

2. 大泥河河谷冲积平原和洪积台区　在三阳-金山-联合林场（二保）以南的大泥河两岸，形成以老街基乡所在地为中心的宽阔山间盆地。由宽阔起伏的坡状台地与低平的河漫滩组成，河流弯曲，多牛轭湖及沼泽。海拔高度240~280米，相对高度10~20米。台面沟谷较多，起伏明显，多河谷冲积平原（表9-4、表9-5）。

表9-4　各类地貌面积统计

单位：公顷

地貌	面积
中山丘陵	83 089.93
低山丘陵	205 863.29
丘陵漫岗	423 510.32
河谷盆地	14 322.73
河流阶地	164 213.72
合计	89 100

表9-5　尚志市坡耕地分布情况统计

单位：公顷

乡（镇）	坡　度			
	3°~5°	5°~10°	10°~15°	15°以上
珍珠山乡	93.73	27.07	17.73	10.47
老街基乡	1 536.33	419.87	322.73	64.53
帽儿山镇	191.53	854.6	89.2	99.13
马延乡	1 196.6	1 351.93	500.13	291.67
元宝镇	581.73	901.8	222.13	27.2
乌吉密乡	281.73	752.13	242.67	80.07
亮河镇	460.07	697.87	454.8	269.53
石头河子镇	117.8	335.13	480.73	97.2
亚布力镇	1 032.07	1 964.6	1 247.6	389.6
黑龙宫镇	87.73	111.4	173.67	962.8
一面坡镇	574.53	592.93	307.2	114
河东乡	527.8	275.8	77.8	37.4
长寿乡	360.13	211.07	242.87	217.4
尚志镇	235.93	67.07	42.4	6.93
庆阳镇	180.53	234	59.87	679.07
苇河镇	1 433.53	1 614.13	280.13	177.53
鱼池乡	38.33	161	52.6	0
合　计	8 930.1	10 572.4	4 814.26	3 523.53

三、种植业结构与耕地资源配置存在问题剖析

1. 耕地利用强度大，忽视整治保护　通过调查表明，尚志市耕地耕层土壤有机质含量波动很大，呈明显的下降趋势，每年平均下降速度为 2%～3%，结构变坏，容重增加，供肥、供水能力下降，不少岗坡地由于盲目开荒，扩大耕地，造成严重的水土流失，农田生态系统失衡。

2. 耕地单位面积生产率不高　尚志以暗棕壤、白浆土、草甸土、沼泽土占绝对优势，中低产田占 79.2%。2009 年，粮豆公顷产量目前达到 6 566.45 千克，与 1989 年的 4 076 千克比，年平均仅增产 2.9%。

3. 农田基础建设滞后薄弱　排涝抗旱能力差，风蚀、水蚀比较严重。

4. 土地利用不合理，未能做到因土种植　尚志市土壤成土条件较复杂，地形、地貌状况不一，高产田块主要分布在河谷平原和漫岗台地地区，而低产田块主要分布在东南部的低山丘陵地区。由于一些农民和少数的领导缺乏对当地耕地地力的认识，为了追求高产，在低产田块越区种植高产作物，种植存在盲目性。加之投入不足，不能合理轮作，农田有机肥施入很少，单靠化肥补充，作物种类单一，品种单一，不但事倍功半，欲速不达，而且进一步导致耕地土壤养分的失衡，地力日益下降。

5. 作物布局不合理　尚志市粮食常年播种面积 54 600 公顷，占农作物播种总面积的 54.7%。其中，玉米播种面积在 25 400 公顷左右，占粮食播种面积的 46.5% 左右，而且以普通的粮用玉米为主，特用、饲用型玉米极少。由于普通粮食作物的经济效益较低，直接影响农业的发展。有些地方对特色农业的思路不够明确，对当地的资源优势、发展重点认识不足，未能形成明确的发展对策，经济作物布局凌乱或雷同，产业化经营总体水平不高，阻碍了农产品区域优势的发展。

第四节　合理利用土地资源，科学调整种植业结构

一、种植业结构调整的原则

种植业结构调整应以农业产业结构调整为基础，充分利用尚志市不同区域内的生产条件和技术装备水平，根据尚志市的自然、气候条件、土壤条件，发挥各区域的优势，做到趋利避害。在种植业结构调整上应以市场为导向、以效益为中心、以培育壮大优势产业为重点，压缩普通玉米面积，增加特用玉米、优质大豆和杂粮等经济作物的面积，本着规模要大、产品要精、品牌要亮的原则。在发展经济作物的同时做强做大粮食生产基地。

二、种植业结构调整的依据

根据尚志市目前农业产业状况，特别是种植业结构现状，结合本次耕地地力调查与质量评价所了解和掌握的耕地养分状况、地力等级、障碍因素和生产能力等，确定各类土壤

的适宜性。针对种植业布局中存在的问题，提出种植业结构调整的方案。

三、种植业结构调整的规划和布局

尚志市是国家重点商品粮生产基地，一直是黑龙江省的粮食主产区，承担着国家粮食安全的重任。如何解决农民种粮效益低和提高农民收入的矛盾，始终是尚志市种植业结构调整亟待破解的难题。针对尚志市的实际情况和目前种植业结构中存在的问题，今后种植业结构调整发展的思想应当是：第一，要在确保粮食生产的基础上，积极发展畜牧业，带动种植业结构的合理调整，加速尚志农业结构的战略性调整。第二，要针对尚志农业的比较优势，实施优势农产品区域布局。在种植业上，仍以突出抓好粮食这一既有生产规模，又有地方特色的传统优势产业，同时积极稳步地发展蔬菜、苗木花卉、特用玉米、优质大豆等特种经济作物。第三，对不适宜种植农作物的耕地，进一步加大退耕还林、还草的力度；对生产水平低下，或灌溉条件不完全具备的水田生产区、田块，加快水改旱的步伐；对人口多、耕地少、耕地质量差的区域，发展食用菌、蔬菜等进行立体栽培。

根据以上尚志市种植业调整的发展思路和方向，结合本次调查的结果，采取分区调整，整体推进的办法，将尚志市的作物布局在未来3～5年内总体规如下。

（一）东部流水侵蚀中低山丘陵地区

该区位于境内东、中部，为张广才岭西坡。东北部狭窄，中部宽阔。地势高度为海拔300～1 139.6米，由中部向东南地势逐步升高，东部最高地带为张广才岭主脊，构成蚂蚁河与牡丹江的分水岭。由东向西形成3级夷平面，即海拔1 000米以上、700～800米、350～500米。地貌形态由中山过渡到低山、丘陵。境内分3个亚区。张广才岭岭脊西坡中低山区：位于境内最东部，为东北-西南走向，是境内地势最高的地区，海拔高度650～1 639.6米，大部分地带在700～800米，相对高度在300～700米；张广才岭西坡苇河-亮河丘陵区：位于境内石头河子至苇河以北，主要包括亚布力以北、苇河镇辖区大部分，为起伏和缓的丘陵；张广才岭西坡东段-青川低山丘陵区：该本区海拔350～800米，相对高度为50～100米和200～400米，由低山、丘陵组成。

作物布局调整方向：坡度在25°以上的耕地，现有基本农田89公顷，占基本农田总面积的0.1%应全部退耕还林、还草。

坡度在15°～25°的耕地，现有基本农田为814公顷，占基本农田总面积的0.5%。此类耕地由于水土流失严重，致使耕层变薄，耕地质量下降，粮食生产潜力不大。应从发展经济林、果树、药材等方面考虑，也可种植一些耐瘠薄、适应性强的牧草等。如：种植裸燕麦，该作物经3～5年的连续种植，即可具备多年生牧草的习性。上半年粮草歉收、下半年收获牧草。有利于退化耕地、增加植被、培肥地力，同时为畜牧业发展提供优质饲料。

坡度在7°～15°的耕地，现有基本农田为3 389公顷，占基本农田总面积的3.0%，此类耕地土壤侵蚀比较严重，由于土体厚度等因素不宜实现等高种植，保肥水性能较差，粮食作物产量低。应向优质杂粮、药材、烟草等经济作物方向发展。

缓坡及坡脚低平地，此类耕地所占比例较大。占基本农田总面积的5%左右，由于受低山丘陵区小气候条件的影响，高产、生育期较长的作物易贪青晚熟、品质下降，可改原有的种植普通玉米为种植特用、饲用型玉米等，变粮-经二元结构向粮-经-饲三元结构发展。在调整过程中，应运用好现有的品牌，如尚志市石头河子镇有"山莓之乡"的称誉，在此基础上注重名、稀、贵花木的发展。

（二）西北部流水侵蚀低山丘陵地区

该区位于境内西北帽儿山-黑龙宫低山区，山系走向为北东-南西，海拔高度 600～800 米，相对高度 400～500 米。地形切割强烈，水系发育，多 V 形谷，山坡陡峭（多在 20°以上，部分山坡超过 30°）和张广才岭西北乌吉密-长寿丘陵区：该区地势高度在海拔300～400 米，相对高度 50～200 米。地形起伏和缓，山顶多呈馒头状。有些山坡度大，山峰呈金字形。区内水系发育，河谷较宽，河底较平，多山间河谷、冲积平原，形成了多较兴修水库的有利地形。

作物布局调整方向：该地区作物主要以玉米、大豆、水稻为主，常年播种面积占农作物播种总面积的 22％左右。在种植业结构调整上，以立足提高三大作物单产为主，提高效益，适应农业的要求，促进农业的产业化经营。

（三）中部河谷盆地冲积洪积台地区

该区位于市境中部，因受依舒断裂地控制，构造上自北东向南西方向延展。地形开阔，地势高度在海拔 200～300 米。为波状起伏的台地，其中有分布宽阔的冲积平原。该区分两个亚区。蚂蚁河谷冲积平原及冲积、洪积台区：分布在一面坡镇以北、尚志镇以东的蚂蚁河沿岸。地势为波状起伏的台地，地形开阔，起伏和缓，海拔高度 180～240 米，相对高度 10～20 米。在台地中，河流沿岸多形成由河漫滩组成的冲积平原；大泥河河谷冲积平原和洪积台区：在乌吉密-老街基以南的大泥河两岸，形成以老街基乡所在地为中心的宽阔山间盆地。由宽阔起伏的坡状台地与低平的河漫滩组成，河流弯曲，多牛轭湖及沼泽。海拔高度 240～280 米，相对高度 10～20 米。

适宜各种农作物的栽培种植，是尚志市粮食的主要生产区。

作物布局调整方向：以提高玉米、水稻种植面积，减少大豆种植面积为指导思想。对灌溉等其他条件不完全具备、生产水平低下的部分水田，要加强农田水利设施建设。土壤漏沙层出现部位高，保肥保水能力差的水田，对这类地块应加大水改旱的进程。充分利用现有的灌溉条件，发展灌溉型高效作物，或发展集灌溉、保温为一体的高效设施农业。

第五节　种植业结构调整对策与建议

一、政策措施

（一）加强领导，科学制定农业产业结构调整规划

进一步加强领导，研究和解决农业生产中存在的重大问题，切实制定有利于农业发展的总体规划，制定相应的政策，把生态环境效应、增产增收效应、农牧互促效应、绿色农业效应统筹考虑。金融、财政、科技推广等各部门要全力支持农业产业结构调整工作，为农民提供优质配套服务。

（二）全面提高农业产业化水平

一是大力扶持，培育农业龙头企业，重点培育和发展一批经济实力强的"公司＋基地＋农户"模式的龙头企业。二是积极发展农产品深加工，实现多次增值增利。

（三）发展农村二、三产业，加快农村劳动力转移

村办企业和镇办企业是确保农村繁荣、增加农民收入的关键，也是农村产业结构调整的突破口。进一步提高农村工业化水平，加快农村城镇化建设步伐，引导农村剩余劳动力有序转移，为农业集约化发展打好基础，加快农业现代化进程。

（四）加大对农业和农村产业结构的投入及扶持力度

不断加大对农业的投入，重点抓好水利基础设施建设、中低产田改造建设、品种更新工程建设、农产品市场建设等。充分调动对农业投资的积极性，形成"国家引导、各级政府配套、民办公助、滚动发展"的投资格局。为种植业结构调整铺设渠道，确保农业的可持续发展。

二、技 术 措 施

（一）引进新品种新技术

根据不同区域的农业生产现状和耕地状况，引进有发展前景、抗性强、产量高、品质好、效益高的适合当地生产的优势品种，由农技推广网络从点到面逐步推广，实现种植业品种优质化。应用国内外农业生产新技术，提高尚志市的科技普及率，从而提高土地的综合生产能力。

（二）利用本次调查评价结果，系统制订各种技术措施

在本次耕地地力调查与质量评价结果的基础上，进一步开展专题调查，制订出不同生产区域、不同土壤类型、不同作物品种等各种技术措施，系统制订尚志市各类作物标准化生产技术规程，把种植业的产前、产中、产后各个环节纳入标准化管理轨道。大力推广农业标准化技术，发展无公害农产品、绿色食品和有机食品。建立农产品质量检测体系，全面提高尚志市农产品质量，增强农产品在国内外市场的竞争力。

第十章 玉米适应性评价

玉米是尚志市的主要粮食作物，面积常年保持在 20 000 公顷以上，玉米适应性较广，尚志市全境都可种植。玉米对 pH 比较敏感，在中性土上表现较好，不同的土质上表现不一样，差异明显，因此，将土壤 pH 评价指标进行调整，其余评价指标与地力评价指标一样。

第一节 评价指标的标准化

一、地形部位专家评价

见表 10 - 1。

表 10 - 1 玉米地形部位隶属度评估

分类编号	地形部位	隶属度
1	平地	1
2	岗地	0.8
3	洼地	0.6

二、障碍层类型专家评估

见表 10 - 2。

表 10 - 2 玉米障碍层类型隶属度评估

障碍层类型	白浆层	沙砾层	潜育层	沙漏层
隶属度	1	0.8	0.6	0.4

第二节 确定指标权重

采用层次分析法确定每一个评价因素对耕地综合地力的贡献大小。

一、构造评价指标层次结构图

根据各个评价因素间的关系，构造了层次结构图（图 10 - 1）。

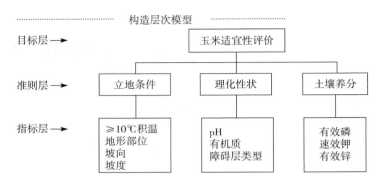

图 10-1　玉米适宜性评价层次分析构造矩阵

二、建立层判断矩阵

采用专家评估法，比较同一层次各因素对上一层次的相对重要性，给出数量化的评估。专家评估的初步结果经合适的数学处理后（包括实际计算的最终结果——组合权重）反馈给专家，请专家重新修改或确认。经多轮反复形成最终的判断矩阵。

三、确定各评价因素的综合权重

利用层次分析计算方法确定每一个评价因素的综合评价权重（表 10-3～表 10-5、图 10-2）。

表 10-3　评价指标的专家评估及权重值

目标层判别矩阵原始资料：

1.000 0	2.000 0	5.000 0
0.500 0	1.000 0	3.333 3
0.200 0	0.300 0	1.000 0

特征向量：[0.576 7, 0.318 1, 0.105 2]

最大特征根为：3.009 2

$CI=4.604\ 046\ 158\ 312\ 34E-03$

$RI=0.58$

$CR=CI/RI=0.007\ 938\ 01<0.1$

一致性检验通过！

准则层（1）判别矩阵原始资料：

1.000 0	2.000 0	2.857 1	5.000 0
0.500 0	1.000 0	1.666 7	2.000 0
0.350 0	0.600 0	1.000 0	1.250 0
0.200 0	0.500 0	0.800 0	1.000 0

（续）

特征向量：[0.492 0，0.241 9，0.152 6，0.113 5]

最大特征根为：4.011 8

$CI=3.933\ 153\ 056\ 522\ 09E-03$

$RI=0.9$

$CR=CI/RI=0.004\ 370\ 17<0.1$

一致性检验通过！

准则层（2）判别矩阵原始资料：

1.000 0	1.000 0	0.333 3
1.000 0	1.000 0	0.333 3
3.000 0	3.000 0	1.000 0

特征向量：[0.200 0，0.200 0，0.600 0]

最大特征根为：2.999 9

$CI=-3.333\ 407\ 410\ 854\ 86E-05$

$RI=0.58$

$CR=CI/RI=0.000\ 057\ 47<0.1$

一致性检验通过！

准则层（3）判别矩阵原始资料：

1.000 0	2.222 2	2.857 1
0.450 0	1.000 0	1.666 7
0.350 0	0.600 0	1.000 0

特征向量：[0.551 4，0.271 1，0.177 5]

最大特征根为：3.007 5

$CI=3.745\ 396\ 545\ 664\ 41E-03$

$RI=0.58$

$CR=CI/RI=0.006\ 457\ 58<0.1$

一致性检验通过！

层次总排序一致性检验：

$CI=2.651\ 670\ 484\ 902\ 21E-03$

$RI=0.764\ 534\ 623\ 910\ 899$

$CR=CI/RI=0.003\ 468\ 35<0.1$

总排序一致性检验通过！

表 10 - 4　层次分析结果

层次 A	层次 C			组合权重 $\sum C_iA_i$
	立地条件 0.576 7	理化性状 0.318 1	土壤养分 0.105 2	
≥10℃积温	0.492 0			0.283 7
地形部位	0.241 9			0.139 5
坡向	0.152 6			0.088 0

（续）

层次 A	层次 C			
	立地条件 0.576 7	理化性状 0.318 1	土壤养分 0.105 2	组合权重 $\sum C_i A_i$
坡度	0.113 5			0.065 5
pH		0.200 0		0.063 6
有机质		0.200 0		0.063 6
障碍层类型		0.600 0		0.190 9
有效磷			0.551 4	0.058 0
速效钾			0.271 1	0.028 5
有效锌			0.177 5	0.018 7

表 10 - 5　玉米适宜性指数分级

地力分级	地力综合指数分级（IFI）
高度适宜	＞0.775
适宜	0.735～0.775
勉强适宜	0.68～0.735
不适宜	＜0.68

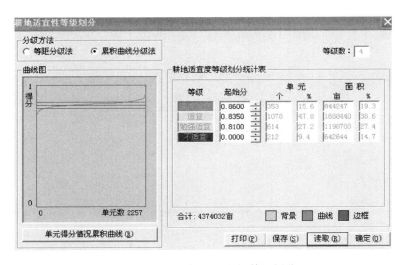

图 10 - 2　玉米耕地适宜性等级划分

第三节　评价结果与分析

　　本次玉米适宜性评价将尚志市耕地划分为 4 个等级：高度适宜耕地 9 329.49 公顷，占全市旱田总面积的 14.2％；适宜耕地 18 397.53 公顷，占全市旱田总面积的 28％；勉强适宜耕地 25 165.19 公顷，占全市旱田总面积的 38.3%；不适宜耕地 12 812.56 公顷，占全市耕地总面积的 19.5%。

表 10 - 6　玉米不同适宜性耕地地块数及面积

适宜性	地块个数	面积（公顷）	占总面积（%）
高度适宜	1 936	9 330.18	14.2
适宜	3 430	18 397.53	28.0
勉强适宜	4 146	25 165.19	38.3
不适宜	2 302	12 812.56	19.5
合计	11 874	65 705.46	100

从玉米不同适宜性耕地的分布特点来看，适宜性等级的高低与地形部位、土壤类型及土壤质地密切相关。高中产土壤主要集中在中南部，行政区域包括庆阳镇、马延乡、珍珠山乡等乡（镇），这一地区土壤类型以白浆土、暗棕壤为主，地势较缓，低产土壤则主要分布在乌吉密乡、老街基乡、石头河子镇等乡（镇）的低洼地块以及低丘陵地区。土壤类型主要是沼泽土、草甸土，地势低平，坡度一般小于 3°，面积分别为 6 006.47 公顷、6 664.02 公顷（表 10 - 7～表 10 - 9）。

表 10 - 7　玉米不同适宜性耕地相关属性平均值

项目	高度适宜	适宜	勉强适宜	不适宜
pH	6.48	6.46	6.47	6.45
全氮（克/千克）	1.99	1.91	2.1	1.96
碱解氮（毫克/千克）	235.28	221.89	202.55	200.98
全磷（毫克/千克）	1 972.85	1 903.18	1 954.47	1 940.48
全钾（克/千克）	30.78	30.64	30.68	30.75
有效磷（毫克/千克）	35.37	30.42	27.55	27.72
速效钾（毫克/千克）	34.28	33.48	33.44	32.33
有效铜（毫克/千克）	1.02	1	1.01	1.05
有效锌（毫克/千克）	1.39	1.16	1.18	1.02
有效铁（毫克/千克）	41.22	41.2	41.81	42.48
有效锰（毫克/千克）	29.64	28.64	29.39	29.89
容重（克/立方厘米）	1.13	1.15	1.16	1.17
坡度（°）	0.54	0.67	1.3	2.19

表 10 - 8　玉米不同适宜性乡（镇）面积分布

单位：公顷

乡（镇）	合计	高度适宜	适宜	勉强适宜	不适宜
长寿乡	5 262.23	533.64	1 227.45	2 736.69	764.45
尚志镇	2 453.75	304.8	651.56	1 107.8	389.59

（续）

乡（镇）	合计	高度适宜	适宜	勉强适宜	不适宜
黑龙宫镇	3 479.5	419.7	1 006.61	1 245.42	807.77
珍珠山乡	2 747.88	1 064.33	327.97	1 096.91	258.67
石头河子镇	2 416.52	29.31	93.89	1 223.73	1 069.59
庆阳镇	3 523.84	1 774.2	347.79	1 060.15	341.7
马延乡	5 146.52	1 256.42	2 527.63	1 104.84	257.63
苇河镇	4 778.56	316.02	2 711.19	1 027.15	724.2
一面坡镇	3 499.14	725.51	1 337.27	1 025.19	411.17
元宝镇	4 938.68	267.23	1 006.7	2 553.62	1 111.13
亚布力镇	4 248.08	336.26	594.83	2 347.21	969.78
河东乡	2 720.86	601.16	814.15	1 026.2	279.35
鱼池乡	1 954.07	90.66	176.56	1 041.59	645.26
亮河镇	4 473.74	441.85	1 857.51	1 220.24	954.14
乌吉密乡	6 699.07	563.51	2 435.17	2 156.82	1 543.57
老街基乡	4 392.15	285.17	801.53	2 082.35	1 223.1
帽儿山镇	2 970.87	320.41	479.72	1 109.28	1 061.46
合计	65 705.46	9 330.18	18 397.53	25 165.19	12 812.56

表 10 - 9 玉米不同适宜性土种面积分布

单位：公顷

土类	高度适宜	适宜	勉强适宜	不适宜
暗棕壤	2 276.58	5 634.89	70 42.89	1 499.36
白浆土	6 519.76	10 755.91	10 454.19	741.1
泥炭土	1.06	138.39	499.45	819.39
水稻土	29.47	25.03	39.42	14.71
沼泽土	44.8	136.27	1 783.79	4 011.8
草甸土	441.2	1 538.53	4 903.03	4 450.98
新积土	17.31	168.51	442.42	1 275.22
合计	9 330.18	18 397.53	25 165.19	12 812.56

一、高度适宜

尚志市玉米高度适宜耕地总面积 9 329.4 公顷，占全市旱田总面积的 14.2%；行政区域主要包括长寿乡、黑龙宫镇、珍珠山乡、庆阳镇、马延乡、一面坡镇、亚布力镇、河东乡、鱼池乡、亮河镇、乌吉密乡这些乡（镇），其中面积最大的是庆阳镇 2 274.2 公顷，这一地区土壤类型以暗棕壤、白浆土为主。其中，暗棕壤面积为 2 276.58 公顷，白浆土面积为 6 519.76 公顷，面积最大（表 10-10）。

表 10-10　玉米高度适宜耕地相关指标

项目	平均值	最大值	最小值
pH	6.48	7.1	6
全氮（克/千克）	1.99	4.9	0.79
碱解氮（毫克/千克）	235.28	487.7	116.6
全磷（毫克/千克）	1 936.26	2 974	1 357
全钾（克/千克）	30.78	34.5	26.4
有效磷（毫克/千克）	35.37	132.9	6.3
速效钾（毫克/千克）	34.28	54.4	12
有效铜（毫克/千克）	1.02	4.9	0.19
有效锌（毫克/千克）	1.39	9.06	0.01
有效铁（毫克/千克）	41.22	106.8	9.2
有效锰（毫克/千克）	29.64	62.5	7
容重（毫克/千克）	1.13	1.36	0.68
坡度（°）	0.54	15	0

玉米高度适宜地块所处地形相对平缓，侵蚀和障碍因素较小，耕层土壤各项养分含量较高。结构较好，多为粒状或团粒状结构。土壤大都呈中性偏酸，pH 在 5.9～7.5。养分含量丰富，有效锌平均 1.39 毫克/千克，有效磷平均 35.37 毫克/千克，速效钾平均 34.28 毫克/千克。保水保肥性能较好，有相对较好的排涝能力。该级地适于种植玉米、大豆，产量水平高。

二、适　　宜

尚志市玉米适宜耕地总面积 18 396 公顷，占全市旱田总面积的 28.0%，主要分布在长寿乡、尚志镇、黑龙宫镇、庆阳镇、马延乡、苇河镇、一面坡镇、元宝镇、亚布力镇、河东乡、亮河镇、乌吉密乡、老街基乡、帽儿山镇，其中以马延乡、苇河镇、乌吉密乡面积最大，面积分别为 2 527.07 公顷、2 711.19 公顷、2 435.17 公顷。土壤类型以白浆土、暗棕壤为主（表 10-11）。

表 10-11　玉米适宜耕地相关指标

项目	平均值	最大值	最小值
pH	6.46	7.1	6
全氮（克/千克）	1.91	4.36	0.93
碱解氮（毫克/千克）	221.89	442.5	89.6

（续）

项目	平均值	最大值	最小值
全磷（毫克/千克）	1 907.8	2 974	1 357
全钾（克/千克）	30.42	99.2	1.4
有效磷（毫克/千克）	30.42	99.2	1.4
速效钾（毫克/千克）	33.48	56.9	12
有效铜（毫克/千克）	1	3.4	0.2
有效锌（毫克/千克）	1.16	5.65	0.01
有效铁（毫克/千克）	41.2	139.8	18.51
有效锰（毫克/千克）	28.64	68.2	7.5
容重（克/立方厘米）	1.15	1.44	0.68
坡度（°）	0.67	25	0

玉米适宜地块所处地形较平缓，侵蚀和障碍因素很小。各项养分含量较高。土壤大都呈中性，pH 在 6～7.1。养分含量较丰富，有效锌平均 1.16 毫克/千克，变化范围在 0.01～5.65；有效磷平均 30.42 毫克/千克；碱解氮平均 221.89 毫克/千克；容重 1.15 克/立方厘米。保肥性能好，该级地适宜于种植玉米，产量水平较高。

三、勉强适宜

尚志市玉米勉强适宜耕地总面积 25 165.19 公顷，占全市旱田总面积的 38.3%；主要分布在长寿乡、尚志镇、黑龙宫镇、珍珠山乡、石头河子镇、庆阳镇、马延乡、苇河镇、一面坡镇、元宝镇、亚布力镇、河东乡、鱼池乡、亮河镇、乌吉密乡、老街基乡、帽儿山镇等乡（镇），其中以长寿乡、元宝镇、亚布力镇、乌吉密乡面积较大，长寿乡面积最大，为 2 736.69 公顷。土壤类型以暗棕壤、白浆土、草甸土为主（表 10-12）。

表 10-12 玉米勉强适宜耕地相关指标

项目	平均值	最大值	最小值
pH	6.47	7	5.9
全氮（克/千克）	2.1	4.9	0.85
碱解氮（毫克/千克）	202.55	404.8	53.3
全磷（毫克/千克）	1 946.68	2 824	1 357
全钾（克/千克）	27.55	84.3	1.4
有效磷（毫克/千克）	27.55	84.3	1.4
速效钾（毫克/千克）	33.44	51.5	16.4
有效铜（毫克/千克）	1.01	3.45	0.2
有效锌（毫克/千克）	1.18	9.06	0.04
有效铁（毫克/千克）	41.81	106.8	17.72

（续）

项目	平均值	最大值	最小值
有效锰（毫克/千克）	29.39	62.5	5.6
容重（克/立方厘米）	1.16	1.44	0.51
坡度（°）	1.3	25	0

　　玉米勉强适宜地块所处地形为低山丘陵或地势偏低，主要分布在山地暗棕壤、岗地白浆土和潜育草甸土上，坡度一般较大或较小，侵蚀和障碍因素大。各项养分含量偏低。质地较差，一般为重壤土或轻黏土。土壤呈中性微酸性，pH 在 5.9~7.0，平均为 6.47。养分含量较低，有效锌平均 1.18 毫克/千克，碱解氮平均 202.55 毫克/千克，变幅在53.3~404.8 毫克/千克。该级地勉强适于种植玉米，产量水平较低。

四、不 适 宜

　　尚志市玉米不适宜耕地总面积 12 812.56 公顷，占全市旱田总面积 19.5%；主要分布在亮河镇、乌吉密乡、老街基乡。土壤类型以沼泽土、草甸土为主（表 10 - 13）。

表 10 - 13　玉米不适宜耕地相关指标统计表

项目	平均值	最大值	最小值
pH	6.45	7.1	5.9
全氮（克/千克）	1.96	4.49	0.78
碱解氮（毫克/千克）	200.98	381.5	100.3
全磷（毫克/千克）	1 946.29	2 768	0
全钾（克/千克）	27.72	64.2	2
有效磷（毫克/千克）	27.72	64.2	2
速效钾（毫克/千克）	32.33	48.3	8.6
有效铜（毫克/千克）	1.05	4.9	0.2
有效锌（毫克/千克）	1.02	4.98	0.02
有效铁（毫克/千克）	42.48	139.8	19.17
有效锰（毫克/千克）	29.89	62.5	7.5
容重（克/立方厘米）	1.17	1.44	0.51
坡度（°）	2.19	25	0

　　玉米不适宜地块所处地形低洼或低山暗棕壤坡度较大地区，侵蚀和障碍因素大。各项养分含量较低，有效锌平均为 1.02 毫克/千克，有效磷平均为 27.72 毫克/千克，速效钾平均为 32.33 毫克/千克。碱解氮平均为 200.98 毫克/千克，该级地不适于种植玉米，产量水平低。

附　　录

附录1　尚志市耕地地力评价工作报告

第一节　耕地地力评价目的及意义

尚志市位于黑龙江省东南部，张广才岭西麓。地处北纬 44°29′～45°34′、东经 127°17′～129°12′。东接海林市，西邻哈尔滨市阿城区，南与五常市接壤，北与延寿、方正、宾县相连接。东西长约 153 千米，南北宽约 90 千米。行政区面积 891 000 公顷。市委、市政府机关设在尚志镇。尚志市辖 10 镇、7 乡。滨绥铁路、301 国家高速公路东西贯穿全境，东距牡丹江市 177 千米，西距哈尔滨市 124 千米。2004 年，尚志市总户数为 184 094 户，总人口 616 141 人，在总人口中，男性 316 207 人，女性 299 934 人；非农业人口 246 646 人，农业人口 369 495 人。尚志，是以英雄的名字命名的城市。半个多世纪之前，民族英雄赵尚志在这里点燃抗日烽火，巾帼志士赵一曼在这里血洒大地。近百年来，勤劳勇敢的尚志儿女在这里繁衍生息、耕耘创造。如今，尚志市政通人和，百业俱兴，人民正满怀信心地建设着美好家园。

1989—2009 年，随着化肥用量的增加和各种先进配套农业生产技术的应用，尚志市的粮食单产经历了随着化肥用量增加而大幅度增加、随着化肥用量增加而缓慢增加和随着化肥用量增加而徘徊不前甚至略有下降的过程。纵向分析整个农业生产过程，因对耕地地力及其变化规律掌握了解的不深、不准、不透，因而没有科学利用和保护好耕地资源，从而导致耕地地力退化，生产能力降低，也是直接影响农产品质量和效益提高的主要因素。尚志市 1989—2009 年化肥施用量和粮食作物单产变化情况见附表 1-1、附图 1-1。

附表 1-1　尚志市 1989—2009 年化肥施用量与粮食作物单产

项　目	年　　份					
	1989	1993	1997	2001	2005	2009
化肥施用量（千克/公顷）	220.5	298.8	428.4	405.4	478.8	475.6
粮食作物单产（千克/公顷）	4 143	4 737	7 534.5	6 322.5	7 108.5	6 708

尚志市的耕地地力评价工作，于 2009 年秋正式开始，按照农业部办公厅、财政部办公厅、农办农〔2005〕43 号文件、黑龙江省农业委员会、黑龙江省财政厅、黑农委联发〔2005〕192 号文件精神，按照全国农业技术推广服务中心《耕地地力评价指南》，充分利用测土配方施肥采土化验数据和第二次土壤普查成果资料，建立县域耕地资源管理信息系统，并对不同区域耕地的基础地力进行评价，目前已经取得了阶段性成果。通过耕地地力

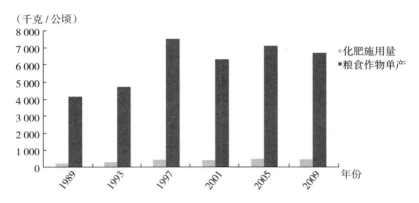

附图 1-1 尚志市 1989—2009 年化肥施用量与粮食作物单产

评价，科学准确地掌握尚志市耕地现状及其变化规律，对尚志市科学规划、综合利用及改良、保护耕地资源意义重大，同时也为尚志市科学调整种植结构、实现平衡施肥、确保粮食生产安全提供技术支撑。

1. 耕地地力评价建立了测土配方施肥数据库，为测土配方施肥、配方区域划分及精准施肥提供依据 联产承包包产到户后，不同农户地块分割独立经营，种田水平包括种植方式、施肥水平等的不同，造成耕地土壤肥力水平、物理结构等千差万别。耕地地力评价工作以第二次土壤普查和测土配方施肥数据做基础，建立县域耕地资源管理信息系统，借助空间插值等技术，将大量采样点的数据，转化为反映土壤特征全貌的"面"数据。实现测土配方施肥由"点指导"向"面指导"、由"简单分类指导"向"精确定量的分类指导"的转变，真正做到"以点测土、全面应用"。

2. 耕地地力评价摸清了耕地生产潜力和障碍因素，是保障粮食生产安全的需要 稳定和提高粮食产量，必须挖掘耕地生产潜力，提高耕地综合生产能力。通过耕地地力评价，及时将调查成果应用于本地农业结构调整，优化种植业结构，建立各种优势农产品生产基地，推进优势农产品生产向优势产地集中，扩大规模，提高效益；服务于无公害农产品生产基地建设，提高农产品品质，保障人民的餐桌安全，增强农产品的竞争力；为科学施肥提供技术指导；了解耕地地力状况，科学合理地改良和利用耕地，为指导生产提供决策支持。开展耕地地力评价，对保障粮食安全具有重大的现实意义。

3. 耕地地力评价为土地经营者、管理者提供全面的生产信息，是大力发展现代农业的需要 这次地力评价工作采用国际上公认的"3S"技术，以此对耕地地力进行评价，不仅能克服传统的评价周期长、精度低、时效差的弊端；同时，应用现代科技手段，创建网络平台，通过计算机网络简便快捷地为涉农企业、农技推广和广大农户提供咨询服务。

4. 耕地地力评价为耕地质量监测提供了全方位的技术平台，是实现农业可持续发展的需要 一切优质高效的农作物品种及其栽培模式，都必须建立在安全、肥沃、协调的土壤之上。随着产量的提高，作物从土壤中带走的养分远远超过了对耕地的补给，这种掠夺式生产的弊端随着耕作年限的增加越来越明显地暴露出来；随着工业化、城镇化建设步伐的加快，耕地面积减少，"三废"污染严重；同时日积月累的风蚀、水蚀及人类各种不合理的垦殖活动都对耕地造成了很大的影响。通过开展耕地地力评价，有利于更科学合理地利用和保护有限的耕地资源，全面提高尚志市耕地综合生产能力，遏制耕地地力退化，确保地力不断向好的方向发展，为耕地资源可持续利用提供科学依据。

第二节　工作组织

根据《规程》和黑龙江省土壤肥料管理站的具体要求，尚志市组织人员开展耕地地力评价工作，成立了耕地地力评价工作领导组、实施组和专家顾问组，并根据任务要求进行了具体分工。

一、尚志市耕地地力评价领导组

本次耕地地力评价工作得到尚志市委、市政府的高度重视。成立了尚志市耕地地力评价工作领导组织，由时任市委常委、副市长杨桂榕同志任组长，农业局局长王剑锋同志任副组长，领导小组下设工作办公室。办公室设在农业技术推广中心，办公室成员由农业技术推广中心全体工作人员组成。办公室按照领导小组的工作安排具体组织实施，制订了尚志市耕地地力评价工作方案，编制了尚志市耕地地力评价工作日程，负责组织协调、制订工作计划、落实人员、安排资金、指导全面工作。

二、尚志市耕地地力评价实施组

成立了耕地地力评价实施组织，组长由尚志市农业技术推广中心主任担任，副组长由中心副主任担任，负责耕地地力评价工作的全程技术指导。按照工作内容及性质，成立 4 个工作小组，即野外调查小组、分析测试小组、专家评估小组和报告编写小组，各小组有分工、有协作，各有侧重。

野外调查小组主要完成入户调查、实地调查，土样采集，以及填写各种表格等多项工作。由 51 人组成，分成 17 组，每组 3 人〔乡（镇）农技综合服务中心 2 人、市农技推广中心 1 人〕负责 1 个乡（镇），同时每村配备 4 人负责样品采集，达到样本记录完整、代表性强，主要内容有：地点、农户姓名、经纬度、采样时间、采样方法等。

分析测试小组负责样品的制备和测试工作。确保样品的唯一性，安全性；确保按照国家标准规定的方法开展检测工作；确保用于检测的仪器设备处于正常良好的状态。严格执行标准或规范，控制精密度，每批样品不少于 $10\% \sim 15\%$ 重复样；保证批批带标准样或参比样，以准确判断检测结果是否存在系统误差、人为误差。加强原始记录校核、审核，确保数据准确无误。

专家评估小组负责参加黑龙江省组织的各项培训和对尚志市参加人员的技术培训；负责耕地地力评价的软件应用。

报告编写小组负责在开展耕地地力评价过程中，按照黑龙江省土壤肥料工作站《调查指南》的要求，收集尚志市有关的大量基础资料，组织耕地地力评价报告的编写。

三、成立专家顾问组

聘请黑龙江省土壤肥料管理站、极象动漫公司的专家顾问，成立了尚志市耕地地力评价工作专家顾问组，遇到问题及时向专家请教，得到了专家们的大力支持，尤其是在数字化建设、软件的应用等方面得到了黑龙江省土壤肥料管理站、极象动漫公司的鼎力相助，确保了评价质量。

第三节　主要工作成果

根据尚志市的生产实际，分析影响耕地地力水平的主要因素，确定了尚志市耕地地力11项评价因子，分别为土壤质地、有机质、有效磷、速效钾、有效锌、≥10℃积温、坡度、坡向、地形部位、耕层厚度、pH。结合测土配方施肥开展的耕地地力评价工作，获得了尚志市有关农业生产大量的、内容丰富的测试数据和调查资料，形成了形象具体的数字化图件。通过各类报告的分析撰写和相关软件工作系统的制作，形成了对今后尚志市当前和今后相当一个时期内指导农业生产发展有积极意义的工作成果。

一、应用先进的数字化技术，建立尚志市耕地资源管理数据库

这次调查是结合测土配方施肥项目进行的。利用 ArcMap 和 ArcView GIS 软件，将尚志市的土壤图、行政区划图、土地利用现状图进行数字化处理，最后利用扬州土壤肥料站开发的县域耕地资源管理信息系统软件进行耕地地力评价，形成 11 847 个评价单元，并建立了属性数据库和空间数据库，利用模糊数学原理实现了由点数据向由面数据精确地评价地力及养分状况的质的飞跃，填补了尚志市利用现代化地理信息技术掌握耕地状况、管理耕地资源的空白。也实现了利用现代技术手段分析调查检测数据，指导施肥技术、指导结构调整、指导培肥改土等农业生产的空白。

二、摸清了全市各土类的面积、分布及养分变化情况

这次调查结果表明，尚志市共有七大土类，其中第一大土类为白浆土，面积为43 902.15公顷，占全市总耕地面积的44.02%；其次为暗棕壤，面积为24 997.46 公顷，占全市总耕地面积的25.06%；其他土类按面积大小依次为草甸土16 835.24公顷，占全市总耕地面积的16.88%；沼泽土8 846.95 公顷，占全市总耕地面积的8.87%；新积土2 836.07公顷，占全市总耕地面积的2.84%；泥炭土2 159.49 公顷，占全市总耕地面积的2.17%；水稻土160.1 公顷，占全市总耕地面积的0.16%。

各土类养分与第二次土壤普查相比，有机质含量，暗棕壤、白浆土、草甸土、泥炭土、沼泽土大幅度下降，降幅最大的为白浆土，由49.8克/千克下降到33.4 克/千克；其他土类呈小幅上升。碱解氮含量，暗棕壤、泥炭土、沼泽土下降幅度较大，其他土类呈上

升趋势；有效磷含量，各土类均呈上升趋势，上升幅度较大的有暗棕壤、水稻土和沼泽土；速效钾含量，各土类均呈下降趋势，下降幅度较大的有暗棕壤、泥炭土、草甸土、新积土。

三、掌握了耕地土壤的理化性状和变化趋势

自 1984 年第二次土壤普查以来，尚志市土壤理化性状发生了明显的变化。土壤碱解氮含量呈上升趋势，由 1984 年的 199.70 毫克/千克，上升至 2009 年的 217.92 毫克/千克；土壤有效磷含量上升幅度较大，由 1984 年的 19.02 毫克/千克，上升至 2009 年的 30.06 毫克/千克，提高了 11.04 毫克/千克，分析原因主要是近些年磷肥的大量施用，同时磷素具有移动性小的特点造成磷素的积累；土壤速效钾含量呈下降趋势，由 1984 年的 95 毫克/千克下降至 2009 年的 55.19 毫克/千克，平均每年下降约 1.6 毫克/千克，山区土壤速效钾含量下降的尤为严重，8 个山区乡（镇）平均速效钾含量均低于尚志市平均含量水平；土壤有机质呈下降趋势，由 1984 年的 49.8 克/千克下降到 33.4 克/千克，但比 1990 年 2 000 个样品有机质平均值 30.85 克/千克上升了 2.55 克/千克，土壤有机质含量有提升的趋势，分析原因主要是近些年根茬还田、商品有机肥料的应用及大型农机整地增加了耕翻深度，增加了土壤的有机投入，提高了土壤的供肥性能；土壤酸碱度上升，1984年 pH 平均为 5.9，2009 年平均为 6.48。分析原因主要是近些年呈碱性的复合肥大量施用导致土壤 pH 上升。

四、对耕地地力等级进行了科学划分

从尚志市的生产实际出发，经专家筛选确定了影响尚志市耕地地力的 11 项评价指标，分别为土壤质地、有机质、有效磷、速效钾、有效锌、≥10℃积温、坡度、坡向、地形部位、耕层厚度、pH，经过对 11 个评价指标的调查、测算、分析，综合评价尚志市耕地地力。通过评价将尚志市耕地地力划分了 3 个等级，同时查明了各等级主要土壤类型、耕地面积、分布地点及土壤养分特点，确定了尚志市的高、中、低产田所处的位置。

一级地 20 777.09 公顷，占 20.8％；二级地 45 509.88 公顷，占 45.6％；三级地 33 450.49公顷，占 33.6％。

一级地力耕地为高产田，尚志市一级地总面积 20 777.09 公顷，占基本耕地总面积的 20.8％，主要分布在马延乡、河东乡等乡（镇）。其中马延乡面积最大，为6 173.76公顷，占一级地总面积的 29.71％；其次是河东乡，为 3 472.93 公顷，占一级地总面积的 16.72％。土壤类型主要以白浆土、草甸土为主，其中白浆土面积最大，10 915.33 公顷，占一级地总面积的 52.54％，其次为草甸土，面积 4 410.19 公顷，占一级地总面积的 21.23％。

二级地力耕地为中产田，尚志市二级地总面积 45 509.88 公顷，占基本耕地总面积的 45.6％。主要分布在乌吉密乡、长寿乡、庆阳镇、老街基乡、黑龙宫镇等乡（镇）。其中，乌吉密乡面积最大 8 052.91 公顷，占二级地总面积的 17.69％；长寿乡面积为 5 023.18 公

顷，占二级地总面积的 11.04％；庆阳镇 4 381.33 公顷，占二级地总面积的 9.63％；老街基乡 3 904.3 公顷，占二级地总面积的 8.58％，黑龙宫镇 3 834.84 公顷，占二级地总面积的 8.43％。土壤类型主要为白浆土、暗棕壤、草甸土等为主，其中白浆土面积最大，为19 960.88公顷，占二级地总面积的 43.86％。暗棕壤面积为 9 960.59 公顷，占二级地总面积 21.89％。草甸土面积 8 838.19 公顷，占该级地面积的 18.32％。

三级地力耕地为低产田，尚志市三级地总面积 33 450.49 公顷，占基本耕地面积的 33.6％。主要分布在苇河镇、亚布力镇、亮河镇等乡（镇）。其中苇河镇面积最大，为 6 451.59 公顷，占三级地总面积的 19.29％；其次为亚布力镇，为 4 699.19 公顷，占三级地总面积的 14.05％；亮河镇3 572.38公顷，占三级地总面积的 10.68％。土壤类型主要为白浆土、暗棕壤，其中白浆土面积最大，13 025.94 公顷，占三级地总面积的 38.94％，其次暗棕壤面积为 12 126.09 公顷，占总面积的 36.25％，第三是草甸土面积 4 086.86 公顷，占三级地面积的 12.22％。

五、为测土配方施肥、耕地土壤改良利用及
种植业结构调整提供技术支撑

这次耕地地力评价运用的技术手段先进、信息量大、信息准确、全面直观，为科学指导农业生产工作奠定了良好的基础。随着数字化技术的发展和其在农业生产中的广泛应用，将对农业新技术的推广、精准农业地开展起到巨大地推动作用。

通过评价工作的开展，为尚志市种植业结构调整提供一个很好的参考指标，准确有效地根据不同地理环境、不同耕地的养分状况及物理性状确定种植作物，提出了尚志市种植业布局的合理规划和建议。

通过评价工作的开展，根据耕地地力水平的高低，确定了不同区域不同作物的施肥比例，对尚志市的测土配方施肥工作进行了科学分区。

通过评价工作的开展，划分了尚志市耕地地力等级，确定了中低产田区域、面积及分布特点，并根据中低产田土壤状况，提出了改良利用的合理化建议。有计划地采取有效措施改造中低产田，使低产土壤变中产甚至高产土壤，趋利避害。

六、形成尚志市耕地地力情况的文字材料及图表材料

（一）文字成果

1. 尚志市耕地地力评价技术报告。
2. 尚志市耕地地力评价专题报告。
（1）耕地地力评价与改良利用专题报告。
（2）耕地地力评价与生态农业建设专题报告。
（3）耕地地力评价与种植业布局专题报告。
（4）耕地地力评价与作物适宜性评价专题报告。
3. 尚志市耕地地力评价工作报告。

（二）数字化成果图

1. 尚志市耕地地力等级图。
2. 尚志市耕地地力调查点分布图。
3. 尚志市耕地地力玉米适宜性评价图。
4. 尚志市土地利用现状图。
5. 尚志市土壤图。
6. 尚志市行政区划图。
7. 尚志市土壤养分分级图。
（1）耕地土壤有机质分级图。
（2）耕地土壤全氮分级图。
（3）耕地土壤有效磷分级图。
（4）耕地土壤速效钾分级图。
（5）耕地土壤有效铜分级图。
（6）耕地土壤有效锰分级图。
（7）耕地土壤有效锌分级图。
（8）耕地土壤全磷分级图。
（9）耕地土壤全钾分级图。

第四节　主要做法与经验

一、主要做法

（一）统筹安排，科学制订工作计划

整个工作期间，在黑龙江省土壤肥料管理站的统一指导下，技术依托单位极象动漫公司负责图件的数字化处理、黑龙江省自然和生态研究所负责耕地地力评价；尚志市里负责基本资料的收集整理、外业的全部工作，包括入户调查和土样的采集等。在明确分工的基础上，密切合作，确保各项工作的有序进行。

尚志市主要农作物的收获时间在10月1日左右，到10月中旬陆续结束，11月10日前后土壤封冻。从秋收结束到土壤封冻也就是20天左右的时间，在这20天左右的时间内完成所有的外业任务比较困难，根据这一实际情况，把外业的所有任务分为入户调查和采集土样两部分。入户调查安排在秋收前进行，而采集土样则集中在秋收后土壤封冻前进行，这样即保证了外业的工作质量，又使外业工作在土壤封冻前顺利完成。耕地地力评价是由多项任务指标组成，尚志市根据农业部制订的总体工作方案和技术规程，在黑龙江省土壤肥料管理站的指导下，采取了统一规划、分工合作的做法，按照方案要求，对各项具体工作内容、质量标准、起止时间都做了详尽的安排，针对不同工作任务分别制订了工作计划和工作日程。

（二）培训指导，各项工作不走样

为使参加调查、采样、化验的工作人员能够正确掌握技术要领，顺利完成野外调查和化验分析工作，黑龙江省土壤肥料管理站集中培训了化验分析人员，又分批次培训了推广中心主任和土肥站长；为保证各项工作的顺利开展，尚志市集中培训了市里参加此项工作的技术人员，建立了市级耕地地力评价技术培训组，对尚志市、乡两级参加外业调查和采样的人员进行室内及现场培训。市、乡两级技术人员的培训内容，一是入户调查工作内容，规范表格的填写；二是土样采集工作内容，规范采集方法。在专家顾问的指导下确定了"尚志市耕地地力评价指标体系"，建立了参评指标的隶属函数，并熟练掌握了数据库建立和应用方法。

（三）精心准备，保证资料完整准确

2009 年年初，在黑龙江省土壤肥料管理站的领导下，按照《调查指南》的要求，收集各种资料，包括图件资料、有关文字资料、数字资料；其次是对这些资料进行整理、分析，如土种图的编绘、录入；尚志市土壤图、尚志市土地利用现状图、尚志市行政区划图的收集整理；水利、气象、统计等资料的收集；并采取了严格的核查制度，确保收集数据的完整准确。

按照黑龙江省土壤肥料管理站的要求，对尚志市的土壤分类作了系统的整理，尚志市土壤分类与省土壤分类作了系统归并。按照土壤属性相近的原则进行归并，对照《黑龙江省土种检索表》，将尚志市原有的 7 大土类、12 个亚类、16 个土属、33 个土种归并为黑龙江省土壤分类系统的 7 大土类、11 个亚类、15 个土属、22 个土种。

（四）野外作业，定位到地块

野外调查和土样采集同时进行。从 2009 年 9 月 1 日至 11 月 8 日，按村行政区划开展 1 505 个点的土样采集和调查工作。采用 GPS 定位确定经纬度。每个采样点都附有一套采样点基本情况调查表和农业生产情况调查表，其中内容包括立地条件、剖面性状、土地整理、污染情况、土壤管理、肥料、农药、种子、机械投入等方面内容，采样点遍布全市 17 个乡（镇）、162 个行政村。分片负责，跟踪检查指导。在野外调查阶段，尚志市农业技术推广中心组成 4 个小组，分片检查。每组都由一位市技术指导组成员带队，发现问题及时解决。

（五）及时化验，确保化验结果准确无误

在化验期间，技术指导小组对化验结果进行抽检，以保证数据的准确性。土壤物理性状分析项目包括土壤容重和土壤含水量的分析；土壤养分性状分析项目包括土壤有机质、全氮、全磷、全钾、碱解氮、有效磷、速效钾、pH、有效铜、有效铁、有效锰、有效锌的分析。

（六）精益求精，确保工作成果符合生产实际调查表的汇总和数据库的录入

调查表汇总主要包括采样点基本情况调查表和农业生产情况调查表的汇总及数据录入；数据库录入包括土壤养分分析项目、物理性状分析项目的录入。由极象动漫公司进行图件矢量化、建立工作分析空间和地力评价单元。图件的矢量化，将收集的图件进行扫描、拼接、定位等整理后，在 ArcInfo、ArcView GIS 绘图软件系统下进行图件的数字化。将数字化的土壤图、土地利用现状图、行政区划图在 ArcMap 和 ArcView GIS 模块下叠加形成评价单元图。数据的图件化，将所有数据和资料收集整理，按样点的 GPS 定位坐标，在 ArcInfo 中转换成点位图，采用 Kriging（克立格法）分别对土壤有机质、全

氮、全磷、全钾、碱解氮、有效磷、速效钾、pH、有效铜、有效铁、有效锰、有效锌中微量元素等进行空间插值，生成系列养分图件。对耕地地力进行评价分级。利用扬州市土壤肥料站研制的县域耕地资源管理信息系统软件，建立评价单元的隶属函数，对评价单元赋值、层次分析、计算综合指标值，确定耕地地力等级。

二、经　　验

（一）全面安排，抓住重点工作

耕地地力评价工作的最终目的是对调查区域内的耕地地力进行科学评价，这是开展这项工作的重点。所以从 2009 年秋季至 2010 年春季，在努力保证工作质量基础上，突出了耕地地力评价这一重点。

（二）通力协作，确保各项资料完整准确

进行耕地地力评价，需要多方面的资料图件，包括历史资料和现状资料，涉及农业局、国土局、水利局、统计局、环保局、气象局、财政局等各个部门。在市域内开展这项工作，单靠农业部门很难在这样短的时间内顺利完成。通过市政府协调各部门工作，保证在较短时间内把资料收集全，并做到准确无误。

（三）专家把脉，确保评价结果科学准确

除充分发挥专家顾问的作用外，还多方征求意见，尤其是对参加过农业区划和第二次土壤普查的农业退休老专家，对评价指标的选定和各评价指标权重等进行了研究和探讨，多次召开专家评价会，反复对参评指标进行研究探讨，尽量接近实际水平，确保评价质量。

（四）紧密联系实际，为当地农业生产服务

耕地地力评价是与当地农业生产实际联系十分密切的工作，特别是专题报告的选定与撰写，要符合当地农业生产实际情况，反映当地农业生产发展需求。因此，在调查过程中，对技术规程要求调查的项目逐一进行了调查，做到不丢项、不落项，保证评价工作质量。

第五节　资金使用情况

耕地地力评价是测土配方施肥项目中的一部分，严格按照国家农业项目资金管理办法，实行专款专用、不挤不占。该项目使用资金 25.3 万元，其中：国家投入 20.3 万元，地方配套 5 万元（附表 1-2）。

附表 1-2　耕地地力评价经费使用明细

单位：万元

内　　容	使用资金	资金来源其中	
		国家投入	地方配套
野外调查采样费	4	4	0
样品化验费	12	7	5
培训、学习费	2.5	2.5	0

（续）

内　　容	使用资金	资金来源其中	
		国家投入	地方配套
图件矢量化	4.8	4.8	0
报告编写材料费	2	2	0
合计	25.3	20.3	5

第六节　存在的问题与建议

（1）此次评价工作量大、涉及面广、技术性强，对工作人员的要求也较高。目前，我们的工作人员知识结构割裂，土壤肥料专业技术人员了解土肥知识及当地的农业生产情况，但对评价过程、原理及信息技术把握操作的不熟练，而进行数据处理及图件制作的地理及信息技术人员对土壤肥料及生产实践知识掌握的少、了解的少，这样就需要两方面工作人员紧密地配合才能把该项工作开展好。该项工作环节复杂，这种工作结构会产生更多的对评价结果有影响的不确定因素，这就要求我们的土肥工作人员加强培训，熟练掌握评价原理，提高计算机操作能力，能够按整个评价环节要求提供准确的基础信息，同时掌握整个评价工作的质量，确保评价工作的顺利开展。

（2）调查采样要求布点均匀，具有代表性、真实性和准确性，同时要按第二次土壤普查的土壤分布情况进行布点采样，设置一部分第二次土壤普查调查检测过的样点，以比较土壤性状的变化情况。一是由于目前土肥工作队伍趋向于年轻化，参加过第二次土壤普查的人员少之又少，布点仅凭本地留存的土壤志等纸质资料布点，对重复采样的准确性及均衡性有一定影响；二是采样点多，工作量大，涉及的人员多。因此，工作中不可避免地存在一些问题，需要在今后的工作中进一步修正和完善。

（3）在化验检测的设备上还需进一步配备和加强，做到所有的设备配齐配全，性能质量过关，免去更多的修理和维护费用及时间。

（4）提高工作人员素质，培养既熟练掌握计算机操作又具有丰富的土壤肥料理论知识和实践经验的复合型人才。

（5）在评价期间分阶段地多组织召开交流会，交流问题，学习经验。

（6）继续深入系统地研究耕地地力评价结果，密切与实际生产的关系，发挥评价成果指导农业生产的作用。

由于时间及人员的技术水平有限，在数据的分析调查上还不够全面，有待进一步的深入细化。成果的应用上也只是一个简单开始，在今后的工作和生产上，有待进一步研究如何使耕地地力评价工作更好地转化为生产力，给各级政府部门提供科学依据，服务于农业生产。

第七节　尚志市耕地地力评价工作大事记

1. 2008年1月，黑龙江省土壤肥料管理站年终总结培训会议，安排耕地地力评价工作。

2.2008 年 6 月，到扬州参加耕地地力评价培训。

3.2008 年 8 月 25～28 日，筹备全市耕地地力评价技术培训动员大会，并制订组织制度和措施。

4.2008 年 9 月 5 日，召开尚志市耕地地力评价技术培训会，参加人数 56 人；筛选技术人员和确定组织机构。

5.2008 年 9 月 20 日，由尚志市农业技术推广中心召开尚志市耕地地力评价技术培训会，讲授野外采集土样、入户调查表格的填写和 GPS 定位仪的使用方法等，参加人数 56 人。

6.2008 年 10～11 月，采集、定位及调查土样。

7.2008 年 11 月至 2009 年 1 月，对所采样品进行化验汇总分析。

8.2008 年年底，请黑龙江大学孟凯教授、黑龙江省土壤肥料管理站专家、哈尔滨市农技中心专家指导，确定评价指标 11 项，包括土壤质地、有机质、有效磷、速效钾、有效锌、≥10℃积温、坡度、坡向、地形部位、耕层厚度、pH。

9.2009 年 9 月，组织专家对 11 项评价指标进行打分。

10.2009 年 10 月，到黑龙江省自然与生态研究所进行耕地地力评价图件数字化工作。

11.2009 年 11～12 月，完成耕地地力评价及各报告的撰写、图件的制作工作。

附录2　尚志市村级地力等级面积统计

单位：公顷

地名代码	地名	一级	二级	三级	合计
230183100000	尚志镇	447.49	1 156.23	2 144.62	3 748.34
230183100200	尚志村	0	17.48	0.66	18.14
230183100201	红旗村	373.62	560.57	323.49	1 257.68
230183100202	红光村	46.11	73.17	185.88	305.17
230183100203	胜利村	15.33	103.22	299.25	417.79
230183100204	向阳村	8.3	134.9	388.57	531.77
230183100205	城西村	0.81	144.77	489.05	634.64
230183100206	南平村	3.32	122.11	457.71	583.15
230183101000	一面坡镇	243.71	1 858.28	3 197.42	5 299.41
230183101201	环山村	0	48.91	450.27	499.17
230183101202	万山村	0	458.42	575.93	1 034.34
230183101203	胜安村	0	283.13	288.81	571.93
230183101204	九江村	4.31	134.31	437	575.62
230183101206	三阳村	0	148.97	801.06	950.02
230183101207	镇中村	0	112.62	264.43	377.05
230183101208	民乐村	0	2.08	126.13	128.21
230183101209	治安村	232.24	344.72	96.37	673.33
230183101210	长营村	0	6.99	16.26	23.25
230183101211	镇北村	7.16	318.16	141.17	466.49
230183102000	苇河镇	29.81	1 277.46	6 451.26	7 758.53
230183102201	新建村	0	22.54	1 327.31	1 349.84
230183102202	合顺村	0	113.87	603.33	717.2
230183102203	志成村	0	155.6	416.65	572.25
230183102204	化一村	0	80.67	580.95	661.62
230183102205	虎山村	0	39.17	235.1	274.27
230183102206	景洲村	0	24.59	744.71	769.30
230183102207	周家营子村	4.26	129.57	319.31	453.13
230183102208	尚志村	3.41	148.1	222.42	373.93
230183102209	有利村	0	135.69	286.05	421.74
230183102210	兆麟村	0	86.45	253.38	339.83
230183102211	铁西村	0	39.33	608.16	647.49
230183102212	镇东村	18.72	169.33	498.81	686.85

（续）

地名代码	地名	一级	二级	三级	合计
230183102213	青云村	3.42	132.57	355.09	491.08
230183103000	亚布力镇	472.01	1 325.67	4 699.25	6 496.94
230183103201	民主村	5.96	220.82	81.69	308.47
230183103202	兴业村	25.3	24.18	212.59	262.07
230183103203	东兴村	439.1	357.94	559.88	1 356.92
230183103204	国光村	0	64.48	383	447.48
230183103205	尚礼村	0.4	238.45	533.89	772.74
230183103206	青山村	0	61.29	468.03	529.33
230183103207	新华村	0	11.14	619.43	630.56
230183103208	合心村	0	20.17	607.41	627.58
230183103209	光辉村	0	106.99	609.33	716.32
230183103210	永丰村	1.26	220.21	624	845.47
230183104000	帽儿山镇	337.94	2 282.42	1 918.13	4 538.5
230183104201	大房子村	0.99	324.02	216.73	541.74
230183104202	三联村	0	2.57	94.51	97.07
230183104203	大同村	34.85	109.55	106.52	250.92
230183104204	仁和村	14.14	152.14	269.68	435.96
230183104205	元宝顶子村	166.63	133.3	16.31	316.24
230183104206	富民村	7.14	107.43	169.44	284.01
230183104207	孟家村	4.84	154.4	383.09	542.34
230183104208	红布村	32.53	209.52	193.11	435.16
230183104209	蜜蜂村	2.46	488.19	246.08	736.72
230183104210	喜店村	69.28	438.07	138.58	645.93
230183104211	庆喜村	5.08	163.24	84.09	252.41
230183105000	亮河镇	370.24	2 891.32	3 572.38	6 833.94
230183105202	立业村	64.73	192.32	600.41	857.46
230183105203	平安村	8.91	507.78	720.52	1 237.09
230183105204	解放村	71.25	245.55	172.59	489.39
230183105205	山河村	15.4	324.12	627.2	966.72
230183105206	森林村	57.44	421.36	422.36	901.16
230183105207	九里村	35.34	409.06	593.55	1 037.95
230183105208	福山村	57.16	642.94	418.03	1 118.13
230183105209	凤山村	60.01	148.2	17.72	225.94
230183106000	庆阳镇	271.48	4 381.35	1 341.13	5 993.96
230183106201	青龙村	92.66	569.85	4	666.51

（续）

地名代码	地名	一级	二级	三级	合计
230183106202	白江泡村	35.81	759.65	43.17	838.62
230183106203	庆阳村	11.67	1 002.78	70.11	1 084.56
230183106204	庆北村	28.28	564.9	282.81	875.99
230183106205	香磨村	19.36	383.66	156.2	559.22
230183106206	水南村	2.5	142.02	57.04	201.57
230183106207	平阳村	63.03	580.67	121.93	765.63
230183106208	驿马河村	0	261.07	430.43	691.5
230183106209	楼山村	18.16	116.74	175.45	310.36
230183107000	石头河子镇	345.95	809.36	2 532.62	3 687.93
230183107201	燎源村	4.9	47.61	798.28	850.79
230183107202	克茂村	44.01	452.49	272.7	769.21
230183107203	庆丰村	0	58.19	200.09	258.28
230183107204	景甫村	71.15	180.45	372.26	623.86
230183107205	宝山村	225.56	60.2	541.79	827.54
230183107206	宝石村	0.32	10.42	347.51	358.25
230183108000	元宝镇	528.82	3 503.06	2 877.56	6 909.44
230183108201	东风村	0	0	0	0
230183108202	新发村	133.83	165.05	132.29	431.17
230183108203	前进村	14.36	698.99	445.41	1 158.76
230183108204	二龙山村	8.45	66.15	38.21	112.82
230183108205	杨树村	40.17	66.13	565	671.29
230183108206	元宝村	3.02	255.99	140.75	399.77
230183108207	钢铁村	12.46	207.12	136.05	355.64
230183108208	忠信村	1.16	157.35	212.75	371.25
230183108209	裕民村	4.28	465.74	331.95	801.98
230183108210	杨家店村	211.85	765.24	140.16	1 117.24
230183108211	安乐村	99.23	590.98	4	694.21
230183108212	民仁村	0	64.32	730.99	795.31
230183109000	黑龙宫镇	869.21	3 834.09	611.74	5 315.04
230183109201	王家馆子村	24.24	272.24	20	316.48
230183109202	马才村	55.95	317.45	0.78	374.18
230183109203	吉兴村	187.66	363.33	25.49	576.48
230183109204	龙宫村	108.48	137.61	13.56	259.65
230183109205	幸福村	46.41	265.44	93.29	405.14
230183109206	得好村	14.25	293.56	195.05	502.86

（续）

地名代码	地名	一级	二级	三级	合计
230183109208	黎明村	106.34	283.68	4.45	394.47
230183109209	金辉村	239.96	425.19	133.79	798.93
230183109210	永久村	0	422.6	65.69	488.29
230183109211	兴胜村	18.82	717.16	13.96	749.95
230183109212	建国村	67.09	335.83	45.69	448.61
230183210000	长寿乡	1 639.59	5 022.38	1 376.56	8 038.53
230183210201	成功村	235.05	323.93	36.95	595.94
230183210202	长寿村	1.35	371.99	0	373.35
230183210203	河北村	15.1	759.28	18.3	792.68
230183210204	万发村	96.21	719.67	505.85	1 321.72
230183210205	永庆村	136.89	188.91	62.48	388.28
230183210206	永安村	215.7	437.96	240.34	894
230183210207	牛心村	104.71	335.76	99.43	539.9
230183210208	会桐村	307.2	286.67	9.35	603.21
230183210209	一曼村	306.97	569.58	146.25	1 022.8
230183210210	国庆村	31.59	311.67	25.41	368.7
230183210211	四胜村	0.27	387.38	73.49	461.14
230183210212	三胜村	188.55	329.56	158.7	676.81
230183211000	乌吉密乡	1 738.18	8 050.97	642.42	10 431.57
230183211201	和平村	224.75	696.84	266.56	1 188.15
230183211202	九北村	18.97	225.84	0.55	245.36
230183211203	铃兰村	101.16	209	20.99	331.15
230183211204	政新村	83.55	1 131.84	31.2	1 246.6
230183211205	明德村	171.08	444.82	49.01	664.91
230183211206	太来村	177.77	1 143.09	135.55	1 456.4
230183211207	三股流村	44.62	698.15	23.42	766.19
230183211208	张家湾村	390.7	1 035.89	88.91	1 515.5
230183211210	五保村	40.37	290.13	0	330.49
230183211211	朝阳村	119.76	1 558.07	16.75	1 694.58
230183211209	红联村	365.46	617.31	9.47	992.24
230183212000	鱼池乡	491.36	1 883.13	315.48	2 689.97
230183212201	开道村	16.7	518.67	48.62	583.99
230183212202	筒子沟村	111.22	456.58	49.96	617.76
230183212203	兴安村	10.31	131.28	113.23	254.81
230183212204	鱼池村	65.87	256.89	19.92	342.68

（续）

地名代码	地名	一级	二级	三级	合计
230183212205	昌平村	19.71	0.77	5.49	25.97
230183212206	新兴村	200.22	267.97	75.98	544.17
230183212207	锦河村	67.33	250.97	2.29	320.59
230183213000	珍珠山乡	1 343.79	2 327.94	143.93	3 815.66
230183213201	榆林村	373.66	159.82	59.84	593.31
230183213202	冲河村	505.34	258.57	79.24	843.15
230183213203	三合村	54.18	98.05	4.85	157.08
230183213204	珍珠村	17.37	382.12	0	399.49
230183213205	新安村	325.46	887.96	0	1 213.42
230183213206	保安村	67.79	541.41	0	609.21
230183214000	老街基乡	1 999.19	3 903.85	806.88	6 709.92
230183214201	福丰村	26.88	841.32	369.58	1 237.77
230183214202	联丰村	25.49	438.97	129.88	594.34
230183214203	青川村	69.39	630.7	148.1	848.18
230183214204	新胜村	319.02	70.5	0	389.52
230183214205	基丰村	243.59	628.43	0	872.02
230183214206	太平沟村	336.98	202.43	151.25	690.66
230183214207	金山村	691.75	744.79	0	1 436.54
230183214208	龙王庙村	286.1	346.71	8.08	640.89
230183215000	河东乡	3 472.45	204.17	82.84	3 759.46
230183215201	惠民村	678.39	0	11.07	689.46
230183215202	东安村	179.97	20.24	15.88	216.1
230183215203	南兴村	236.59	0	0	236.59
230183215204	长胜村	348.44	62.7	34.4	445.53
230183215205	大星村	161.76	1.95	0	163.71
230183215206	太阳村	484.37	0	0	484.37
230183215207	长发村	304.86	0	0	304.86
230183215208	北莲河村	776.17	99.04	21.49	896.7
230183215209	北兴村	301.9	20.24	0	322.15
230183211206	太来村	177.77	1 143.09	135.55	1 456.4
230183211207	三股流村	44.62	698.15	23.42	766.19
230183211208	张家湾村	390.7	1 035.89	88.91	1 515.5
230183216201	马延乡	5 220.05	610.09	332.58	6 162.72
230183216202	沙沟子村	165.34	72.69	0	238.03
230183216203	红房子村	362.23	55.16	0	417.39

（续）

地名代码	地名	一级	二级	三级	合计
230183216204	贵乡村	562.39	1.64	1.34	565.37
230183216205	长安村	464.1	0	0	464.1
230183216206	荣安村	452.65	137.15	5.71	595.51
230183216208	太和村	1 896.94	343.45	325.53	2 565.92
230183216209	扶安村	1 316.4	0	0	1 316.4

附录 3　尚志市村级土壤属性

附表 3-1　尚志市村级土壤属性（有机质）

乡（镇）	村名称	村样本数（个）	有机质（克/千克）		
			平均值	最小值	最大值
长寿乡	牛心村	64	31.74	26	43.8
	会桐村	78	31.49	26.4	39.8
	成功村	119	31.22	22.5	43.8
	一曼村	101	33.48	26.4	39.8
	国庆村	76	30.22	26.1	39.8
	长寿村	56	29.52	22.1	41.2
	永安村	80	31.04	26.8	40.2
	河北村	124	28.87	18.6	40.9
	四胜村	49	34.97	29.7	48.8
	三胜村	103	32.04	28.4	35.6
	万发村	75	34.32	18.6	44.6
	永庆村	62	32.61	26.2	37.3
尚志镇	胜利村	79	44.26	29.1	56.9
	红光村	59	34.18	25.2	53.3
	城西村	120	41.49	23.6	48.3
	南平村	117	43.31	32.7	48.3
	向阳村	135	38.64	28.4	47.6
	红旗村	76	31.45	28.2	41.7
黑龙宫镇	红旗村	70	37.35	24.3	39.7
	建国村	35	35.82	22.9	44.6
	得好村	52	39.31	15.3	47.5
	幸福村	71	36.5	29.4	42.4
	马才村	75	37.14	35.3	41.9
	吉兴村	66	35.93	24.3	41.3
	金辉村	73	35.55	29.4	42.8
	黎明村	47	35.93	22.9	41.7
	兴胜村	70	44.89	37.5	46.4
	永久村	42	33.22	29.1	43.3
	龙宫村	36	35.85	28.3	44.4
	王家馆子村	18	37.44	31.2	43.7

（续）

乡（镇）	村名称	村样本数（个）	有机质（克/千克）		
			平均值	最小值	最大值
珍珠山乡	冲河村	26	33.99	25.5	47.6
	榆林村	26	39.11	28.2	49.9
	珍珠村	22	31.48	24.4	46.3
	新安村	45	31.38	27.8	36.6
	三合村	11	32.44	30.8	37.1
	保安村	18	33.79	31.9	41.3
石头河子镇	燎源村	64	27.89	17.6	35.6
	宝山村	63	31.24	22.6	41.2
	宝石村	37	32.01	31.2	39.7
	景甫村	77	28.93	18.4	40.1
	克茂村	95	25.36	8.1	39.3
	庆丰村	44	26.94	14.9	32.1
庆阳镇	庆阳村	143	32.97	28.4	44.9
	驿马河村	94	35.49	29.3	49.3
	白江泡村	83	29.82	27.8	37.3
	青龙村	76	28.86	25.8	39.9
	庆北村	49	34.62	27.3	49.9
	楼山村	46	25.69	22.4	35.6
	香磨村	85	28.5	23.1	39.1
	平阳村	91	35.61	25.8	48.1
	水南村	32	38.15	27.9	47.4
马延乡	扶安村	70	30.72	20.1	47.6
	东兴村	110	29.75	20.1	40.1
	红升村	16	30.24	19.3	35.4
	贵乡村	51	34.1	28.2	47
	长安村	59	29.74	21.6	37
	荣安村	75	29.53	12.3	43.1
	红联村	114	34.55	26	42.3
	马延村	97	30.97	17.8	49.2
	沙沟子村	41	34.76	19.4	43.1
	红房子村	21	29.11	20.6	41.9
苇河镇	新建村	52	27.1	21.1	31.9
	铁西村	43	32.07	22.6	49.6
	兆麟村	46	26.93	22.7	37

（续）

乡（镇）	村名称	村样本数（个）	有机质（克/千克）		
			平均值	最小值	最大值
苇河镇	青云村	57	30.27	12	46.1
	景洲村	80	33.19	27.5	48.8
	有利村	52	31.5	22.6	37.5
	环山村	61	40.05	37.1	48.5
	周家营子村	68	26.29	16.2	38.5
	尚志村	84	32.3	22.7	42.8
	志成村	46	33.27	27.3	42.6
	化一村	97	33.42	21.7	42.6
	合顺村	28	30.74	28.5	31.8
	虎山村	32	33.04	25.8	42.6
一面坡镇	万山村	95	36.36	21.1	41.3
	镇北村	40	33.91	26.5	39.9
	胜安村	55	36.18	31.2	42.9
	九江村	70	36.1	24.6	45.8
	民乐村	22	34.2	24.3	40.1
	镇中村	26	29.17	19.4	37
	三阳村	104	34.21	18.4	42.2
	镇东村	73	31.05	12	45.3
	治安村	59	32.19	26.3	42
	长营村	3	31.8	31	32.3
元宝镇	裕民村	149	33.9	20.3	45.1
	元宝村	63	23.13	10.2	37.2
	杨家店村	148	35.65	18.9	46.7
	安乐村	88	36.53	28.1	41.5
	钢铁村	77	25.42	10.2	43.3
	忠信村	20	29.96	19.2	33.9
	二龙山村	33	36.57	28.7	48.4
	向前进村	128	30.99	10.2	45.2
	民仁村	100	26.27	21.2	40.6
	新发村	49	33.71	29.6	38.9
	杨树村	73	29.58	22.8	37
	东风村	49	32.71	27.9	39.7
河东乡	长发村	62	39.33	20.2	43.3
	惠民村	104	33.35	20.2	39.6

（续）

乡（镇）	村名称	村样本数（个）	有机质（克/千克）		
			平均值	最小值	最大值
河东乡	南兴村	25	34.56	28.4	40.2
	大星村	29	31.9	20.2	43.3
	莲河村	141	35.94	26.9	40.3
	北兴村	39	34.83	27.8	39.9
	太阳村	47	36.43	21.8	43.3
	东安村	29	32.43	28.4	40.2
	长胜村	69	28.09	19.8	36.8
鱼池乡	锦河村	55	35.06	25.1	45.4
	新兴村	127	32.04	8.1	45
	兴安村	25	36.02	31.3	40.3
	鱼池村	63	34.84	26.8	44.1
	筒子沟村	132	34.61	26.5	43.3
	开道村	47	31.31	28	37.4
	昌平村	11	35.45	23.8	40.1
亮河镇	山河村	81	26.3	17.3	39.4
	森林村	142	39.83	17.3	51.5
	福山村	98	26.45	12.7	40.2
	东兴村	137	24.51	17.8	39.4
	平安村	101	30.42	25.6	39.3
	立业村	74	23.02	19.8	37.8
	凤山村	26	30.62	24.6	38
	九里村	78	28.22	12.7	34.5
	解放村	47	27.11	8.6	37.8
亚布力镇	新华村	83	33.35	18.2	42.6
	兴业村	94	37.3	25.1	49.1
	永丰村	168	39.11	27.3	46.7
	民主村	71	42.98	35.5	49.1
	尚礼村	96	33.23	21.7	41.7
	国光村	87	31.49	19.8	39.5
	青山村	75	34.89	26.9	42.3
	东兴村	60	36.97	28.9	44.1
	合心村	81	31.06	17.9	43.6
	光辉村	103	36.41	28.3	48.4

（续）

乡（镇）	村名称	村样本数（个）	有机质（克/千克）		
			平均值	最小值	最大值
乌吉密乡	朝阳村	169	32.57	26.1	47.6
	政新村	212	31.95	20.1	44.2
	五保村	68	30.65	29.2	35.5
	太和村	214	31.65	19.5	49.2
	九北村	25	33.8	31.9	36.1
	和平村	132	33.54	23.6	40.2
	明德村	120	34.38	23.6	43.2
	铃兰村	46	35.47	23.6	45.6
	太来村	161	36.41	21.3	41.3
	张家湾村	195	31.35	19.1	46.5
	三股流村	126	35.9	25.1	46.5
老街基乡	福丰村	117	31.29	28.9	34.5
	青川村	109	34.72	28.1	40.1
	联丰村	56	31.86	26.1	33.5
	基丰村	107	34.09	26.1	46.3
	新胜村	55	35.05	28.6	40.9
	龙王庙村	64	30.44	26	35.3
	太平沟村	65	32.34	23.1	42.2
	金山村	146	32.57	25.3	40.1
帽儿山镇	仁和村	85	39.52	28.4	46.3
	喜店村	50	38.45	28	43.3
	蜜蜂村	86	34.26	28	41.2
	庆喜村	37	30.05	27	37.7
	红布村	86	36.7	33.1	41.4
	孟家村	69	39.66	36	42.4
	三联村	10	31.89	27.6	35.2
	大同村	30	35.7	28.4	41.2
	大房子村	62	34.14	24.1	43.7
	元宝顶子村	43	36.18	30.1	45.4
	富民村	43	35.23	23.2	47.4

附表 3 - 2　村级土壤属性（pH、全氮、碱解氮）

乡（镇）	村名称	样本数（个）	pH			全氮（克/千克）			碱解氮（毫克/千克）		
			平均值	最小值	最大值	平均值	最小值	最大值	平均值	最小值	最大值
长寿乡	牛心村	64	6.42	6.3	6.8	1.7	1.432	2.393	209.78	125.6	309.3
	会桐村	78	6.59	6.2	6.8	2.15	1.535	2.727	284.63	160.1	350.2
	成功村	119	6.55	6.2	6.9	1.91	1.019	2.506	196.34	116.6	350.2
	一曼村	101	6.37	6.2	6.7	2.26	1.534	3.101	236.89	133.6	317.9
	国庆村	76	6.33	6.2	6.4	2.05	1.391	2.92	229.02	133.6	338.9
	长寿村	56	6.47	6.1	6.9	1.46	1.018	2.015	193.71	131.6	233.1
	永安村	80	6.42	6.3	6.7	1.7	1.351	2.301	181.67	121.7	269.9
	河北村	124	6.46	6	6.8	1.43	0.898	2.015	202.48	155.6	233.2
	四胜村	49	6.32	6.2	6.4	2.44	1.67	3.664	231.78	180.8	317.1
	三胜村	103	6.29	6	6.5	2.5	1.571	3.056	184.24	163.3	247
	万发村	75	6.59	6.1	6.9	1.48	0.898	2.103	209.65	133.6	243.6
	永庆村	62	6.5	6.4	6.8	1.87	1.47	2.119	293.15	153.3	358.2
尚志镇	胜利村	79	6.46	6.3	6.8	2.12	1.203	3.103	201.29	162.6	249.1
	红光村	59	6.4	6	6.7	1.55	1.013	2.869	204.56	144.9	341.5
	城西村	120	6.55	6.2	7.1	2.01	1.321	5.322	208.92	84.8	268.9
	南平村	117	6.75	6.3	7.1	3.12	1.449	4.492	190.39	158.9	315.9
	向阳村	135	6.37	6	6.8	2.21	1.403	5.322	219.3	167.7	367.8
	红旗村	76	6.28	6	6.8	1.76	1.263	2.132	246.17	163.1	381.5
黑龙宫镇	红旗村	70	6.54	6.2	6.9	1.9	1.198	2.333	193.32	179.8	290
	建国村	35	6.49	6.2	6.9	1.59	1.203	1.863	204.09	164.9	269.9
	得好村	52	6.48	6	7.1	2.1	1.236	2.747	230.4	158.3	293.9
	幸福村	71	6.42	6.1	6.8	1.91	1.365	2.569	209.77	176.3	262.8
	马才村	75	6.32	6.1	6.6	2.73	2.068	3.171	184.45	150.9	205.7
	吉兴村	66	6.36	6.1	6.8	2.33	1.408	4.358	194.78	155.6	243.9
	金辉村	73	6.38	6.1	6.7	1.97	1.368	2.982	176.39	116.6	218.3
	黎明村	47	6.37	6	6.9	1.72	1.203	2.336	184.36	116.6	274.1
	兴胜村	70	6.34	6.2	6.8	2.94	1.661	4.024	190.4	186.8	218.2
	永久村	42	6.49	6.1	7	2.39	2.026	2.781	208.93	163.3	243.6
	龙宫村	36	6.35	6.1	6.9	1.94	1.236	2.632	198.67	166.3	328.2
	王家馆子村	18	6.44	6	6.8	2	1.673	2.827	168.27	133.6	198.1
珍珠山乡	冲河村	26	6.72	6.3	7.1	1.95	1.409	2.692	224.4	88.6	306.5
	榆林村	26	6.78	6.5	7.1	2.31	1.713	2.692	191.59	111.7	297.5
	珍珠村	22	6.77	6.5	6.9	2.41	1.844	4.357	240.9	161.4	337.1
	新安村	45	6.68	6.4	7	2.43	2.102	2.894	243.48	139.1	322.7
	三合村	11	6.26	6.1	6.4	2.56	2.186	2.754	191.36	169.4	238.9
	保安村	18	6.6	6.2	6.7	2.55	2.363	3.041	175.78	143.3	201.3

（续）

乡（镇）	村名称	样本数	pH			全氮（克/千克）			碱解氮（毫克/千克）		
			平均值	最小值	最大值	平均值	最小值	最大值	平均值	最小值	最大值
石头河子镇	燎源村	64	6.71	6.5	6.8	1.84	0.891	2.501	177.48	129.6	487.7
	宝山村	63	6.56	6.4	6.7	2.54	1.652	3.769	167.41	103.1	272.3
	宝石村	37	6.79	6.5	6.8	2.96	2.801	3.66	228.61	118.1	258.5
	景甫村	77	6.7	6.5	6.9	2.05	1.563	2.613	213.5	130.1	267.4
	克茂村	95	6.59	6	6.8	1.65	0.791	3.638	149.23	122.5	327.6
	庆丰村	44	6.65	6.5	6.8	1.9	1.306	2.41	162.21	129.6	260.9
庆阳镇	庆阳村	143	6.5	6.2	6.8	2.32	1.657	3.411	300.73	113	442.5
	驿马河村	94	6.48	6.1	6.8	2.36	1.721	3.001	216.29	173.2	312
	白江泡村	83	6.78	6.5	6.9	2.02	1.857	2.585	260.52	229.9	323.2
	青龙村	76	6.81	6.7	6.9	1.88	1.387	2.159	273.78	234.1	404.8
	庆北村	49	6.47	6.3	6.6	2.13	1.791	2.998	288.67	181.6	408.6
	楼山村	46	6.42	6.2	6.5	1.74	1.439	2.026	185.87	165.4	248.8
	香磨村	85	6.56	6.2	6.7	1.59	1.202	2.652	296.41	151.6	416
	平阳村	91	6.62	6.1	6.8	2.33	1.368	2.871	266.49	198.3	338.3
	水南村	32	6.23	5.9	6.6	1.87	1.628	2.378	227.43	184.9	278.2
马延乡	扶安村	70	6.5	6.2	6.7	1.72	1.203	2.316	286.76	156.6	349.8
	东兴村	110	6.5	6.1	6.9	1.41	1.023	2.014	176.74	126.6	280.7
	红升村	16	6.34	6	6.6	1.55	0.966	2.253	284.89	233.7	357.8
	贵乡村	51	6.41	6.2	6.6	1.69	1.181	2.031	188.07	170.2	241.7
	长安村	59	6.54	6	6.9	1.31	1.104	1.819	232.31	159.9	271.2
	荣安村	75	6.34	6	6.9	1.42	0.925	2.018	241.13	201.8	304.1
	红联村	114	6.46	6.2	6.8	2.04	1.229	3.859	210.56	118.9	297.6
	马延村	97	6.28	6	6.9	1.51	1.104	2.163	235.64	156.1	325.9
	沙沟子村	41	6.45	6	6.9	1.64	1.142	2.122	212.57	156.6	268.2
	红房子村	21	6.52	6.3	6.9	1.66	1.41	1.954	172.75	156.1	214.1
苇河镇	新建村	52	6.54	6.4	6.7	1.42	0.79	1.843	197.57	151.6	239.1
	铁西村	43	6.65	6.4	6.9	1.66	1.187	2.315	231.06	124.3	387.9
	兆麟村	46	6.59	6.1	6.8	1.62	1.165	2.369	210.59	123.8	280.5
	青云村	57	6.56	6.1	6.9	1.82	0.931	4.662	203.07	120.3	265
	景洲村	80	6.45	6.3	6.6	2.02	1.6	2.912	180.08	106.6	311.4
	有利村	52	6.54	6.4	6.8	1.75	1.172	2.414	220.89	141.2	280.3
	环山村	61	6.34	6.1	6.8	2.44	1.911	3.197	204.22	168.9	261.3
	周家营子村	68	6.6	6.5	6.8	1.47	0.979	2.151	198.86	107.9	253.6
	尚志村	84	6.42	6	6.8	1.93	1.165	2.891	201.07	98.6	363.2

（续）

乡（镇）	村名称	样本数（个）	pH			全氮（克/千克）			碱解氮（毫克/千克）		
			平均值	最小值	最大值	平均值	最小值	最大值	平均值	最小值	最大值
苇河镇	志成村	46	6.58	6.1	6.8	1.71	1.558	2.067	185.22	139.3	311.4
	化一村	97	6.5	6	6.8	1.83	1.529	2.631	180.75	98.6	311.4
	合顺村	28	6.49	6.2	6.6	2.5	1.791	2.913	172.86	126.9	210.3
	虎山村	32	6.3	6	6.8	1.75	1.168	2.333	135.86	98.6	182.8
一面坡镇	万山村	95	6.26	6	6.7	2.23	0.79	3.562	206.59	98.6	320.3
	镇北村	40	6.41	6.2	6.8	1.44	1.197	1.924	214	169.9	254.9
	胜安村	55	6.45	6	6.9	1.9	1.102	2.891	217.63	173.6	271
	九江村	70	6.44	6.3	6.8	2.08	1.463	2.825	210.42	179	277.6
	民乐村	22	6.48	6.2	6.8	1.76	1.469	2.115	190.78	132.7	223.9
	镇中村	26	6.47	6.3	6.8	1.47	1.104	1.891	231.28	212.3	245.6
	三阳村	104	6.42	6	6.7	1.67	1.104	2.104	187.21	132.7	271.1
	镇东村	73	6.55	6.5	6.7	1.87	0.931	2.587	191.82	112.5	376.6
	治安村	59	6.6	6.1	6.8	1.56	1.142	2.001	192.51	155.8	245.3
	长营村	3	6.77	6.7	6.8	1.79	1.744	1.846	194.68	176.3	211
元宝镇	裕民村	149	6.49	6.1	6.9	1.57	0.938	2.507	215.92	167.3	257.4
	元宝村	63	6.58	6.3	6.8	1.34	0.851	1.689	250.02	180.8	338.9
	杨家店村	148	6.4	6.1	6.8	1.87	1.272	2.67	198.9	166.5	288.2
	安乐村	88	6.49	6.3	6.9	1.77	1.296	1.981	247.54	175.8	323.2
	钢铁村	77	6.48	6.1	6.9	1.43	0.96	2.507	228.91	170.1	318.6
	忠信村	20	6.33	6	6.8	1.33	1.037	2.012	255.01	212.8	338.9
	二龙山村	33	6.33	6	6.8	1.79	1.039	2.236	200.29	188.6	220.3
	向前进村	128	6.38	6	6.8	1.62	1.039	2.619	239.01	188.3	312.6
	民仁村	100	6.27	6.1	6.8	1.42	0.96	2.158	219.59	170.1	288.2
	新发村	49	6.21	6	6.3	2.18	1.5	3.024	229.14	200	254.6
	杨树村	73	6.32	6	6.5	1.62	1.185	1.841	218.38	194.5	257.2
	东风村	49	6.42	6	6.8	1.68	1.024	2.104	207.16	163.5	280.6
河东乡	长发村	62	6.31	5.9	6.6	2.17	1.452	2.452	311.02	136.1	386
	惠民村	104	6.28	5.9	6.9	2.04	1.264	3.623	212.37	131.6	323.2
	南兴村	25	6.5	6.2	6.9	1.39	1.134	1.759	229.85	88.6	270.9
	大星村	29	6.31	5.9	6.9	1.65	1.348	2.452	223.39	154.9	386
	莲河村	141	6.46	6.2	6.9	1.78	1.108	2.173	244.74	158.2	316.4
	北兴村	39	6.59	6.3	6.9	1.49	1.102	1.966	224.64	155.6	272.8
	太阳村	47	6.43	6	6.8	1.71	1.155	2.452	238.06	136.1	386
	东安村	29	6.6	6.2	6.9	1.51	1.209	1.838	207.9	88.6	311.5
	长胜村	69	6.55	6	6.9	1.2	0.961	1.592	225.16	131.6	383.2

（续）

乡（镇）	村名称	样本数（个）	pH			全氮（克/千克）			碱解氮（毫克/千克）		
			平均值	最小值	最大值	平均值	最小值	最大值	平均值	最小值	最大值
鱼池乡	锦河村	55	6.52	6.3	6.8	1.81	1.315	3.015	257.55	141.2	487.7
	新兴村	127	6.39	6	6.8	2.6	0.791	5.363	232.73	85.4	487.7
	兴安村	25	6.5	6.2	6.9	2.14	1.618	2.936	158.49	126.9	185.1
	鱼池村	63	6.51	6	6.9	2.28	1.612	4.012	179.4	131.4	212.3
	筒子沟村	132	6.46	6.2	6.9	2.4	1.618	4.404	195.65	130.1	271.2
	开道村	47	6.37	6.3	6.6	2.02	1.864	2.706	216.37	158.2	259.9
	昌平村	11	6.38	6.2	6.7	2.94	1.347	3.601	137.67	129.9	154.5
亮河镇	山河村	81	6.66	6.4	6.8	1.39	0.926	1.97	194.05	132.7	305
	森林村	142	6.24	6.1	6.6	2.65	0.876	3.461	294.36	118.4	384.1
	福山村	98	6.47	6.2	6.9	2.06	1.205	2.714	192.92	124	335.2
	东兴村	137	6.5	6.3	6.8	1.42	0.952	2.873	194.25	129.4	354
	平安村	101	6.32	6	6.6	2.32	1.335	4.047	203.99	129.5	299.4
	立业村	74	6.44	5.9	6.7	1.53	0.952	3.022	182.62	126.6	208.3
	凤山村	26	6.61	6.4	6.8	2.08	1.767	2.375	207.7	189.2	233.9
	九里村	78	6.51	6.3	6.8	1.95	1.198	2.612	258.26	181.8	487.7
	解放村	47	6.45	6.3	6.7	2.04	0.779	3.022	182.07	126.6	231.6
亚布力镇	新华村	83	6.68	6.4	6.9	2.54	1.7	3.375	166.1	100.2	286.2
	兴业村	94	6.66	6.5	6.8	2.14	1.315	2.552	189.38	112.1	487.7
	永丰村	168	6.51	6	7	2.16	1.417	3.148	174.42	100.3	254.2
	民主村	71	6.65	6.4	6.9	2.26	1.872	2.589	171.99	112.1	253.1
	尚礼村	96	6.47	6.2	6.8	2.16	1.083	2.917	176.2	110.2	232.9
	国光村	87	6.42	6	6.8	1.84	1.083	2.552	180.72	115.8	221.3
	青山村	75	6.56	6.2	6.9	2.35	1.046	3.531	186.67	112.5	225.5
	东兴村	60	6.54	6.3	6.8	2.21	1.39	3.314	182.15	130.2	232.9
	合心村	81	6.55	6.3	6.8	2.11	1.08	4.313	209.14	107.9	308.8
	光辉村	103	6.57	6.4	6.9	2.68	1.757	3.86	227.61	147.5	299.4
乌吉密乡	朝阳村	169	6.58	6.1	7	1.98	1.341	4.492	221.01	89.2	319.2
	政新村	212	6.53	6.1	6.9	1.83	1.265	4.133	200.98	53.3	339.9
	五保村	68	6.35	6.3	6.7	2.01	1.982	2.131	139.79	118.9	219.5
	太和村	214	6.29	6	6.7	1.44	1.026	2.163	257.92	166.6	381.5
	九北村	25	6.22	6.1	6.3	1.45	1.263	1.574	152.61	116.6	216.6
	和平村	132	6.51	6	7	1.58	0.975	3.223	200.6	139.4	266.6
	明德村	120	6.39	5.9	6.9	2.11	1.264	3.043	233.05	151.6	318.2
	铃兰村	46	6.3	6	6.8	1.67	1.032	2.633	260.64	194.8	337.1

（续）

乡（镇）	村名称	样本数（个）	pH			全氮（克/千克）			碱解氮（毫克/千克）		
			平均值	最小值	最大值	平均值	最小值	最大值	平均值	最小值	最大值
乌吉密乡	太来村	161	6.54	6.2	6.8	1.89	1.228	2.245	302.04	188.4	361.5
	张家湾村	195	6.45	6.2	6.9	1.63	0.957	2.641	166.1	89.6	281.6
	三股流村	126	6.43	6.1	6.8	1.76	1.02	2.364	198.77	158.2	310.1
老街基乡	福丰村	117	6.43	6.2	6.5	2.02	1.506	2.699	200.72	143.4	312.6
	青川村	109	6.44	6	6.6	3.17	1.744	5.421	197.24	151.6	324.3
	联丰村	56	6.46	6.3	6.5	2.58	1.404	2.822	201.14	156.6	250.5
	基丰村	107	6.44	6	6.8	2.72	1.404	4.037	223.98	154	312.6
	新胜村	55	6.49	6.3	6.8	2.3	1.392	3.3	298.22	189.6	336.7
	龙王庙村	64	6.48	6.4	6.7	1.66	1.408	2.487	256.8	195.8	337.1
	太平沟村	65	6.45	6.3	6.7	1.73	1.29	1.947	210.36	120.5	296.6
	金山村	146	6.41	6	6.8	2.07	1.214	2.892	241.91	154.4	330.5
帽儿山镇	仁和村	85	6.31	6.1	6.6	3.07	1.235	4.9	215.41	105	276.6
	喜店村	50	6.47	6.3	6.7	2.31	1.655	2.957	199.54	113.3	235.9
	蜜蜂村	86	6.58	6	6.8	1.94	1.235	2.508	209.65	105	243.3
	庆喜村	37	6.5	6.1	6.7	1.39	1.252	2.098	222.1	197.4	249.9
	红布村	86	6.43	6.2	6.9	2.22	1.682	3.119	203.27	139.9	271.6
	孟家村	69	6.41	6.3	6.6	2.96	1.682	3.937	192.5	154	235.4
	三联村	10	6.39	6.3	6.4	1.49	1.294	1.991	191.28	165.7	236.3
	大同村	30	6.38	6.1	6.8	1.84	1.199	2.772	194.7	129.9	244.8
	大房子村	62	6.42	6	6.8	2.02	1.518	4.244	200.5	136.7	297.1
	元宝顶子村	43	6.25	6.1	6.8	2.29	1.353	2.513	248.2	222.8	261.5
	富民村	43	6.36	6	6.7	2.03	1.235	3.655	203.91	130.1	269.3

附表 3-3　村级土壤属性（有效磷、全钾、速效钾）

乡（镇）	村名称	样本数（个）	有效磷（毫克/千克）			全钾（克/千克）			速效钾（毫克/千克）		
			平均值	最小值	最大值	平均值	最小值	最大值	平均值	最小值	最大值
长寿乡	牛心村	64	31.39	21.9	50.6	32.08	28.8	33.8	50.23	34	87
	会桐村	78	34.51	14.4	132.9	29.83	28.1	33.3	77.77	33	305
	成功村	119	33.43	13.5	75.2	29.9	26.4	32.9	60.26	35	174
	一曼村	101	31.61	16.9	46.7	31.18	27.3	33.7	69.41	38	101
	国庆村	76	30.03	18.8	47.5	30.81	27.3	33	62.75	38	104
	长寿村	56	21.7	13.5	44.2	29.43	26.6	32.3	55.75	42	101
	永安村	80	26.13	12.6	50.6	29.68	26.1	32.1	50	33	101

（续）

乡（镇）	村名称	样本数（个）	有效磷（毫克/千克）			全钾（克/千克）			速效钾（毫克/千克）		
			平均值	最小值	最大值	平均值	最小值	最大值	平均值	最小值	最大值
长寿乡	河北村	124	23.34	14.9	54	30.27	27.6	34.5	47.24	29	101
	四胜村	49	26.51	17	42.7	30.83	29.4	32.1	61.24	26	111
	三胜村	103	29.43	1.4	43.7	30.16	26.6	32.4	76.14	56	107
	万发村	75	18.74	13.8	35.7	30.86	28.9	32.3	49.32	35	89
	永庆村	62	22.46	2	34.5	30.39	27	32.1	56.4	36	74
尚志镇	胜利村	79	27.14	15.1	50.7	30.35	27.2	31.4	46.06	21	124
	红光村	59	27.02	11.7	43.6	30.35	28.7	33.7	33.46	22	61
	城西村	120	26.76	11.4	41.5	31.62	29	33	42.7	18	56
	南平村	117	22.96	10.9	42.9	30.1	27.3	32.3	50.51	5	125
	向阳村	135	28.27	19.1	35.8	31.54	29.6	32.9	73.63	15	202
	红旗村	76	30.2	19.9	45.8	30.48	29.5	32.1	44.18	14	76
黑龙宫镇	红旗村	70	39.45	13.8	82.7	30.53	25.9	32.1	59.36	33	163
	建国村	35	26.41	13.8	35.9	29.76	26.4	31.6	43.29	35	51
	得好村	52	29.5	16.1	48	30.16	28.7	31.9	65.54	40	136
	幸福村	71	30.15	20.1	39.5	31.28	29.6	32.7	44.1	31	68
	马才村	75	33.57	25.6	58.4	30.87	29.6	32.7	90.47	53	265
	吉兴村	66	29.36	9.5	38.8	31.17	29.4	32.4	63.15	23	107
	金辉村	73	42.4	24	82.7	28.71	25.9	31.8	66.93	36	163
	黎明村	47	30.55	18.1	44.6	30.42	25.9	33.8	43.34	36	51
	兴胜村	70	21.01	8.6	28.2	30.98	29.4	31.4	61.41	27	77
	永久村	42	25.54	19.6	41.7	29.72	26.9	33.7	42.69	36	65
	龙宫村	36	42.07	20.4	82.7	30.38	28.9	32.6	89.44	49	163
	王家馆子村	18	32.03	25.5	42.3	31.81	30.1	33.2	47.56	35	60
珍珠山乡	冲河村	26	17.83	6.3	32.2	31.14	29.3	33.1	51.88	23	90
	榆林村	26	18.6	6.3	34.2	31.23	29.8	33.7	57.62	23	92
	珍珠村	22	20.67	10	41.2	29.53	26.9	31.4	55.91	46	79
	新安村	45	25.34	15.6	30.6	30.56	28.1	33.2	62.27	55	87
	三合村	11	33.21	23	62.9	31.44	30.6	32.5	44.73	19	63
	保安村	18	27.58	22.8	30.2	31.49	30.6	32.5	58.44	54	63
石头河子镇	燎源村	64	26.52	18.5	31	31.41	28.4	32.8	56.42	31	80
	宝山村	63	26.85	9.3	49	30.62	29	31.8	55.75	12	91
	宝石村	37	29.78	17.2	31	29.78	29.3	32.5	49.95	48	50
	景甫村	77	24.11	14.7	37.3	30.9	29.7	33.6	55.16	25	78
	克茂村	95	27.71	12.8	36.5	31.81	27.1	33.7	78.37	9	110
	庆丰村	44	26.8	19.5	36	31.14	29.1	33.7	63.36	47	100

（续）

乡（镇）	村名称	样本数（个）	有效磷（毫克/千克）			全钾（克/千克）			速效钾（毫克/千克）		
			平均值	最小值	最大值	平均值	最小值	最大值	平均值	最小值	最大值
庆阳镇	庆阳村	143	31.71	22.5	41.4	30.61	28.7	33.3	85.61	45	384
	驿马河村	94	24.47	12.9	35	30.06	29.6	33	59.16	34	78
	白江泡村	83	30.72	20.4	38.9	30.74	30.1	32.3	83.49	49	98
	青龙村	76	31.26	19.7	35.6	31.32	30	34	80.61	59	90
	庆北村	49	21.84	14.3	27.8	30.46	26.6	33.1	57.78	34	101
	楼山村	46	21.71	17.6	24.7	31.08	30	33.1	54.5	45	65
	香磨村	85	28.22	19.9	31.6	31.4	29.2	32.6	67.13	24	90
	平阳村	91	26.21	22.1	31.6	30.76	29.6	32.1	80.02	58	104
	水南村	32	30.08	26.8	31.6	31.59	30.2	32.5	80.88	69	91
马延乡	扶安村	70	32.03	16.4	40.2	30.07	27.9	32.5	53.59	38	80
	东兴村	110	30.23	19.3	44.3	30.96	26.7	33.3	39.73	17	68
	红升村	16	38.19	24	46.9	30.55	29.2	32.3	58	47	85
	贵乡村	51	31.82	18.7	40.9	31.56	29.4	33.1	56.61	46	67
	长安村	59	25.25	18.7	36.3	31.86	29.9	32.8	61.69	34	103
	荣安村	75	28.43	16.7	39.2	29.62	27.7	33.1	93.07	17	402
	红联村	114	38.23	28.7	53.4	30.49	27.9	33	75.67	34	139
	马延村	97	31.68	21	39.4	30.69	28.1	33.7	35.89	16	103
	沙沟子村	41	21.8	15.5	30.1	30.45	28	32.1	31.32	20	53
	红房子村	21	33.4	28.1	40.9	31.12	30.6	32.4	49.43	29	64
苇河镇	新建村	52	16.71	10.4	21.6	30.67	29.8	31.2	53.81	37	69
	铁西村	43	17.55	10.9	27.3	30.94	28.9	32.7	47.86	25	68
	兆麟村	46	30.02	18.4	76.3	31.27	29.4	32.7	36.15	19	67
	青云村	57	25.92	12.7	43.5	30.89	29.4	32.5	43.58	15	142
	景洲村	80	21.17	15	34.3	31.37	27.9	34.6	39.78	26	76
	有利村	52	27.85	19.2	37	31.5	30.8	31.8	45.48	29	60
	环山村	61	19.11	11.2	23.1	30.32	29.5	31.2	51.92	34	78
	周家营子村	68	23.16	12.7	76.3	30.77	29.6	32	37.31	12	58
	尚志村	84	24.86	15.2	103.3	30.95	29.8	32.8	44.35	19	69
	志成村	46	27.81	16.5	40.6	29.47	27.5	33.6	47.07	29	61
	化一村	97	21.97	11.2	34.6	29.85	27.6	32	56.13	25	77
	合顺村	28	30.98	24.2	37.9	30.27	29.1	31.8	36.14	28	69
	虎山村	32	27.1	16.5	34.1	30.68	27.6	32.8	37.16	25	54
一面坡镇	万山村	95	22.53	10.4	39.1	30.66	29.8	31.6	62.82	25	85
	镇北村	40	19.5	10	25.8	30.56	29.6	31.6	42.58	24	95

（续）

乡（镇）	村名称	样本数（个）	有效磷（毫克/千克）			全钾（克/千克）			速效钾（毫克/千克）		
			平均值	最小值	最大值	平均值	最小值	最大值	平均值	最小值	最大值
一面坡镇	胜安村	55	25.77	10	35.2	30.3	29.5	31.2	58.45	30	76
	九江村	70	23.14	10	30.6	31.31	28.9	32.6	51.41	30	84
	民乐村	22	19.77	11.5	26.2	30.35	27.7	33.1	45.86	24	69
	镇中村	26	28.38	20.6	41.2	31.35	30.1	31.9	61.77	50	72
	三阳村	104	21.68	11.9	58.8	30.94	29	34.6	51.25	24	94
	镇东村	73	22.75	11.2	103.3	30.67	29.6	32.7	37.42	26	45
	治安村	59	26.47	11.5	39	29.64	27.6	32.7	33.24	19	54
	长营村	3	22.43	22.1	23.1	31.13	31	31.3	60.67	60	61
元宝镇	裕民村	149	29.18	14.9	63.7	29.23	27.8	30.5	57.48	40	114
	元宝村	63	20.17	15.1	37.1	30.51	29.2	32.5	46.22	27	79
	杨家店村	148	28.01	22	42.7	30.33	27.3	33.1	54.96	30	74
	安乐村	88	31.46	24	39.2	29.95	27.3	31.4	49.69	30	75
	钢铁村	77	24	16.3	62	30.11	28.2	32.8	45.66	27	107
	忠信村	20	25.17	18.4	37.1	30.4	29.7	31.1	46.7	34	52
	二龙山村	33	23.37	16.2	60.8	29.1	28.1	30.4	47.94	33	67
	向前进村	128	26.05	16.2	60.8	30.89	28.1	32.1	56.7	27	94
	民仁村	100	23.36	19.8	32.8	29.78	28.3	32	47.89	41	74
	新发村	49	23.55	21.2	25.4	31.03	30.5	31.4	72	40	109
	杨树村	73	19.69	16.7	23.1	29.43	28.5	30.2	53.07	38	64
	东风村	49	28.67	18.9	39.8	31.15	30.1	32.1	58.69	22	82
河东乡	长发村	62	56.42	24.7	93	30.41	27.3	32.3	42.6	23	118
	惠民村	104	44.67	24.7	63.5	30.25	29.3	32.3	25.84	6	38
	南兴村	25	50.43	21.8	94.5	30.8	29.1	33.8	34.4	16	68
	大星村	29	54.76	24.7	94.5	30.82	29.3	32.3	37.52	27	51
	莲河村	141	62.58	25	92.1	31.07	26.5	33.7	33.09	22	96
	北兴村	39	47.67	25.6	58.5	31.89	29.8	33.7	36.95	27	51
	太阳村	47	52.36	31.4	75.2	30.62	27.3	33.7	39.47	22	51
	东安村	29	37.62	21.7	94.5	30.74	29.5	32.1	35.48	22	68
	长胜村	69	28.84	12.9	46.8	30.12	28.9	31.3	33.09	22	46
鱼池乡	锦河村	55	19.48	13.7	30.3	29.39	27.6	33.1	43.89	14	70
	新兴村	127	22.67	4	36.5	31	27.1	34	50.14	4	102
	兴安村	25	19.17	11	30.1	31.03	30.7	31.3	41.72	21	92
	鱼池村	63	19.23	4.6	35.7	31.16	27.3	33.1	50.59	4	77
	筒子沟村	132	20.43	9.5	31.7	30.58	29.3	32.2	38.07	12	90

（续）

乡（镇）	村名称	样本数（个）	有效磷（毫克/千克）			全钾（克/千克）			速效钾（毫克/千克）		
			平均值	最小值	最大值	平均值	最小值	最大值	平均值	最小值	最大值
鱼池乡	开道村	47	21.39	10.4	26.1	30.73	29.6	33.1	26.23	8	64
	昌平村	11	25.64	15.9	28.7	29.35	27.9	32	75.82	29	102
亮河镇	山河村	81	24.55	22.1	30.9	30.94	29.9	32.4	47.12	29	67
	森林村	142	28.62	23	41.4	30.32	29.3	34.5	36.68	21	55
	福山村	98	31.69	18.7	56.4	31.25	29.2	33.4	65.03	30	108
	东兴村	137	24.41	17.9	41.4	31.22	29.3	33.9	60.63	30	119
	平安村	101	21.47	16.3	25.1	31.8	29.3	33.3	88.35	26	158
	立业村	74	26.26	14.7	85.9	31.45	29.9	33.9	49.01	31	119
	凤山村	26	28.18	24.9	36.1	31.1	30.1	32.7	53.81	29	72
	九里村	78	30.83	19.7	43.2	30.13	28.9	33.4	58.08	30	99
	解放村	47	34.01	19.8	85.9	31.07	29	32.9	94.06	41	119
亚布力镇	新华村	83	20.85	15.1	26.3	31.28	28.2	33.3	39.49	20	55
	兴业村	94	19.8	14.3	32.7	30.67	28.4	33	30.88	14	60
	永丰村	168	19.86	10.7	33	30.77	29.3	33.2	38.08	4	58
	民主村	71	26.82	16.3	32.7	29.87	29.4	30.9	33.93	24	50
	尚礼村	96	20.02	11.6	33.9	30.68	28.3	33.7	38.16	12	76
	国光村	87	19.73	11.6	33.9	30.59	28.3	33.6	28.17	12	50
	青山村	75	22.99	15.9	32.5	30.88	29.2	33.1	35.37	16	62
	东兴村	60	19.89	14.8	36.5	31.29	28	33.7	32.58	21	84
	合心村	81	19.5	15.1	26.3	30.35	29.6	33	36.51	24	60
	光辉村	103	23.9	16.1	36.2	31.12	27.3	33.7	55.03	26	122
乌吉密乡	朝阳村	169	37.11	10.9	48.2	30.16	29.6	32.1	61.65	5	105
	政新村	212	39.88	23.1	68.2	30.79	29.3	33.2	67.32	29	130
	五保村	68	44.47	38.3	48.2	32.1	30.2	32.6	87.79	65	105
	太和村	214	32.13	19.9	40.3	30.79	27.3	32.9	36.19	23	60
	九北村	25	22	9.9	29.4	28.42	27.6	29.3	46.4	30	64
	和平村	132	26.39	19.5	40.1	30.6	28.3	32.5	49.97	21	103
	明德村	120	40.96	23.6	63.5	31.48	29.8	33.2	65.28	37	123
	铃兰村	46	34.53	22.1	51.3	30.89	28.9	33.3	71.07	39	91
	太来村	161	36.58	23.7	63.5	31.64	29.9	33.2	54.49	38	123
	张家湾村	195	34.19	19	65.5	29.3	27.6	33.7	67.73	30	190
	三股流村	126	34.23	19.9	48.2	31.56	30	32.9	56.52	32	105
老街基乡	福丰村	117	22.05	18.4	33.6	30.84	29.6	33	63.98	43	100
	青川村	109	24.41	16.9	56.9	29.93	28.2	32.8	64.17	15	84

（续）

乡（镇）	村名称	样本数（个）	有效磷（毫克/千克）			全钾（克/千克）			速效钾（毫克/千克）		
			平均值	最小值	最大值	平均值	最小值	最大值	平均值	最小值	最大值
老街基乡	联丰村	56	27.99	18.5	46.1	31.88	29.6	33.6	69.79	54	98
	基丰村	107	41.62	29.7	71.3	31.32	29.3	34	78.92	54	96
	新胜村	55	33.78	27.3	51.5	30.19	29.4	31.4	64.05	47	78
	龙王庙村	64	27.4	12.4	35.6	31.36	26.8	33	94.08	68	139
	太平沟村	65	33.32	14.6	59	30.95	29.3	32.8	62.86	51	84
	金山村	146	34.9	9.5	84.7	30.84	28.4	34	81.62	35	137
帽儿山镇	仁和村	85	32.47	15.3	60.7	31.58	29.6	33.5	48.41	26	168
	喜店村	50	46.63	29.3	54.6	31.6	29.5	33.2	55.44	15	100
	蜜蜂村	86	41	24.1	74.7	31.36	28.9	33.1	63.7	28	168
	庆喜村	37	34.66	29.9	42.5	31.27	30.6	32.9	51.11	44	62
	红布村	86	38.97	29.5	69.4	30.56	27.1	33.3	39.71	21	50
	孟家村	69	35.67	31.8	44.4	30.04	28.2	33.1	47.75	35	53
	三联村	10	24.16	20.9	29	30.69	29.7	31.5	54.9	34	75
	大同村	30	42.84	25.7	99.2	31.2	30.1	33.1	54.37	12	164
	大房子村	62	33.23	17.6	42.3	30.92	26	33.2	40.15	26	74
	元宝顶子村	43	55.62	25.4	64.2	31.67	29.5	33	33.21	20	41
	富民村	43	45.76	13.2	64.5	30.29	28.3	33.1	63.3	28	146

附表 3－4　尚志市村级土壤属性（有效铜、有效铁、全磷）

乡（镇）	村名称	样本数（个）	有效铜（毫克/千克）			有效铁（毫克/千克）			全磷（毫克/千克）		
			平均值	最小值	最大值	平均值	最小值	最大值	平均值	最小值	最大值
长寿乡	牛心村	64	0.91	0.8	0.97	41.30	26.4	61.6	1 965.39	1 678	2 196
	会桐村	78	0.99	0.64	1.29	31.47	18.7	50.2	2 041.13	1 721	2 176
	成功村	119	1.01	0.79	1.48	35.65	19.9	49.5	2 051.18	1 586	2 756
	一曼村	101	0.94	0.79	1.36	37.9	28.7	49.9	1 936.05	1 736	2 573
	国庆村	76	0.95	0.72	1.31	39.95	28.7	47.3	1 985.16	1 778	2 573
	长寿村	56	0.97	0.8	1.45	37.29	27.5	44.4	2 221.04	1 973	2 756
	永安村	80	1.11	0.49	1.87	39.82	32.7	50.1	2 256.39	1 863	2 641
	河北村	124	1.18	0.41	1.77	42.08	23.3	60.2	1 910.58	1 628	2 614
	四胜村	49	0.91	0.55	1.1	39.01	35.6	42.2	1 922.9	1 734	2 175
	三胜村	103	1.21	0.93	1.44	39.73	33.3	46.6	1 996.82	1 612	2 304
	万发村	75	0.69	0.41	1.05	39.55	23.2	53.4	1 875.16	1 664	2 473
	永庆村	62	0.75	0.64	0.96	38.64	35.1	46.1	2 160.76	1 943	2 547

乡（镇）	村名称	样本数（个）	有效铜（毫克/千克）			有效铁（毫克/千克）			全磷（毫克/千克）		
			平均值	最小值	最大值	平均值	最小值	最大值	平均值	最小值	最大值
尚志镇	胜利村	79	0.94	0.16	1.77	38.05	27.2	54.8	2 001.39	1 586	2 693
	红光村	59	1.2	0.46	1.77	47.71	30.9	64.6	1 918.86	1 612	2 563
	城西村	120	0.95	0.42	2.49	41.2	33.8	59.9	1 934.38	1 621	2 693
	南平村	117	0.67	0.58	0.88	29.37	25.2	42.6	2 107.97	1 847	2 513
	向阳村	135	0.85	0.47	2.49	40.54	32.8	59.9	1 840.07	1 586	2 142
	红旗村	76	0.7	0.37	1.35	39.87	29.6	58.7	1 843.09	1 621	2 018
黑龙宫镇	红旗村	70	0.88	0.46	2.42	41.85	30.1	67	1 930.54	1 576	2 253
	建国村	35	0.77	0.53	1.04	42.09	35.8	52.5	2 040.71	1 679	2 543
	得好村	52	0.93	0.35	1.59	35.79	12.6	50.2	2 279.38	1 590	2 741
	幸福村	71	0.77	0.39	1.56	29.77	19.2	52.3	1 781.99	1 586	2 235
	马才村	75	0.91	0.63	1.53	43.83	29.4	57.7	1 895.85	1 658	2 038
	吉兴村	66	1.05	0.67	1.53	48.8	27.6	139.8	1 923.73	1 614	2 045
	金辉村	73	1.31	0.61	2.42	42.49	26.3	67	2 098.42	1 816	2 243
	黎明村	47	1.08	0.54	2.42	42.98	23.2	67	2 060.23	1 770	2 531
	兴胜村	70	0.78	0.51	1.02	53.89	33.9	68.7	1 920.41	1 679	2 134
	永久村	42	0.77	0.26	1.52	45	39.3	57.7	2 181.67	1 586	2 658
	龙宫村	36	0.87	0.66	1.52	30.55	22.4	57.7	2 094.19	1 753	2 632
	王家馆子村	18	0.64	0.45	1.18	43.58	34.5	53	1 866.39	1 712	2 039
珍珠山乡	冲河村	26	0.53	0.39	0.75	39.37	24.5	49.2	1 808.35	1 586	2 134
	榆林村	26	0.47	0.36	0.76	33.61	27.7	37.6	2 002.08	1 864	2 168
	珍珠村	22	0.79	0.56	1.18	43.7	33.1	59.2	2 195.32	1 721	2 974
	新安村	45	0.95	0.54	1.35	39.63	34.3	45.7	2 149.31	1 868	2 687
	三合村	11	0.82	0.72	0.89	34.32	9.6	42.8	1 752.27	1 589	1 973
	保安村	18	0.72	0.45	0.91	41.45	38	45.1	2 026.5	1 925	2 170
石头河子镇	燎源村	64	0.91	0.56	2.42	41.94	36.3	50.1	1 904.42	1 590	2 235
	宝山村	63	0.92	0.8	1.28	44.53	35.5	56.1	1 967.1	1 723	2 329
	宝石村	37	1.4	1.17	1.48	54.15	52.5	54.7	1 889.68	1 868	2 172
	景甫村	77	1.04	0.69	1.93	40.09	31	53.3	1 894.62	1 638	2 084
	克茂村	95	0.8	0.49	1.64	33.36	26	74.1	2 045.41	1 586	2 658
	庆丰村	44	0.81	0.62	1.16	39.88	30.9	46.1	1 856.66	1 590	2 138
庆阳镇	庆阳村	143	1.28	0.51	2.78	43.53	33.8	53	1 872.08	1 586	2 426
	驿马河村	94	0.61	0.34	0.81	38.9	30.7	50.8	2 196.28	1 586	2 697
	白江泡村	83	0.85	0.57	1.09	40.9	34.2	47	1 895.75	1 730	2 134
	青龙村	76	0.85	0.42	1.2	38.96	27.3	52.3	1 898.41	1 586	2 180

乡（镇）	村名称	样本数（个）	有效铜（毫克/千克）			有效铁（毫克/千克）			全磷（毫克/千克）		
			平均值	最小值	最大值	平均值	最小值	最大值	平均值	最小值	最大值
庆阳镇	庆北村	49	0.64	0.33	1.31	37.8	28.8	49.1	2 003.18	1 817	2 586
	楼山村	46	0.62	0.53	0.77	38.44	32.2	46.6	2 082.74	1 570	2 543
	香磨村	85	0.98	0.46	1.39	38.86	34.5	50.9	1 873.48	1 794	2 143
	平阳村	91	1.02	0.63	1.57	44.92	38	51.2	1 955.29	1 824	2 096
	水南村	32	1.45	1.12	1.73	46.94	38	54	1 832.72	1 712	2 011
马延乡	扶安村	70	0.59	0.26	0.93	33.95	25.2	42.3	1 948.9	1 531	2 365
	东兴村	110	0.63	0.34	1.02	40.38	25.1	57	1 985.42	1 606	2 586
	红升村	16	0.67	0.34	1.28	31.54	20.1	48.5	1 817.25	1 531	2 173
	贵乡村	51	0.75	0.63	1.07	41.92	36.7	52.6	1 840.25	1 586	2 018
	长安村	59	0.73	0.52	1.95	38.37	33.9	46	1 884.68	1 780	2 369
	荣安村	75	0.85	0.39	2.46	43.97	25.3	65.6	2 057.77	1 606	2 638
	红联村	114	1.5	0.49	3.45	46.22	29.5	52.8	1 784.39	1 543	2 365
	马延村	97	0.77	0.45	1.54	42.12	31.3	49.2	1 923.36	1 664	2 533
	沙沟子村	41	1.18	0.91	1.53	52.19	40.1	67.2	1 824.21	1 586	2 638
	红房子村	21	0.75	0.24	1.13	39.59	30.1	52.3	1 937.38	1 614	2 061
苇河镇	新建村	52	0.79	0.75	0.88	32.47	26.5	37.6	1 939.54	1 848	1 964
	铁西村	43	0.89	0.58	1.46	36.88	18.5	46.9	1 907.42	1 543	2 041
	兆麟村	46	1.1	0.68	1.71	36.54	16.8	51.6	1 809.89	1 531	2 038
	青云村	57	1.02	0.47	1.29	40.29	9.2	72.2	1 844.19	1 590	2 204
	景洲村	80	1.25	0.85	1.57	34.6	17.7	45.4	1 911.53	1 586	2 354
	有利村	52	1.04	0.68	1.35	33.61	19.5	42.3	1 775.88	1 621	2 038
	环山村	61	0.91	0.6	1.28	47.93	34.7	57.8	1 853.31	1 621	2 217
	周家营子村	68	0.84	0.35	1.56	33.3	22.3	50.8	1 884.31	1 676	2 213
	尚志村	84	1.36	0.58	2.08	44.4	18.2	70	1 821.2	1 543	2 090
	志成村	46	1.44	0.92	2.17	41.99	31.7	61.5	1 888.37	1 658	2 146
	化一村	97	1.47	0.6	2.17	49.81	31.3	70	1 793.31	1 586	2 398
	合顺村	28	0.96	0.82	1.23	39.93	32.5	43.7	1 953.64	1 638	2 041
	虎山村	32	1.7	0.91	2.17	60.32	42.6	70	1 827.16	1 586	2 398
一面坡镇	万山村	95	1.4	0.54	2.08	57.6	36.7	70	1 805.63	1 586	2 150
	镇北村	40	0.82	0.55	1.29	46.63	35.6	59.6	1 855	1 590	2 154
	胜安村	55	1.11	0.56	2.08	50.67	35.1	69.5	1 767.76	1 578	2 108
	九江村	70	1.14	0.73	2.57	49.11	40.1	66.7	1 893.06	1 684	2 064
	民乐村	22	0.85	0.51	1.39	43.77	39.1	59	2 067.86	1 769	2 543
	镇中村	26	0.67	0.51	1.3	43.9	39.5	52.2	1 926.73	1 712	2 191
	三阳村	104	0.82	0.51	1.24	47.84	35.1	67.2	1 886.89	1 357	2 271

（续）

乡（镇）	村名称	样本数（个）	有效铜（毫克/千克）			有效铁（毫克/千克）			全磷（毫克/千克）		
			平均值	最小值	最大值	平均值	最小值	最大值	平均值	最小值	最大值
一面坡镇	镇东村	73	1.33	0.77	1.98	40.64	18.2	63.6	1 886.51	1 609	2 534
	治安村	59	0.76	0.41	1.25	38.99	27.3	58.1	2 136.14	1 714	2 712
	长营村	3	0.68	0.65	0.7	56.86	52.7	62.3	1 756.67	1 658	1 836
元宝镇	裕民村	149	0.83	0.36	1.24	38.17	29.6	48.8	2 354.17	1 578	2 694
	元宝村	63	0.87	0.56	1.55	38.55	32.9	42.2	2 026.63	1 768	2 202
	杨家店村	148	1.24	0.39	1.87	40.51	28.4	69.3	1 778.78	1 357	2 381
	安乐村	88	0.9	0.69	1.23	49.3	35.1	69.3	1 873.31	1 712	2 186
	钢铁村	77	0.84	0.62	1.66	39.88	31.1	53.1	2 159.05	1 660	2 655
	忠信村	20	1.22	0.56	2.01	37.85	31.1	48.9	2 097.35	1 660	2 466
	二龙山村	33	1.07	0.68	2.01	41.8	33.5	50.4	2 231.12	1 927	2 422
	向前进村	128	0.8	0.39	2.01	39.68	32.3	48.3	1 924.52	1 689	2 422
	民仁村	100	0.63	0.39	1.04	33.35	28.3	47.6	2 242.28	1 780	2 655
	新发村	49	0.98	0.92	1.02	42.77	41.9	44	1 953.12	1 880	2 039
	杨树村	73	0.59	0.46	1.01	34.76	30.8	42.3	2 123.99	1 978	2 454
	东风村	49	0.92	0.62	1.09	44.26	34.6	51.7	1 864.67	1 682	2 003
河东乡	长发村	62	1.21	0.45	1.46	56.04	33.9	70.2	1 917.35	1 712	2 243
	惠民村	104	0.86	0.45	1.86	46.13	33.9	75.4	2 033.28	1 658	2 658
	南兴村	25	1.12	0.5	1.81	57.71	39.3	69.1	1 933.92	1 598	2 046
	大星村	29	1	0.45	1.42	48.73	33.9	64.4	1 849.38	1 598	2 039
	莲河村	141	0.83	0.52	1.63	44.26	28.8	67.3	2 144.48	1 531	2 816
	北兴村	39	1.23	1	1.77	54.59	42.3	70.2	2 081.44	1 813	2 816
	太阳村	47	1.26	0.49	1.53	55.89	35.1	70.2	1 926.28	1 531	2 816
	东安村	29	0.77	0.59	1.43	42.92	34.2	69.1	1 864.07	1 658	2 263
	长胜村	69	1.11	0.5	1.4	54.96	27.5	66.5	1 978.59	1 803	2 756
鱼池乡	锦河村	55	1.18	0.75	2.01	52.57	41.2	71.9	1 994.11	1 497	2 654
	新兴村	127	1.41	0.59	2.65	56.26	28.3	126.8	1 984.66	1 357	2 824
	兴安村	25	0.87	0.55	1.11	56.46	36.3	89.2	1 829.4	1 777	2 015
	鱼池村	63	1.22	0.65	2.65	51.83	38.6	67	1 921.81	1 712	2 163
	筒子沟村	132	0.93	0.38	1.44	55.9	35.1	138.7	1 848.82	1 638	2 163
	开道村	47	0.7	0.46	1.05	41.27	35.3	72.9	1 837.85	1 497	2 163
	昌平村	11	1.86	0.69	2.59	45.79	28.4	61.8	2 249.55	1 990	2 542
亮河镇	山河村	81	1.38	0.2	3.01	32	23.5	39.5	1 861.49	1 685	2 681
	森林村	142	0.79	0.2	1.44	37.38	23.5	41.4	2 259.49	1 586	2 684
	福山村	98	1.35	0.58	3.31	38.42	31.5	45.1	1 835.09	1 621	2 014

（续）

乡（镇）	村名称	样本数（个）	有效铜（毫克/千克）			有效铁（毫克/千克）			全磷（毫克/千克）		
			平均值	最小值	最大值	平均值	最小值	最大值	平均值	最小值	最大值
亮河镇	东兴村	137	0.92	0.24	3.01	35.71	24.3	41.6	1 882.82	1 696	2 070
	平安村	101	1.06	0.72	1.56	40.69	31.5	54.2	1 862.94	1 645	2 118
	立业村	74	0.76	0.47	1.54	36.03	29.1	42.1	1 787.59	1 543	2 039
	凤山村	26	1.16	0.75	2.09	37.11	33.1	40.9	1 884.27	1 775	2 134
	九里村	78	1.2	0.58	2.98	35.64	32.3	43.9	1 883.23	1 621	2 674
	解放村	47	0.91	0.38	1.05	37.11	30.9	39.4	1 850.43	1 643	1 950
亚布力镇	新华村	83	0.75	0.39	1.56	40.64	27	57.4	1 856.78	1 531	2 504
	兴业村	94	1.19	0.74	1.71	44.55	27.3	71.9	1 822.72	1 612	2 452
	永丰村	168	0.73	0.31	1.38	41.9	32.1	70.7	2 043.57	1 621	2 743
	民主村	71	1.34	0.54	1.71	51.9	32.1	60.7	1 873.59	1 736	2 018
	尚礼村	96	0.86	0.41	4.9	39.49	25.8	53	1 880.55	1 556	2 350
	国光村	87	1.48	0.33	4.9	39.02	25.8	56.2	1 975.89	1 612	2 350
	青山村	75	0.91	0.57	1.35	44.88	32.2	53	1 899.45	1 685	2 134
	东兴村	60	0.98	0.41	1.93	47.33	25.8	60.7	1 859.65	1 556	2 693
	合心村	81	0.67	0.35	1.56	38.12	27	57.4	1 880.86	1 497	2 163
	光辉村	103	1.04	0.45	1.5	42.12	32.1	54.2	1 885.85	1 357	2 796
乌吉密乡	朝阳村	169	1.13	0.58	2.15	44.59	25.2	52.6	1 812.99	1 590	2 134
	政新村	212	0.88	0.37	1.6	36.81	19.6	53.7	1 855.72	1 595	2 212
	五保村	68	2.99	1.26	3.45	51.11	43.8	52.8	1 613.88	1 590	1 762
	太和村	214	0.64	0.37	1.54	35.88	24.2	49.2	1 859.79	1 621	2 654
	九北村	25	1.25	0.77	1.72	45.29	37.9	53.9	2 336.64	2 038	2 643
	和平村	132	1.13	0.16	1.62	40.66	25.3	52.7	1 956.61	1 576	2 466
	明德村	120	1.02	0.65	1.6	41.45	29.3	53.7	1 922.58	1 497	2 213
	铃兰村	46	1.06	0.77	1.44	39.85	37.3	44.5	1 954.17	1 685	2 117
	太来村	161	0.93	0.81	1.34	43.02	33.3	51.6	1 852.8	1 588	2 039
	张家湾村	195	1.11	0.34	2.2	44.84	25.4	52.2	2 103.08	1 729	2 734
	三股流村	126	1.05	0.37	2.15	39.24	25.4	52.6	1 578	2 650	1 841
老街基乡	福丰村	117	1.08	0.84	1.56	42.28	37.8	54.2	2 049.7	1 762	2 768
	青川村	109	0.88	0.36	1.32	43.34	36.5	72.6	2 211.18	1 741	2 586
	联丰村	56	1.12	0.65	1.34	42.41	39.2	43.4	1 987.66	1 638	2 300
	基丰村	107	0.82	0.4	1.23	46.64	35.6	75.8	1 841.43	1 621	2 235
	新胜村	55	1.19	0.78	1.32	50.57	36.3	64.4	2 078.24	1 694	2 694
	龙王庙村	64	1.41	1.25	1.48	46.89	36.1	65.6	1 861.86	1 578	2 154
	太平沟村	65	0.84	0.46	1.21	45.57	36.9	66.2	1 872.12	1 586	2 013

（续）

乡（镇）	村名称	样本数（个）	有效铜（毫克/千克）			有效铁（毫克/千克）			全磷（毫克/千克）		
			平均值	最小值	最大值	平均值	最小值	最大值	平均值	最小值	最大值
老街基乡	金山村	146	1.21	0.69	1.5	54.9	40.1	73.9	1 876.85	1 582	2 255
帽儿山镇	仁和村	85	1.41	1.17	1.82	60.52	36.2	106.8	1 867.91	1 543	2 638
	喜店村	50	1.42	1.04	1.82	52.43	38.1	72.1	1 798.1	1 531	2 213
	蜜蜂村	86	1.34	0.83	2.03	40.26	35.1	46.4	1 874.27	1 543	2 213
	庆喜村	37	0.93	0.28	1.18	39.63	29.4	51.1	1 858.62	1 654	2 105
	红布村	86	1.23	0.58	1.78	54.57	35	75.7	1 750.22	1 492	2 039
	孟家村	69	1.37	1.03	1.71	53.48	47.9	71.3	1 883.58	1 638	2 465
	三联村	10	1.3	1.16	1.41	51.17	43.2	58.1	2 081.1	1 830	2 217
	大同村	30	1.59	0.77	2.32	50.38	34.5	72.2	1 765.73	1 543	2 218
	大房子村	62	1.42	0.65	1.99	54.11	39.3	72.5	1 954.44	1 638	2 621
	元宝顶子村	43	0.69	0.34	1.42	48.5	42.1	67.9	1 948.28	1 658	2 163
	富民村	43	1.34	0.67	2.03	43.61	39.3	53.8	1 793.77	1 543	2 712

附表 3-5　尚志市村级土壤属性表（容重、有效锰、有效锌）

乡（镇）	村名称	样本数（个）	容重（克/立方厘米）			有效锰（毫克/千克）			有效锌（毫克/千克）		
			平均值	最小值	最大值	平均值	最小值	最大值	平均值	最小值	最大值
长寿乡	牛心村	64	1.04	0.96	1.12	29.15	21.6	45.2	0.81	0.12	2.44
	会桐村	78	1.11	0.99	1.24	25.52	11.3	39.8	2.76	0.23	5.58
	成功村	119	1.12	0.97	1.31	25.42	15.3	43	1.72	0.23	3.63
	一曼村	101	1.14	1.01	1.32	28.43	21	46	0.71	0.23	2.45
	国庆村	76	1.1	0.90	1.23	23.99	17.5	30.9	1.4	0.23	2.46
	长寿村	56	1.11	1.03	1.31	24.56	16.8	32.8	1.24	0.64	2.88
	永安村	80	1.14	1.01	1.35	28.04	16.5	35.7	1.05	0.18	2.88
	河北村	124	1.16	0.9	1.27	27.7	10.7	69.8	0.84	0.07	2.88
	四胜村	49	1.1	0.99	1.15	24.14	14.6	30	1.67	0.23	2.4
	三胜村	103	1.15	0.97	1.28	30.59	23.4	35.2	2.37	1.06	3.31
	万发村	75	1.18	1.09	1.3	17.43	9.3	30.5	0.47	0.02	2.55
	永庆村	62	1.16	1	1.31	22.46	17.4	27.1	1.23	0.56	1.72
尚志镇	胜利村	79	1.18	1.01	1.31	21.93	10.7	53.3	1.17	0.29	2.7
	红光村	59	1.11	1	1.23	41.98	11	56.5	0.86	0.15	2.69
	城西村	120	1.25	1	1.4	30.42	13.6	48.5	1.09	0.09	2.39
	南平村	117	1.1	0.88	1.26	18.37	15.6	26.8	0.66	0.24	1.54
	向阳村	135	1.2	1.08	1.3	21.44	17.9	29.9	0.85	0.14	1.77
	红旗村	76	1.22	1.06	1.34	25.2	20.1	46.9	1.11	0.15	1.97

（续）

乡（镇）	村名称	样本数（个）	容重（克/立方厘米）			有效锰（毫克/千克）			有效锌（毫克/千克）		
			平均值	最小值	最大值	平均值	最小值	最大值	平均值	最小值	最大值
黑龙宫镇	红旗村	70	1.06	0.68	1.36	20.08	9.3	36	0.92	0.02	2.32
	建国村	35	1.2	0.98	1.36	21.82	9.3	36.2	0.83	0.02	1.50
	得好村	52	1.08	0.96	1.18	28.71	10.4	47.4	1.01	0.51	1.35
	幸福村	71	1.22	1.05	1.44	19.83	12.3	26.5	1.34	0.59	2.01
	马才村	75	1.09	1.03	1.18	23.14	16.2	39.6	1.81	1.26	4.57
	吉兴村	66	1.11	1.01	1.28	27.28	14.7	50.6	1.17	0.67	2.03
	金辉村	73	1.11	0.68	1.34	28.17	20.1	36.3	1.08	0.12	2.32
	黎明村	47	1.18	1.02	1.35	25.75	12.8	42.2	0.63	0.06	1.77
	兴胜村	70	1.2	1.13	1.3	27.63	21.3	30.9	0.86	0.21	1.27
	永久村	42	1.19	0.98	1.41	22.62	17.5	39.6	1.07	0.68	2.03
	龙宫村	36	0.93	0.68	1.18	21.15	11.6	39.6	1.39	0.54	2.32
	王家馆子村	18	1.14	1.09	1.21	23.83	16.1	39.3	1.35	0.55	1.97
珍珠山乡	冲河村	26	1.11	1	1.23	25.62	12.2	35.6	0.5	0.04	1.26
	榆林村	26	1.11	1	1.26	19.06	14.4	23.1	0.92	0.46	1.28
	珍珠村	22	1.29	1.05	1.41	25.12	17.9	36.3	0.91	0.12	2.36
	新安村	45	1.23	1.08	1.34	23.39	21.2	25.6	1.18	0.55	2.15
	三合村	11	1.14	1.07	1.29	24.03	19.6	34.3	0.88	0.57	1.23
	保安村	18	1.23	1.04	1.39	23.72	21.7	26.1	2.18	1.38	2.77
石头河子镇	燎源村	64	1.19	0.51	1.44	30.7	18.3	43.9	1.42	0.69	2.17
	宝山村	63	1.2	1.09	1.32	29.54	19.3	39.3	1.64	0.27	2.68
	宝石村	37	1.14	1.11	1.23	36.75	20.9	45.5	1.99	1.48	2.16
	景甫村	77	1.22	1.03	1.41	29.59	19.9	45.5	1.83	0.06	2.79
	克茂村	95	1.28	1.12	1.42	22.45	14.6	27.6	1.91	0.01	3.08
	庆丰村	44	1.29	1.03	1.44	29.71	18.9	40.1	2.05	1.21	3.18
庆阳镇	庆阳村	143	1.16	0.97	1.37	30.83	22.3	45.3	2.07	0.16	5.2
	驿马河村	94	1.24	1.06	1.31	24.2	20.6	31.2	0.92	0.07	1.17
	白江泡村	83	1.17	1.06	1.24	32.86	24	39.7	1.55	0.92	2.66
	青龙村	76	1.14	1.06	1.34	32.09	24	57.8	1.56	0.2	2.34
	庆北村	49	1.16	1.02	1.4	24.18	20.1	35.1	1	0.26	1.78
	楼山村	46	1.25	1.12	1.36	23.74	19.2	30.1	0.74	0.52	0.98
	香磨村	85	1.09	1.02	1.37	31.52	27.2	47.8	0.92	0.48	2.29
	平阳村	91	1.06	1.01	1.23	32.15	23.6	43.6	1.28	0.36	2.19
	水南村	32	1.02	0.99	1.11	41.71	28.9	55	0.86	0.31	1.71
马延乡	扶安村	70	1.09	0.98	1.19	28.47	17.3	37.7	0.68	0.1	1.34
	东兴村	110	1.11	0.92	1.28	32.78	15.5	46.3	0.72	0.04	2.06

（续）

乡（镇）	村名称	样本数（个）	容重（克/立方厘米）			有效锰（毫克/千克）			有效锌（毫克/千克）		
			平均值	最小值	最大值	平均值	最小值	最大值	平均值	最小值	最大值
马延乡	红升村	16	1.1	0.99	1.17	26.26	16.2	40.6	0.58	0.23	0.98
	贵乡村	51	1.14	1.07	1.23	31.48	23.5	41.2	0.49	0.28	1.4
	长安村	59	1.12	1.04	1.23	31.98	16.2	45.6	0.59	0.26	1.23
	荣安村	75	1.08	0.91	1.3	35.61	16.2	48.3	0.38	0.05	1.08
	红联村	114	1.19	1.02	1.41	48.58	16.2	68.2	1.09	0.07	3.25
	马延村	97	1.19	1.04	1.23	27.44	20.1	45.6	0.82	0.04	1.5
	沙沟子村	41	1.11	0.98	1.18	40.4	23.4	50.9	0.21	0.05	0.65
	红房子村	21	1.23	0.94	1.35	25.29	16.3	41.3	1.05	0.45	1.6
苇河镇	新建村	52	1	0.92	1.08	19.57	15.7	28	0.57	0.02	1.12
	铁西村	43	1.11	0.96	1.26	19.85	12.5	36.5	0.65	0.08	1.34
	兆麟村	46	1.12	1.01	1.25	15.77	10.5	32.7	1.15	0.15	4.94
	青云村	57	1.11	1	1.4	19.81	4.4	42.8	1.11	0.11	3.17
	景洲村	80	1.11	1.04	1.29	17.43	10.2	26.9	1.25	0.17	2.01
	有利村	52	1.08	1	1.4	21.82	13.2	30.8	1.65	0.35	2.92
	环山村	61	1.17	1.06	1.34	27.12	11	33.9	1.11	0.08	2.21
	周家营子村	68	1.11	0.8	1.29	18.32	13.1	33.6	1.43	0.23	4.94
	尚志村	84	1.17	0.99	1.32	25.55	10.5	56.1	1.21	0.15	6.55
	志成村	46	1.15	1.01	1.32	24.2	7.9	51.9	1.35	0.36	2.01
	化一村	97	1.26	1.12	1.38	32.3	12.3	51.9	0.84	0.36	1.83
	合顺村	28	1.05	1.02	1.33	16.84	11	22.3	1.56	0.98	1.87
	虎山村	32	1.28	1.07	1.32	27.05	13.4	51.9	0.61	0.24	0.96
一面坡镇	万山村	95	1.09	0.96	1.32	43.02	19	56.1	0.57	0.02	2.41
	镇北村	40	1.09	0.93	1.19	30.75	19.6	46.2	0.35	0.06	1.1
	胜安村	55	1.18	1.07	1.3	36.45	19.4	56.1	0.61	0.09	2.4
	九江村	70	1.2	1	1.41	26.49	17.7	36.3	1.35	0.18	4.19
	民乐村	22	1.07	0.93	1.24	32.89	24.6	56.8	0.96	0.36	1.95
	镇中村	26	1.13	1.07	1.21	36.45	27.4	43.2	0.82	0.53	1.88
	三阳村	104	1.12	0.93	1.2	35.52	23.1	62.2	0.52	0.06	1.91
	镇东村	73	1.05	0.94	1.27	26.48	11.2	50.6	1.31	0.16	6.55
	治安村	59	1.16	1.04	1.22	36.14	18.6	57.3	0.38	0.07	0.66
	长营村	3	1.15	1.13	1.18	50.33	46.2	56.1	0.35	0.27	0.42
元宝镇	裕民村	149	1.19	1.09	1.42	31.77	23.4	41	1	0.23	3.54
	元宝村	63	1.17	1.05	1.25	29.75	22.5	46.1	0.37	0.19	0.89
	杨家店村	148	1.2	0.99	1.41	27.77	20.9	36.2	0.7	0.02	1.91

（续）

乡（镇）	村名称	样本数（个）	容重（克/立方厘米）			有效锰（毫克/千克）			有效锌（毫克/千克）		
			平均值	最小值	最大值	平均值	最小值	最大值	平均值	最小值	最大值
元宝镇	安乐村	88	1.06	0.91	1.21	36.4	26.3	50.5	1.04	0.32	1.49
	钢铁村	77	1.17	0.96	1.29	30.35	20.8	51.5	0.68	0.06	3.22
	忠信村	20	1.12	1.02	1.17	32.53	26.6	40	0.76	0.34	1.02
	二龙山村	33	1.13	1.03	1.26	32.57	19.8	51.7	0.72	0.01	3.06
	向前进村	128	1.23	1.06	1.39	34.77	19.8	51	0.75	0.05	3.06
	民仁村	100	1.25	1	1.4	32.01	28.3	39.6	0.35	0.02	1.16
	新发村	49	1.34	1.31	1.39	44.88	40.2	50.1	1.35	0.12	2.85
	杨树村	73	1.14	1.04	1.29	29.43	23.4	38.2	0.4	0.26	0.56
	东风村	49	1.09	1.04	1.2	38.92	23.2	52.1	0.62	0.09	1.1
河东乡	长发村	62	1.16	0.96	1.28	38.15	16.4	47.5	1.84	0.14	2.59
	惠民村	104	1.21	0.96	1.33	30.58	16.4	60.8	0.67	0.07	1.94
	南兴村	25	1.18	1.02	1.36	39.11	22.4	53.8	0.54	0.05	2.58
	大星村	29	1.09	0.96	1.18	36.31	24	56.5	1.08	0.05	2.59
	莲河村	141	1.08	0.91	1.23	34.7	22.6	69	1.06	0.19	2.36
	北兴村	39	1.1	1.02	1.17	39.13	28.1	49.6	0.67	0.14	2.36
	太阳村	47	1.17	0.97	1.31	40.7	29.7	49.6	0.92	0.14	2.59
	东安村	29	1.22	1.02	1.33	30.04	22.4	52.6	0.87	0.23	2.58
	长胜村	69	1.14	1.02	1.31	41.39	16.8	56.5	0.41	0.05	1.63
鱼池乡	锦河村	55	1.05	0.65	1.38	26.62	18.2	48.3	0.86	0.18	1.72
	新兴村	127	1.24	1.01	1.42	22.41	10.4	42.1	1.23	0.01	4.23
	兴安村	25	1.21	1.06	1.3	15.44	7	28.4	0.84	0.19	1.57
	鱼池村	63	1.27	1.09	1.36	21.92	11.2	48	1.23	0.41	2.61
	筒子沟村	132	1.19	1.03	1.32	19.74	5	36.5	1.37	0.1	2.89
	开道村	47	1.1	0.99	1.24	14.23	6.8	26.6	0.76	0.35	2.47
	昌平村	11	1.23	1.19	1.29	20.42	16.3	21.6	2.91	0.76	4.23
亮河镇	山河村	81	1.1	0.93	1.26	17.25	7.5	28.3	0.69	0.25	1.04
	森林村	142	1.14	0.93	1.21	18.75	7.5	27.5	0.79	0.18	1.09
	福山村	98	1.08	0.79	1.25	25.37	12.9	40.2	1.69	0.61	3.20
	东兴村	137	1.1	0.85	1.27	21.66	8.2	33.7	0.93	0.25	2.1
	平安村	101	1.11	1	1.36	21.64	7.1	37.9	1.21	0.32	2.67
	立业村	74	1.09	0.92	1.16	20.41	12.4	25.6	0.57	0.21	1.64
	凤山村	26	1.1	0.79	1.21	24.6	12.9	34.7	1.54	0.99	2.19
	九里村	78	1.08	0.98	1.28	20.71	16.6	30	2.26	0.94	3.2
	解放村	47	1.1	1.02	1.2	21.34	16.1	30.7	1.17	0.21	2.1

（续）

乡（镇）	村名称	样本数（个）	容重（克/立方厘米）			有效锰（毫克/千克）			有效锌（毫克/千克）		
			平均值	最小值	最大值	平均值	最小值	最大值	平均值	最小值	最大值
亚布力镇	新华村	83	1.17	0.71	1.39	28.77	12.1	57.2	0.91	0.34	1.42
	兴业村	94	1.17	0.65	1.32	39.97	16.3	62.1	0.51	0.15	2.29
	永丰村	168	1.21	0.96	1.36	25.42	11.6	60.2	0.86	0.07	2.89
	民主村	71	1.13	0.91	1.36	39.33	19.6	62.1	0.82	0.13	2.29
	尚礼村	96	1.18	1.02	1.28	27.37	13.2	56.4	0.72	0.23	2.23
	国光村	87	1.2	0.86	1.4	32.45	13.2	56.4	0.49	0.12	1.47
	青山村	75	1.22	0.51	1.39	37.92	16.2	58.1	0.83	0.23	2.17
	东兴村	60	1.19	1.03	1.32	45.18	15.6	58.1	0.32	0.09	0.60
	合心村	81	1.08	0.71	1.38	20.75	11.6	46.6	0.75	0.21	1.82
	光辉村	103	1.19	1.05	1.36	27.72	13.2	37.9	1.32	0.32	4
乌吉密乡	朝阳村	169	1.08	1	1.25	35.48	15.9	62.5	1.6	0.24	2.17
	政新村	212	1.21	1	1.41	27.7	18.2	38.5	1.48	0.54	2.32
	五保村	68	1.07	1.05	1.23	53.92	31.9	58.8	0.77	0.51	1.83
	太和村	214	1.16	1	1.28	22.43	15.9	39.1	0.96	0.24	1.5
	九北村	25	1.12	1.05	1.18	27.4	25.8	29.4	1.4	0.71	2.16
	和平村	132	1.18	1.02	1.35	35.33	25.3	65.5	1.41	0.15	2.3
	明德村	120	1.14	0.9	1.41	36.64	24.4	50.2	1.46	0.32	11
	铃兰村	46	1.21	1.07	1.35	30.58	22.3	42.2	1.98	0.8	5.19
	太来村	161	1.2	0.99	1.25	41.53	26.4	60.3	1.62	0.51	2.30
	张家湾村	195	1.17	0.93	1.37	45.71	30.3	60	0.93	0.07	2.27
	三股流村	126	1.17	0.9	1.29	47.61	36.9	62.5	0.77	0.23	1.36
老街基乡	福丰村	117	1.17	1.07	1.31	27.06	15.7	34.4	0.94	0.42	1.92
	青川村	109	1.11	0.99	1.37	21.39	4.5	36.6	0.97	0.39	1.73
	联丰村	56	1.09	0.98	1.2	31.41	13.1	40	1.38	0.34	2.34
	基丰村	107	1.15	1.01	1.3	21.9	9.9	40.3	0.86	0.23	3.25
	新胜村	55	1.16	0.96	1.25	31.28	20.1	40.5	0.54	0.38	1.23
	龙王庙村	64	1.12	0.93	1.41	31.94	20.1	48.7	0.72	0.4	1.09
	太平沟村	65	1.15	1.04	1.25	25.72	12.7	34	0.75	0.03	1.79
	金山村	146	1.11	0.93	1.28	29.77	11.1	68.2	0.93	0.13	4.68
帽儿山镇	仁和村	85	1.24	1.08	1.41	35.6	10.6	61.1	4.02	0.68	9.06
	喜店村	50	1.23	0.51	1.41	30.51	24.1	44.5	1.61	0.21	3.26
	蜜蜂村	86	1.14	0.51	1.27	36.99	25.4	48.2	2.65	0.23	4.87
	庆喜村	37	1.12	1	1.17	36.73	26.1	42.6	0.91	0.36	2.41
	红布村	86	1.27	1.15	1.44	41.54	25.9	61.1	0.88	0.36	1.62

（续）

乡（镇）	村名称	样本数（个）	容重（克/立方厘米）			有效锰（毫克/千克）			有效锌（毫克/千克）		
			平均值	最小值	最大值	平均值	最小值	最大值	平均值	最小值	最大值
帽儿山镇	孟家村	69	1.21	1.12	1.31	31.85	23.4	61.1	1.55	0.93	2.13
	三联村	10	1.14	1.09	1.37	43.32	38	56.7	0.95	0.78	1.29
	大同村	30	1.25	1.1	1.31	45.88	23.6	62.5	1.66	0.63	5.65
	大房子村	62	1.21	1.03	1.37	41.51	15.2	62.5	1.16	0.48	2.16
	元宝顶子村	43	1.19	1.04	1.28	28	26.4	39.3	1.6	0.63	1.92
	富民村	43	1.18	1.04	1.37	33.61	22.4	59.8	2.13	0.66	5.64

尚志市行政区划图

本图采用北京1954坐标系

比例尺　1：1 000 000

图　例

道路
居民点
水面
乡界线
县界线

乡（镇）名称

乌吉密乡
珍珠山乡
老街基乡
长寿乡
马延乡
鱼池乡
一面坡镇
亚布力镇
亮河镇
元宝镇
尚志镇
帽儿山镇
庆阳镇
河东乡
黑龙宫镇
石头河子镇
苇河镇

尚志市土地利用现状图

黑龙江极象动漫影视技术有限公司
哈尔滨万图信息科技术平台有限公司

比例尺　1 : 1 000 000

本图采用北京1954坐标系

图　例

道路
居民点
乡界线
县界线

土地类型

坑塘水面
旱地
有林地
水库
灌溉水田
荒草地

庆阳镇

亮河镇

苇河镇

亚布力镇

石头河子镇

珍珠山乡

鱼池乡

老街基乡

乌吉密乡

尚志镇

一面坡镇

元宝镇

长寿乡

黑龙宫镇

帽儿山镇

尚志市土壤图

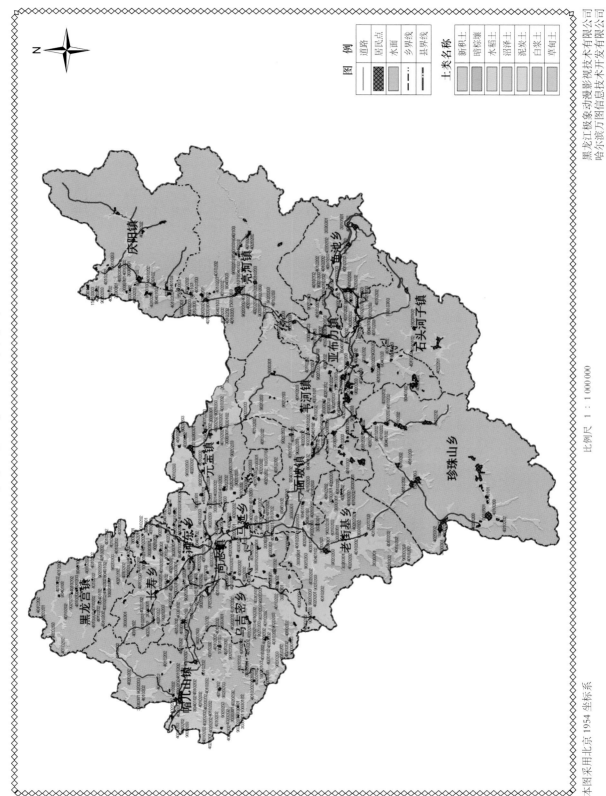

黑龙江极象动漫影视技术有限公司
哈尔滨万图信息技术开发有限公司

图　例

| 道路 |
| 居民点 |
| 水面 |
| 乡界线 |
| 县界线 |

土类名称

| 新积土 |
| 暗棕壤 |
| 水稻土 |
| 沼泽土 |
| 泥炭土 |
| 白浆土 |
| 草甸土 |

比例尺　1∶1 000 000

本图采用北京 1954 坐标系

尚志市耕地地力调查点分布图

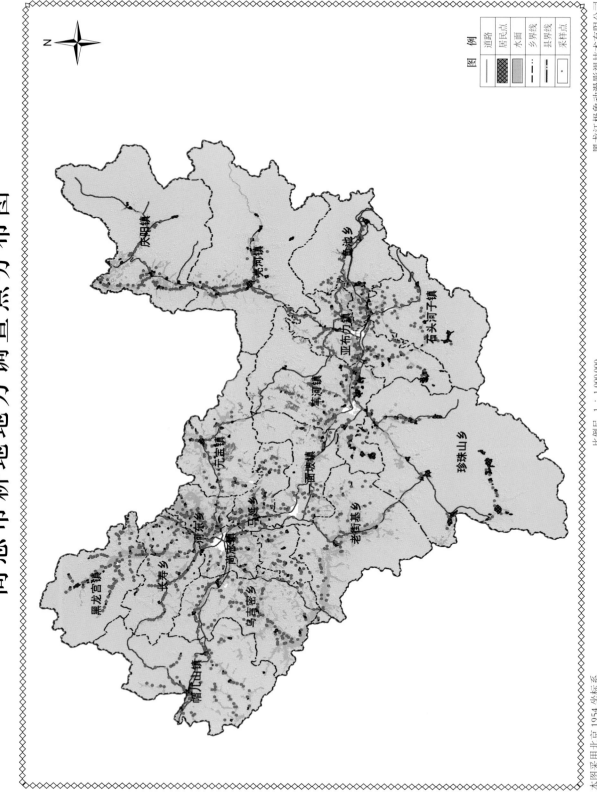

木图采用北京 1954 坐标系

比例尺 1：1 000 000

黑龙江极象动漫影视技术有限公司
哈尔滨石阁信息共共平台有限公置

图 例

道路	
居民点	
水面	
乡界线	
县界线	
采样点	

庆阳镇
苇河镇
亚布力镇
石头河子镇
鱼池乡
元宝镇
一面坡镇
珍珠山乡
河东乡
马延乡
老街基乡
尚志镇
长寿乡
乌吉密乡
黑龙宫镇
帽儿山镇

尚志市耕地地力等级图

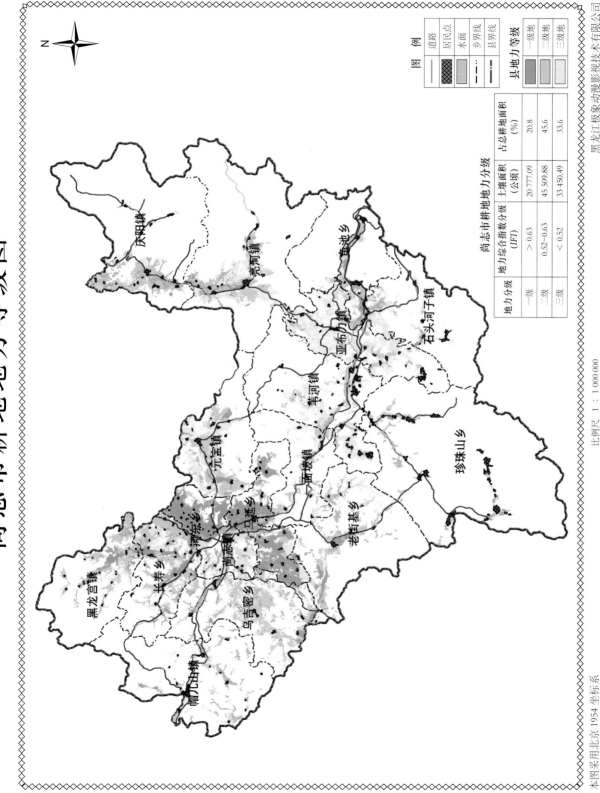

图 例
	道路
	居民点
	水面
	乡界线
	县界线

县地力等级
	一级地
	二级地
	三级地

尚志市耕地地力分级

地力分级	地力综合指数分级 (IFI)	土壤面积 (公顷)	占总耕地面积 (%)
一级	> 0.63	20 777.09	20.8
二级	0.52～0.63	45 509.88	45.6
三级	< 0.52	33 450.49	33.6

庆阳镇
亮河镇
鱼池乡
石头河子镇
苇河镇
亚布力镇
元宝镇
珍珠山乡
黑龙宫镇
长寿乡
乌吉密乡
尚志镇
河东乡
帽儿山镇
老街基乡
一面坡镇

黑龙江极象动漫影视技术有限公司
哈尔滨万图信息技术开发有限公司

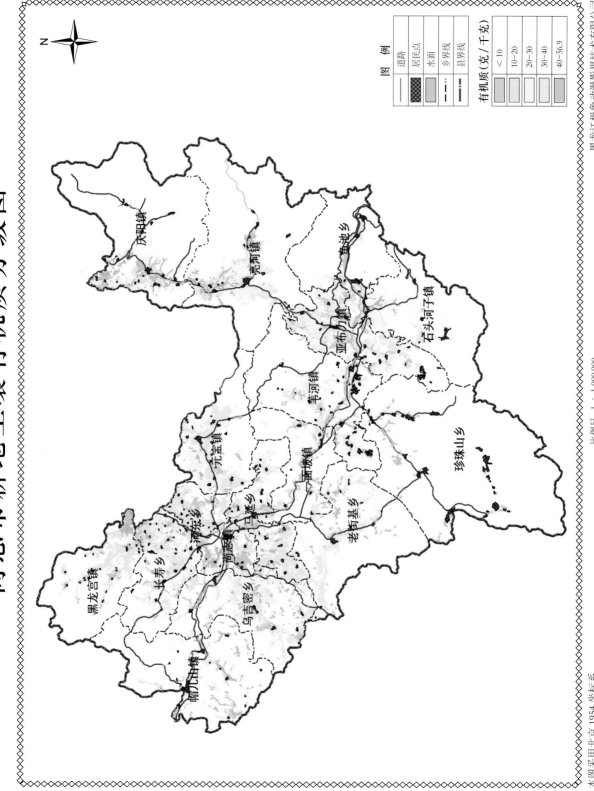

尚志市耕地土壤有机质分级图

黑龙江极象象动漫影视技术有限公司
哈尔滨万图信自共术平营台限小司

比例尺　1：1 000 000

本图采用北京 1954 坐标系

图　例

道路
居民点
水面
乡界线
县界线

有机质（克/千克）

< 10
10~20
20~30
30~40
40~56.9

尚志市耕地土壤碱解氮分级图

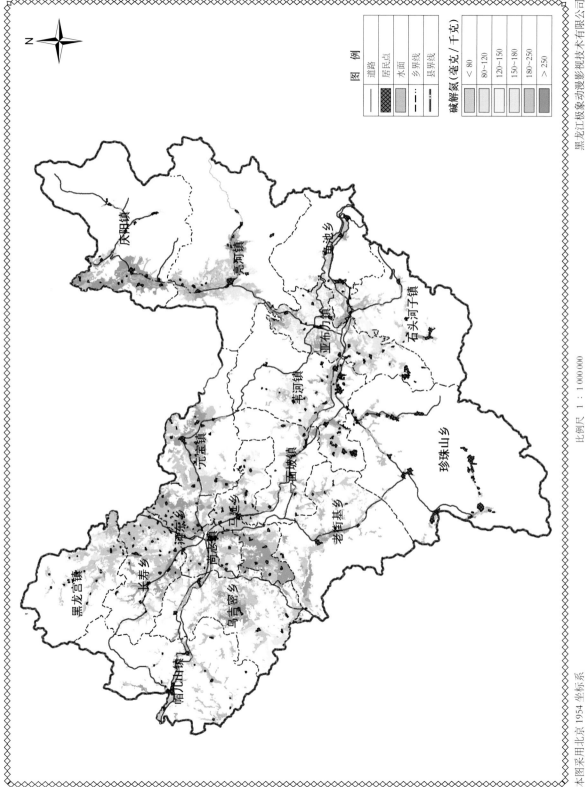

庆阳镇
亮河镇
鱼池乡
亚布力镇
石头河子镇
苇河镇
元宝镇
一面坡镇
珍珠山乡
黑龙宫镇
河东乡
长寿乡
尚志镇
帽儿山镇
乌吉密乡
老街基乡

黑龙江极象动漫影视技术有限公司
哈尔滨万图信息技术开发有限公司

图 例

	道路
	居民点
	水面
	乡界线
	县界线

碱解氮（毫克／千克）

	＜ 80
	80～120
	120～150
	150～180
	180～250
	＞ 250

比例尺　1：1 000 000

本图采用北京 1954 坐标系

尚志市耕地土壤有效磷分级图

黑龙江极象动漫影视技术有限公司
哈尔滨万图信息技术开发有限公司

本图采用北京1954坐标系　　　　　比例尺　1：1 000 000

图　例

道路	
居民点	
水面	
乡界线	
县界线	

有效磷（毫克/千克）

< 5
5~10
10~20
20~40
40~100
> 100

庆阳镇
亮河镇
鱼池乡
亚布力镇
石头河子镇
苇河镇
元宝镇
珍珠山乡
一面坡镇
尚志镇
河东乡
延寿乡
老街基乡
黑龙宫镇
长寿乡
乌吉密乡
帽儿山镇

尚志市耕地土壤速效钾分级图

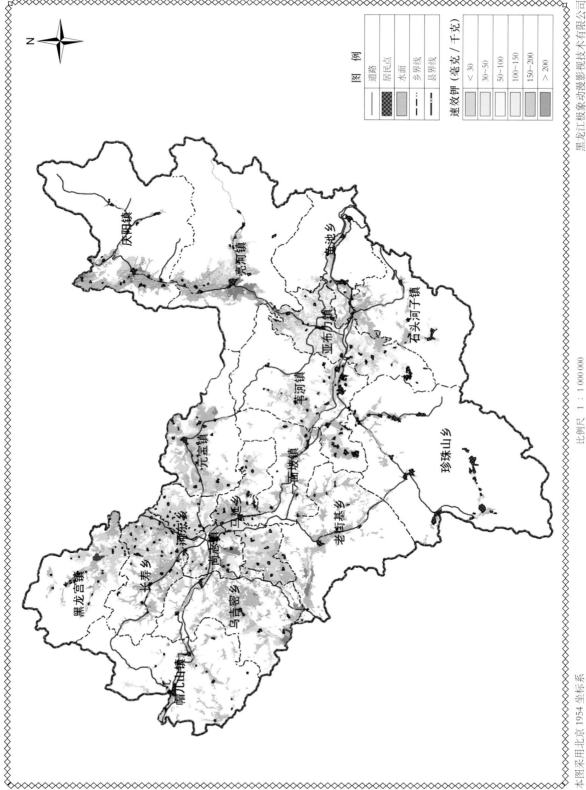

黑龙江极象动漫影视技术有限公司
哈尔滨万图信息技术开发有限公司

图 例

道路
居民点
水面
乡界线
县界线

速效钾（毫克／千克）

< 30
30~50
50~100
100~150
150~200
> 200

比例尺 1：1 000 000

本图采用北京1954坐标系

庆阳镇
亮河镇
鱼池乡
亚布力镇
石头河子镇
苇河镇
元宝镇
一面坡镇
珍珠山乡
老街基乡
河东乡
帽儿山镇
尚志镇
乌吉密乡
长寿乡
黑龙宫镇
马延乡
珍珠

尚志市耕地土壤有效锰分级图

N

图 例

	道路
	居民点
	水面
	乡界线
	县界线

有效锰（毫克/千克）

	< 5
	5~7.5
	7.5~10
	10~15
	> 15

庆阳镇

亮河镇

鱼池乡

亚布力镇

石头河子镇

苇河镇

元宝镇

珍珠山乡

河东乡

马延乡

老街基乡

高忠镇

乌吉密乡

长寿乡

黑龙宫镇

帽儿山镇

本图采用北京1954坐标系

比例尺 1：1 000 000

黑龙江极象动漫影视技术有限公司
哈尔滨万图信息技术开发有限公司

尚志市耕地土壤有效铜分级图

庆阳镇

亮珠镇

鱼池乡

亚布力镇

石头河子镇

苇河镇

元宝镇

一面坡镇

珍珠山乡

老街基乡

长寿乡

神宏东乡

乌吉密乡

黑龙宫镇

尚志镇

帽儿山镇

N

图　例

	道路
	居民点
	水面
	乡界线
	县界线

有效铜（毫克／千克）

	0.1~0.2
	0.2~1
	1~1.8
	>1.8

黑龙江极象动漫影视技术有限公司
哈尔滨万图信息技术开发有限公司

比例尺　1：1 000 000

本图采用北京 1954 坐标系

尚志市耕地土壤有效锌分级图

黑龙江极象动漫影视技术有限公司
哈尔滨万图信息技术开发有限公司

图　例

	道路
	居民点
	水面
	乡界线
	县界线

有效锌（毫克／千克）

	< 0.5
	0.5~1
	1~1.5
	1.5~2
	> 2

比例尺　1：1 000 000

本图采用北京 1954 坐标系

庆阳镇

亮珠镇

曲地乡

石头河子镇

亚布力镇

苇河镇

元宝镇

一面坡镇

马延乡

老街基乡

珍珠山乡

黑龙宫镇

长寿乡

珍珠乡

尚志镇

乌吉密乡

帽儿山镇

尚志市耕地土壤全氮分级图

N

图 例

| | 道路 | | 居民点 | | 水面 | | 乡界线 | | 县界线 |

全氮（克/千克）

	<1
	1~1.5
	1.5~2
	2~2.5
	>2.5

黑龙江极象动漫影视技术有限公司
哈尔滨万图信息技术开发有限公司

比例尺　1：1 000 000

本图采用北京 1954 坐标系

庆阳镇
亮河镇
鱼池乡
石头河子镇
亚布力镇
苇河镇
元宝镇
一面坡镇
珍珠山乡
老街基乡
黑龙宫镇
长寿乡
帽儿山镇
乌吉密乡
尚志镇
马延乡
珊乡

尚志市耕地土壤全磷分级图

N

庆阳镇

亮珠镇

苇池乡

亚布力镇

石头河子镇

苇河镇

元宝镇

一面坡镇

珍珠山乡

黑龙宫镇

长寿乡

帽儿山镇

乌吉密乡

珊安乡

已家基乡

老街基乡

尚志镇

本图采用北京1954 坐标系　　　　　　　　　　　比例尺　1 : 1 000 000　　　　　　　　　　黑龙江极象动漫影视技术有限公司
哈尔滨万图信息技术开发有限公司

图　例

道路	
居民点	
水面	
乡界线	
县界线	

全磷（毫克／千克）

	1357~1 500
	1 500~2 000
	> 2 000

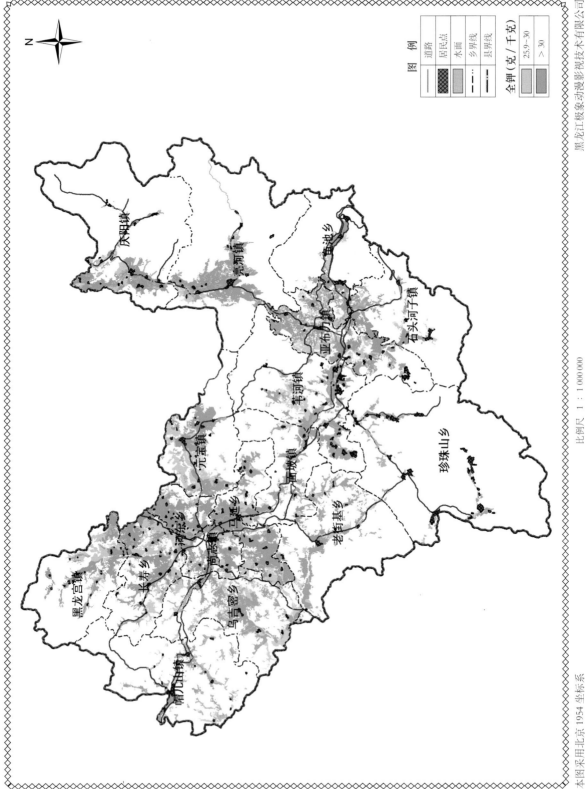

尚志市耕地土壤全钾分级图

黑龙江极象动漫影视技术有限公司
哈尔滨万图信息技术开发有限公司

比例尺 1：1 000 000

本图采用北京1954坐标系

图　例

	道路
	居民点
	水面
	乡界线
	县界线

全钾（克／千克）

| | 25.9~30 |
| | >30 |

庆阳镇

亮珠镇

乌吉密乡

黑龙宫乡

长寿乡

帽儿山镇

元宝镇

石头河子镇

亚布力镇

苇河镇

珍珠山乡

一面坡镇

老街基乡

河东乡

鱼池乡

尚志市玉米适宜性评价图

庆阳镇

亮河镇

鱼池乡

石头河子镇

亚布力镇

苇河镇

元宝镇

一面坡镇

珍珠山乡

黑龙宫镇

长寿乡

河东乡

尚志镇

乌吉密乡

老街基乡

帽儿山镇

黑龙江极象动漫影视技术有限公司
哈尔滨万图信息技术开发有限公司

比例尺　1：1 000 000

本图采用北京 1954 坐标系

图　例

道路
居民点
水面
乡界线
县界线

适宜性

不适宜
勉强适宜
适宜
高度适宜